UI视觉设计

主编 姜晓刚 李 伟

北京希望电子出版社
Beijing Hope Electronic Press
www.bhp.com.cn

内 容 简 介

本书介绍了 UI 设计的理论与实践应用。从基础概念入手，逐步深入到实际应用，涵盖了 UI 设计的各个方面，能够帮助读者掌握 UI 设计的技能，提升设计水平。本书共分为 9 个模块，内容涵盖了色彩基础、图像处理与美化、设计心理学、构图基础、标志设计、版式设计、移动 UI 设计，以及 Photoshop 和 CorelDRAW 这两款常用设计工具的基础知识。

本书内容丰富，结构清晰，理论与实践相结合，既可作为职业院校 UI 视觉设计课程的教材，也可作为 UI 设计的培训用书。

图书在版编目（CIP）数据

UI 视觉设计 / 姜晓刚，李伟主编. -- 北京 ：北京希望电子出版社，2025. 1.

ISBN 978-7-83002-911-1

Ⅰ．TP311.1

中国国家版本馆 CIP 数据核字第 2025P0F580 号

出版：北京希望电子出版社	封面：库倍科技
地址：北京市海淀区中关村大街 22 号	编辑：周卓琳
中科大厦 A 座 10 层	校对：龙景楠
邮编：100190	开本：787 mm×1 092 mm　1/16
网址：www.bhp.com.cn	印张：16.5
电话：010-82620818（总机）转发行部	字数：386 千字
010-82626237（邮购）	印刷：北京博海升彩色印刷有限公司
经销：各地新华书店	版次：2025 年 6 月 1 版 1 次印刷

定价：85.00 元

在数字技术与互联网经济深度融合的当下，UI（user interface，用户界面）视觉设计已成为连接用户与产品的核心桥梁。随着移动智能设备的普及、人机交互场景的多元化以及用户体验需求的不断升级，行业对兼具艺术审美、技术能力与用户思维的UI设计人才提出了更高要求。

本书旨在为学生学习UI视觉设计提供实用指导，结合行业发展情况与教学实际经验，打造了涵盖UI视觉设计核心知识、融合前沿技术的教材，帮助读者掌握从基础原理到实际操作的相关技能。

本书围绕UI视觉设计的核心要素，梳理了九个模块的内容。

模块1和模块2聚焦色彩理论与图像处理，解析色彩三属性、色调搭配、图形图像的区别等基础概念，为学习视觉设计奠定美学与技术基础。模块3至模块6围绕设计心理学、构图基础、标志设计、版式设计进行讲解，探讨感官认知、情感设计、构图法则及字体排版等核心原理，帮助读者构建设计思维与用户体验的底层逻辑。模块7至模块9围绕移动UI设计与软件实操进行讲解，系统讲解了移动设备平台特性、设计流程及交互逻辑，同时结合Photoshop和CorelDRAW工具，深入解析了矢量图形绘制、图像处理技术和动效设计等实用技能。

本书讲解了基础概念，也介绍了行业前沿技术，旨在助力读者实现从知识学习到能力运用的提升。本书具有以下特色。

1. 系统性与层次性相结合

本书从基础到进阶，层层递进。从色彩理论与图像处理入手，为读者筑牢视觉设计的根基；后续模块逐步深入到设计心理学、构图、标志与版式设计等核心领域，最后聚焦于移动UI设计与软件实操，使读者能够系统地掌握从理论到实践的完整知识链条，避免了知识的碎片化，让学习过程更加连贯且有条理。

2. 理论与实践并重

本书不仅注重理论知识的讲解，更强调实践技能的培养。在理论部分，深入剖析色彩三属性、设计心理学原理等核心概念，帮助读者构建扎实的设计思维；在实践部分，紧密结合Photoshop和CorelDRAW设计工具，详细讲解矢量图形绘制、图像处理技术以及动效设计等实用技能，使读者能够在实际操作中将理论知识转化为设计能力，真正做到学以致用。

3. 兼顾美学与技术

本书在内容设计上巧妙地平衡了美学与技术两个维度。一方面，通过对色彩搭配、构图法则等美学原理的深入解析，培养读者的审美能力，使其能够设计出更具吸引力和艺术感的作品；另一方面，详细讲解图像处理、矢量图形绘制等技术细节，帮助读者掌握设计工具和方法，提升设计效率和质量，让读者在美学与技术的双重驱动下，提升UI设计能力。

4. 紧跟行业趋势

本书紧跟移动互联网的发展趋势，系统讲解了移动UI设计的相关知识，这些内容紧密结合当下主流的设计场景和需求，使读者能够掌握最新的设计规范和技术应用。

本书由滨州职业学院姜晓刚和枣庄科技职业学院李伟担任主编。由于编写水平有限，书中的不当之处在所难免，恳请广大读者批注指正。

编　者

2025年3月

目录

模块1 认识色彩

1.1 色彩基础认知 ·············· 1
- 1.1.1 色彩 ·············· 1
- 1.1.2 色彩三属性 ·············· 2
- 1.1.3 有色彩和无色彩 ·············· 3
- 1.1.4 色彩的颜色模式 ·············· 5
- 1.1.5 色彩的色性 ·············· 6
- 1.1.6 色彩的轻重感 ·············· 6
- 1.1.7 前进色与后退色 ·············· 7
- 1.1.8 色调 ·············· 8
- 1.1.9 色调的搭配 ·············· 9

1.2 色彩的传输 ·············· 11
- 1.2.1 "色"的产生过程 ·············· 11
- 1.2.2 色与光 ·············· 14
- 1.2.3 色彩传输原理 ·············· 16

1.3 色彩与感知 ·············· 17
- 1.3.1 人的感官功能 ·············· 17
- 1.3.2 色彩与人的感官关系 ·············· 17

1.4 色彩的象征意义 ·············· 21
- 1.4.1 色彩与信息传递 ·············· 21
- 1.4.2 色彩在营销中的应用 ·············· 22

模块2 图像处理与美化

2.1 图像概述 ·············· 25
- 2.1.1 图像的类型 ·············· 25
- 2.1.2 像素和分辨率 ·············· 26
- 2.1.3 图片的格式 ·············· 27

2.2 图形与图像 ·············· 28
- 2.2.1 图形 ·············· 28
- 2.2.2 图形的特点及用途 ·············· 28
- 2.2.3 图像 ·············· 29
- 2.2.4 图像的特点及用途 ·············· 30
- 2.2.5 图形与图像的区别 ·············· 30

2.3 美化图片 ·············· 31
- 2.3.1 美的多元性 ·············· 31
- 2.3.2 美化图片的原则 ·············· 31
- 2.3.3 图片美化在UI设计中的意义和作用 ·············· 33

2.4 图片美化工具及运用法则 ·············· 34
- 2.4.1 常用工具 ·············· 34
- 2.4.2 UI设计中图片的使用规范及色彩运用法则 ·············· 34

2.5 色彩运用 ·············· 35
- 2.5.1 色相差配色案例 ·············· 35
- 2.5.2 色调调和的配色方案 ·············· 40
- 2.5.3 色相对比 ·············· 45

模块3 设计心理学

3.1 设计心理学入门 ·············· 49
- 3.1.1 设计心理学概述 ·············· 49
- 3.1.2 设计心理学的研究对象 ·············· 50
- 3.1.3 设计心理学与艺术心理学的关系 ·············· 54

3.2 设计中的感觉 ·············· 54
3.2.1 感觉 ·············· 54
3.2.2 感觉与设计技巧 ·············· 56
3.2.3 视觉的变化与设计原理 ·············· 57
3.2.4 感官中的特例——错觉 ·············· 60

3.3 设计中的情感 ·············· 62
3.3.1 情绪 ·············· 62
3.3.2 情绪在设计中的作用 ·············· 63
3.3.3 设计情感的特殊性及层次性 ·············· 66

3.4 情感设计 ·············· 68
3.4.1 情感设计的设计技巧 ·············· 68
3.4.2 情感设计的表达形式 ·············· 71

3.5 设计师心理与思维的辩证关系 ·············· 74
3.5.1 设计思维的各种表现及内涵 ·············· 74
3.5.2 设计思维与设计师创新能力的关系 ·············· 77
3.5.3 设计师个人的人格与设计创造力 ·············· 78

模块4 构图基础

4.1 构图的概述 ·············· 81
4.1.1 构图的重要性和意义 ·············· 81
4.1.2 构图 ·············· 81
4.1.3 构图与空间 ·············· 82
4.1.4 构图应注意的问题 ·············· 82
4.1.5 构图与造型 ·············· 83

4.2 构图的基本法则 ·············· 84
4.2.1 多样性 ·············· 85
4.2.2 对比 ·············· 87
4.2.3 节奏和韵律 ·············· 88
4.2.4 平衡 ·············· 89
4.2.5 构图中的线 ·············· 91

4.3 构图常见的表现形式 ·············· 92
4.3.1 水平式构图 ·············· 92
4.3.2 垂直式构图 ·············· 92
4.3.3 三角形构图 ·············· 93
4.3.4 对角线式构图 ·············· 94
4.3.5 曲线式构图 ·············· 94
4.3.6 黄金分割法构图 ·············· 95
4.3.7 对称式构图 ·············· 96

模块5 标志设计

5.1 标志发展历史 ·············· 97
5.1.1 原始符号与图腾崇拜 ·············· 97
5.1.2 印章与文字符号 ·············· 97
5.1.3 商业繁荣与图形化发展 ·············· 97
5.1.4 近代转型与西学东渐 ·············· 98
5.1.5 现代化标志体系 ·············· 98
5.1.6 标志设计的文化基因 ·············· 98

5.2 标志的类别 ·············· 99
5.2.1 标志的类别和表现形式 ·············· 99
5.2.2 标志的表现形式 ·············· 101

5.3 标志的组成元素 ·············· 104
5.4 标志的设计原则 ·············· 107
5.5 标志的设计流程 ·············· 108
5.6 标志在UI设计中的运用 ·············· 109
5.7 标志设计注意事项 ·············· 112

模块6 版式设计

6.1 版式入门 ·············· 113
6.1.1 版式设计的概念 ·············· 113
6.1.2 版式设计的流程 ·············· 113

6.2 版式构成元素 ·············· 114
6.2.1 点 ·············· 114
6.2.2 线 ·············· 115
6.2.3 面 ·············· 116

6.3 版式设计原则 ·············· 118

6.4 版式字体设计 …………………… 122
　6.4.1 字体设计基础 ………………… 122
　6.4.2 文字排版法则 ………………… 125
6.5 版式设计的分割布局类型 ……… 127
　6.5.1 版面的分割类型 ……………… 127
　6.5.2 版面设计的运用 ……………… 133

模块7　移动UI设计

7.1 认识移动UI设计 ………………… 135
　7.1.1 什么是移动UI设计 …………… 135
　7.1.2 移动UI设计和UI设计的区别 … 136
　7.1.3 移动UI设计的特点 …………… 137
　7.1.4 移动UI设计的原则 …………… 138
7.2 移动UI设计流程 ………………… 139
　7.2.1 用户研究 ……………………… 140
　7.2.2 任务分析 ……………………… 141
　7.2.3 设计草图 ……………………… 141
　7.2.4 设计细化 ……………………… 142
　7.2.5 用户测试 ……………………… 143
　7.2.6 反馈和优化 …………………… 143
　7.2.7 方案交付 ……………………… 144
　7.2.8 方案实施 ……………………… 144
7.3 移动设备的主流平台 …………… 145
　7.3.1 iOS系统 ……………………… 145
　7.3.2 Android系统 ………………… 147
　7.3.3 HarmonyOS系统 …………… 148
7.4 常用的移动UI设计软件 ………… 149
　7.4.1 界面设计类软件 ……………… 149
　7.4.2 动效设计类软件 ……………… 151
　7.4.3 交互设计类软件 ……………… 152

模块8　Photoshop基础知识

8.1 初识Photoshop ………………… 155

8.1.1 调整图像尺寸 ………………… 156
8.1.2 调整画布大小 ………………… 158
8.1.3 图像的还原或重做 …………… 159
8.2 基础工具的应用 ………………… 160
　8.2.1 选框工具组 …………………… 160
　8.2.2 套索工具组 …………………… 161
　8.2.3 魔棒工具组 …………………… 163
　8.2.4 画笔工具组 …………………… 164
　8.2.5 橡皮擦工具组 ………………… 166
　8.2.6 渐变工具组 …………………… 168
　8.2.7 图章工具组 …………………… 170
　8.2.8 污点修复工具组 ……………… 172
8.3 文字的处理与应用 ……………… 173
　8.3.1 创建文字 ……………………… 173
　8.3.2 "字符"面板和"段落"面板 … 175
　8.3.3 将文字转换为工作路径 ……… 176
　8.3.4 变形文字 ……………………… 176
8.4 图层的应用 ……………………… 177
　8.4.1 认识图层 ……………………… 177
　8.4.2 管理图层 ……………………… 178
　8.4.3 图层样式 ……………………… 181
8.5 路径的创建 ……………………… 184
　8.5.1 路径和"路径"面板 ………… 184
　8.5.2 钢笔工具组 …………………… 185
　8.5.3 路径形状的调整 ……………… 186
8.6 通道和蒙版 ……………………… 186
　8.6.1 创建通道 ……………………… 186
　8.6.2 复制和删除通道 ……………… 187
　8.6.3 分离和合并通道 ……………… 188
　8.6.4 蒙版的分类 …………………… 189
8.7 图像色彩的调整 ………………… 192
　8.7.1 色阶 …………………………… 192
　8.7.2 曲线 …………………………… 193
　8.7.3 色彩平衡 ……………………… 194

8.7.4	色相/饱和度 ………………	194
8.7.5	替换颜色 ……………………	195
8.7.6	去色 …………………………	196
8.8 滤镜 ……………………………		196
8.8.1	独立滤镜组 …………………	197
8.8.2	其他滤镜组 …………………	199

模块9 CorelDRAW基础知识

9.1 CorelDRAW基本操作 ……………		203
9.1.1	创建新文档 …………………	203
9.1.2	打开与导入文档 ……………	205
9.1.3	保存文档 ……………………	206
9.1.4	导出文档 ……………………	206
9.2 图形的绘制与填充 ………………		207
9.2.1	绘制直线与曲线 ……………	207
9.2.2	绘制几何图形 ………………	216
9.2.3	填充和轮廓线 ………………	222

9.2.4	编辑对象 ……………………	230
9.3 文本的创建与编辑 ………………		243
9.3.1	认识文本工具 ………………	243
9.3.2	创建文本 ……………………	244
9.3.3	编辑文本格式 ………………	245
9.4 交互式特效工具 …………………		247
9.4.1	阴影工具 ……………………	247
9.4.2	轮廓图工具 …………………	248
9.4.3	透明度工具 …………………	249
9.5 矢量图形与位图图像的转换 ……		250
9.5.1	将矢量图形转换为位图图像 ………………	250
9.5.2	将位图图像描摹为矢量图形 ………………	251
9.5.3	为位图图像添加效果 ………	252

参考文献 ……………………………………… 256

1.1 色彩基础认知

1.1.1 色彩

自然界向人们展现着绚丽的色彩，但千变万化的物体色彩皆源于有光的照射。可以说，色彩始于光，也源于光，有了光才能见到自然界中各类物体的色彩，获得对客观世界的认识；若没有光，我们如同置身于黑暗的世界，什么也看不见。色彩是光照射的结果，光线的强弱决定着色彩的强烈程度，强光线下看到的物体色彩鲜明，弱光线下看到的物体色彩模糊。若光线消失，色彩在我们的视野里也会消失。

人们要想看见色彩，必须具备3个基本条件。

一是光。它是产生色彩的条件，色彩是光被感知的结果，无光则无色彩。

二是物体。只有光线而没有物体，人们依然不能感知到色彩。

三是眼睛。人眼中的感光细胞所产生的电信号，能够被大脑辨识为具体的颜色。

人的眼睛与光线、物体有着密不可分的关系。从这个意义上讲，光、物体、眼睛和大脑发生关系的过程才能产生色彩。人们要想看到色彩，必须先有光。这个光可以是太阳光等自然光源，也可以是灯光等照明设备发出的人造光源。当光线照射到物体上，物体吸收了部分光，反射出来的光线被眼睛看到，视觉神经将这种刺激传递到大脑的视觉中枢，则能看到物体，看到色彩，如图1-1所示。

图1-1 物体与色彩

1.1.2 色彩三属性

颜色并不是物体本身固有的属性，而是眼睛和大脑共同作用的结果。换句话说，颜色是我们的一种主观体验，而不是客观存在的实体。就像我们不能将"快乐"这个概念放在桌子上或者钉在墙上一样，我们也无法将颜色本身以实体的形式展示出来。

自然界的物体虽然大多不会发光，但都具有选择性地吸收、反射、透射色光的特性。当然，任何物体对色光不可能全部吸收或反射，因此不存在绝对的黑色或白色。

色彩三属性是指色彩具有的色相、明度、纯度三种属性。三属性是界定色彩感官识别的基础，灵活应用三属性变化是色彩设计的基础。

1. 色相

色相是指颜色的基本属性，也就是颜色的种类，如红、黄、蓝等。它是颜色在可见光谱中的位置，由光波的频率决定。不同的色相能够引起人们不同的心理感受和视觉体验。在色彩学中，色相是构成颜色的重要因素之一。黑白没有色相，为中性。

2. 明度

物体的表面反射光的程度不同，色彩的明暗程度就不同，这种色彩的明暗程度称为明度。在蒙塞尔颜色系统中，黑色的明度被定义为0，白色的明度被定义为10，灰色的明度则介于两者之间。

3. 饱和度

饱和度是指一个颜色的鲜艳程度或者说纯净程度。饱和度越高，颜色看起来就越明亮，越吸引人；饱和度越低，颜色就显得越灰暗，越不起眼。

色相、明度和饱和度这三个属性让我们能够详细描述颜色的各种特点。为了便于研究，它们被看作是相互独立的概念，但事实上，这三个属性是相互联系、共同作用的。任何一种颜色都同时具有这三种属性，而不同颜色之间的差异总能通过色相、明度和饱和度这三个方面来进行描述，如图1-2所示。

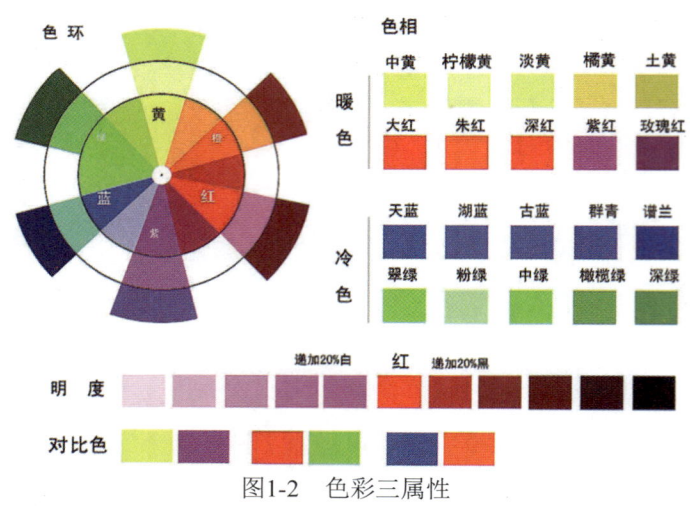

图1-2 色彩三属性

1.1.3 有色彩和无色彩

除了黑、白、灰三种无色彩的颜色，其他的色彩都应该归入有色彩（chromatic color）的范围，如图1-3所示。有色彩的世界非常广阔和丰富，只要不是纯的黑、白、灰，加入了任何其他色相的颜色都属于有色彩的。例如，日光灯的光线通常偏冷，呈现蓝白色调，水果店多采用偏红的暖光照明，这种光线能增强水果的色彩饱和度，使其看起来更加新鲜诱人。根据不同的需求，可以选择不同颜色的灯光来增强效果。

（a）

（b）

（a）选择儿童最喜欢的色彩；
（b）感受色彩。

图1-3　有色彩

一般而言，学习美术或是设计的人，初期不会学习使用各种色彩，一般先进行黑白关系的练习，这种黑白关系的表现一般以素描训练为主。这是一种基础的练习，不受色彩干扰，并且以掌握黑白色调为主。这种练习方法主要是培养对明暗关系的敏感度。对于美术和设计的学习者而言，研究黑白以及它们之间的各种灰度层次是非常重要且必须掌握的技能。这种表现手法不涉及任何彩色元素，而是专注于白色、灰色和黑色的运用，因此被称为无色彩表现，它属于明度的范畴，如图1-4所示。

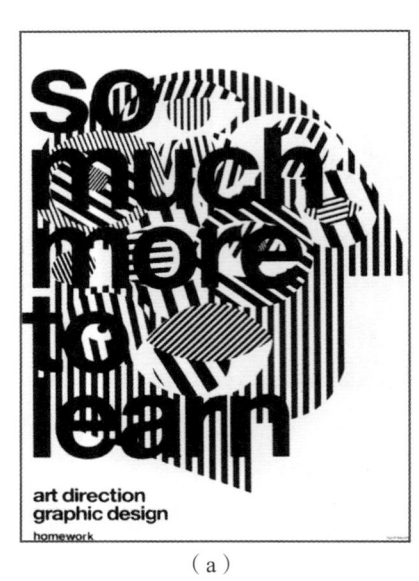

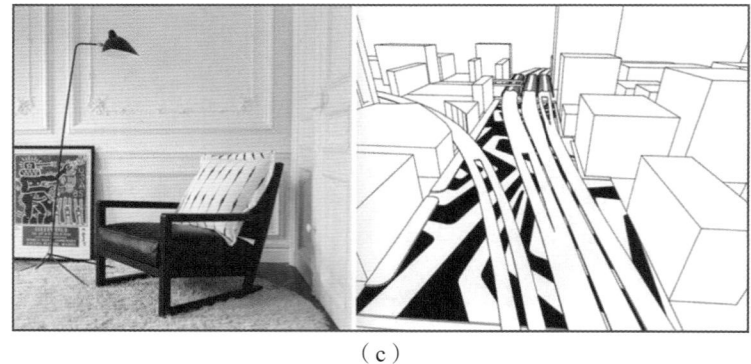

（a）从形式上进行了展现，非常引人注目；

（b）无色的表现把设计感表现得非常充分；

（c）无色的存在，让人感到了一种特有的气氛，是很好的表现形式。

图1-4　无色彩

1.1.4 色彩的颜色模式

设计软件中常会提到色彩模式，这也是进行图形设计的基本知识。色彩模式是在数字技术中表示颜色的一种算法。依据呈色原理不同，使用的设备也会有所不同，有的是凭借色光直接合成颜色的设备，也就是采用加法混合原理的设备，如显示器、投影仪、扫描仪等；还有的是凭借使用颜料的印刷设备，也就是依据减法混合原理的设备，如印刷机、打印机等。几种常用的色彩模式如下。

RGB模式：该模式又称三原色光模式，是一种色光表色模式，R代表红色（Red），G代表绿色（Green），B代表蓝色（Blue），这3种色光按不同比例相加，可以产生多种多样的色光。在图像中，每个像素的红色、绿色、蓝色成分都有一个0～255的强度值。这个系统用于显示器、投影仪、扫描仪和数码相机的颜色呈现。如果用放大镜仔细观察计算机屏幕或电视屏幕，可以看到许多由红色、绿色和蓝色小点组成的画面。这些小点组合起来，就能显示各种颜色。

CMYK模式：该模式是在彩色印刷时采用的一种套色模式，CMYK分别表示的是4种标准色，即青色（Cyan）、品红色（Magenta）、黄色（Yellow）、黑色（Black）。这4种颜色可以混合成各种复杂的颜色。需要注意的是，印刷色与计算机屏幕呈色模式不同，所以在屏幕上显示的颜色与打印出来的颜色会有差异。

Lab模式：该模式在理论上包括了人眼可以看见的所有色彩的色彩模式，能产生明亮的色彩。Lab模式与设备无关，可以用这一模式编辑处理任何一幅图片，包括灰度图片。此模式比RGB模式和CMYK模式更具有优势。Lab模式由3个通道组成，L表示亮度，a和b表示两个颜色通道，a通道包括的颜色是从低亮度值的深绿色到中亮度值的灰色，再到高亮度值的亮粉红色；b通道则是从低亮度值的亮蓝色到中亮度值的灰色，再到高亮度值的黄色。

HSB模式：该模式是依据人的视觉系统定义的颜色模式。H、S、B分别表示色相（Hue）、饱和度（Saturation）和亮度（Brightness）。

灰度色彩模式：是一种只包含亮度信息，不包含色彩信息的图像模式。灰度色不含任何色相，但它属于RGB的色彩范围，在RGB值相等的情况下显示的就是灰度色彩模式。灰度模式通常用百分比表示。图1-5所示为HSB模式和灰度色彩模式。

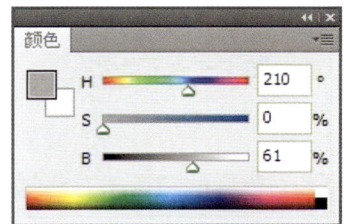 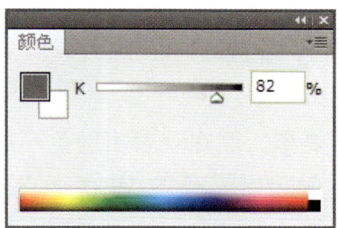

图1-5　HSB模式和灰度色彩模式

图像从RGB模式转换为CMYK模式后，仍可以再转换为RGB模式显示。若CMYK模式的图片转换为RGB模式后，再转换为CMYK模式，则会造成颜色畸变，因为CMYK模式向RGB

模式转变时，丢失了黑色。Lab模式在转换成CMYK模式时色彩不会丢失，Lab模式与RGB模式相似，但色彩更亮。

1.1.5　色彩的色性

色性是色彩给人的冷暖感觉和联想。在色相环上，红、橙、黄属暖色；绿、青、紫属冷色，如图1-6所示。看到红、橙、黄等暖色时，往往会联想到太阳、大火或喜庆热烈的场面，并产生一种温暖的感觉。看到绿、青、紫等冷色时，会联想到月光、冰雪、海水、树林，并产生凉爽或寒冷的感觉。若在大红色中稍混入黄色会变得暖些，稍混入蓝色则会变得冷些。

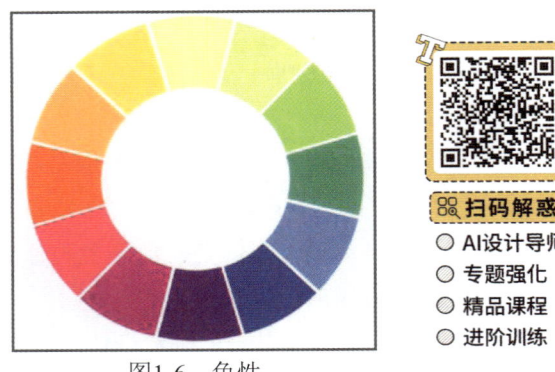

图1-6　色性

在现实生活中，色彩的变化是无穷无尽的。为了更好地理解和应用这些色彩，可以将其归纳为冷色和暖色两大对立的系统。通过分析色彩的冷暖倾向，能够更好地识别出现在眼前的丰富而细腻的颜色。

色彩的冷暖感觉不仅影响视觉体验，还能够产生一种视觉上的距离感，这一现象被称为色彩的透视效果。在进行风景写生等艺术创作活动时，理解并运用色彩的透视效果显得尤为重要。当某一色彩距离我们较远时，它的对比度会降低，从而使我们感受到更多的冷色成分；相反，当这一色彩距离我们较近时，它的对比度会增强，使我们感受到更多的暖色成分。

1.1.6　色彩的轻重感

色彩的轻重感是指人们在观察不同色彩的物体时，会产生对物体重量的不同视觉感受。这种感受与物体的实际重量不一定相关，我们称之为色彩的轻重感。感觉轻的色彩称为轻感色，如白色、浅绿色、浅蓝色、浅黄色等；感觉重的色彩称为重感色，如藏蓝色、黑色、棕黑色、深红色、土黄色等。

明度高的色彩使人联想到蓝天、白云等，产生轻柔、飘浮、上升、敏捷、灵活等感觉。

清爽、柔美的淡色调、明度低的色彩使人联想到钢铁、石头等物品，产生沉重、沉闷、稳定、安定、神秘等感觉。

在不同行业的网页设计中，色彩给人的轻重感觉有着不同的表现。例如，工业、钢铁等重工业领域可以用重一点的色彩；纺织、文化等科学教育领域可以用轻一点的色彩。色彩的轻重感主要取决于明度上的对比，明度高的亮色感觉轻，明度低的暗色感觉重。另外，物体表面的质感效果对轻重感也有较大影响。色彩的轻重效果如图1-7所示。

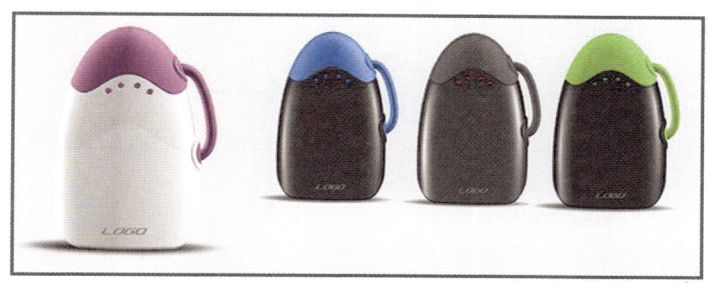

图1-7　色彩的轻重效果

在网站设计中，色彩的布局和选择应当考虑到其心理效应。例如，将较淡或灰度较高的颜色置于页面上部，而将对比度更高或更鲜艳的颜色放置于下部，这样可以营造出一种稳定和谐的视觉感受；如果页面上部使用了深色或鲜艳色彩，而下部颜色较浅或较为素雅，则可能会带来一种浮动或不够稳定的视觉印象。在设计时，合理安排色彩的轻重分布对于引导视觉体验至关重要。

1.1.7　前进色与后退色

有的颜色看起来向上凸出，而有的颜色看起来向下凹陷，显得凸出的颜色称为前进色，显得凹陷的颜色称为后退色。前进色包括红色、橙色和黄色等暖色，主要为高彩度的颜色；后退色则包括蓝色和蓝紫色等冷色，主要为低彩度的颜色。

前进色和后退色的色彩效果在众多领域得到了广泛应用。例如，广告牌大多使用红色、橙色和黄色等前进色，因为这些颜色不仅醒目，而且有凸出的效果，在远处就能看到。在同一个地方立两块广告牌，一块为红色，另一块为蓝色。从远处看，红色的广告牌要显得近一些。在设计商品宣传单时，正确使用前进色可以突出宣传效果，把优惠活动的日期和商品的优惠价格用红色或者黄色的大字显示，会产生冲击性的效果。前进色与后退色效果如图1-8所示。

图1-8　前进色与后退色效果

在工作区中，为了提高员工的工作效率，管理人员进行了各种各样的研究。例如，根据季节适时地更换墙壁的颜色，夏季涂成冷色，冬季涂成暖色，可以有效调节室内员工的心理温度，使他们感觉更加舒适。合理搭配前进色与后退色可以有效减轻工作场所给员工造成的压迫感。使用明亮的色调使空间显得宽敞、无杂乱感，这样的环境可以提高员工的工作效率。

在化妆领域中，前进色和后退色更是得到了广泛的应用。合理运用色彩可以帮助化妆师画出富有立体感的妆容，可以制造出立体感和纵深感的眼影就是后退色。在插花艺术中，前面摆红色或橙色的花，后面摆蓝色的花，可以构造出一种具有纵深感的立体画面。

1.1.8 色调

色调是指作品色彩的总体倾向，由色相、明度和饱和度共同决定。色调在设计、摄影、绘画等领域中非常重要，能够影响情感表达和视觉效果，帮助塑造作品的整体风格和氛围。颜色的特征如图1-9所示。

图1-9　颜色的特征

色调不是指颜色的性质，而是对一幅绘画作品的整体颜色的概括评价。在明度、饱和度、色相这三个要素中，某种因素起主导作用，就称之为某种色调。一幅绘画作品虽然用了多种颜色，但总体有一种倾向，是偏蓝或偏红，是偏暖或偏冷等。这种颜色上的倾向就是一幅绘画的色调。

色调在冷暖方面分为暖色调与冷色调。红色、橙色、黄色为暖色调，象征着太阳、火焰；蓝色为冷色调，象征着森林、大海、蓝天；黑色、紫色、绿色、白色为中间色调。暖色调的亮度越高，其整体感觉越偏暖；冷色调的亮度越高，其整体感觉越偏冷。冷暖色调具有相对性，例如，红色系中，当大红与玫红在一起时，大红就是暖色，玫红被看作是冷色；若玫红与紫罗蓝同时出现时，玫红就是暖色。

当相同的物体受到不同色温的光线照射时，其色调会发生变化。在暖色光线的照射下，物体会呈现出暖色调；在冷色光线的照射下，物体会呈现出冷色调。当光线具有某种特定的色彩时，整个物体都会被这种色彩所笼罩。例如，在戏剧舞台上，不同颜色的灯光对舞台色调产生的影响就是一个典型的例子，它展示了光线如何影响色调。灯光对舞台色调的影响，如图1-10所示。

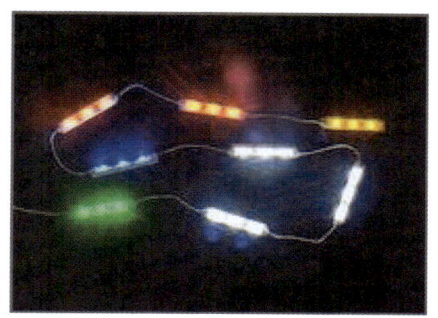

图1-10　灯光对舞台色调的影响

物体固有色对色调也起着重要作用，也可以说固有色是决定物体固有色调的最基本因素。例如，一片山林在春天时呈现出一片嫩绿的色调，在秋天时呈现出一片迷人的金黄色调，而冬天叶落草枯则呈现出一片灰褐色调。这些色调的变化，主要取决于物体本身固有色的变化。当指某幅画是绿色调、蓝色调、紫色调或黄色调，说的就是组成画面物体的固有色，这些占画面主导地位的颜色决定了画面的色调，如图1-11所示。

图1-11　固有色对色调的影响

1.1.9　色调的搭配

当不同的颜色组合在一起时，色相、饱和度和明度的相互作用会导致整体色彩效果发生变化。若将两种或多种浅色搭配在一起，它们可能无法形成鲜明的对比；同样地，多种深色组合在一起也可能无法产生引人注目的效果。当浅色与深色相结合时，浅色会显得更浅，而深色会显得更深。这种对比能使颜色更加突出和生动。明度也同样如此，如图1-12所示。

1. 色相配色

色相的配色方案是依据色相环来构思的。选择色相环上相邻或相近的颜色进行搭配，能够创造出和谐且统一的视觉效果；选用色相环上相隔较远的颜色组合，则可以产生明显的对比，增添视觉冲击力。这种方式有助于构建既稳定又富有变化的色彩关系。

类似色相的配色，能表现共同的配色印象。这种配色在色相上既有共性又有变化，是很容易操作的配色平衡手法。例如，黄色、橙黄色、橙色的组合，群青色、青紫色、紫罗兰色的组合，都是类似色相配色。与同一色相的配色一样，类似色相的配色容易产生单调的感觉，所以可使用对比色调的配色手法。中差配色的对比效果既明快又不冲突，是深受人们喜爱的配色。

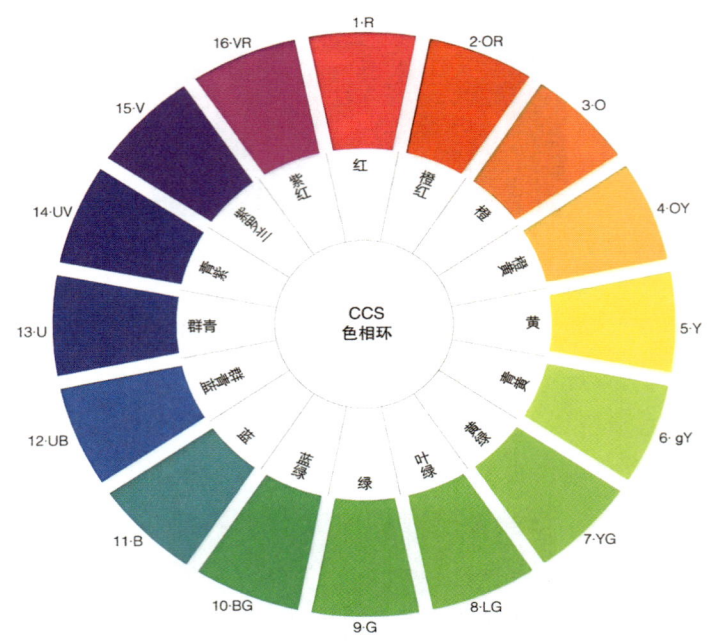

图1-12 CCS色相环

对比色相配色是指在色相环中，位于色相环圆心直径两端的色彩或较远位置的色彩组合。它包含了中差色相配色、对照色相配色、互补色色相配色。对比色是指在色相环上相对的色彩，它们的性质往往形成强烈对比。通过在色调或面积上的巧妙运用，对比色可以帮助实现视觉上的平衡与和谐。

在16色相环中，角度为0°或接近时，称为同一色相配色。

当两种颜色之间的角度为22.5°时，即色相差为1的配色，称为邻近色相配色。

当两种颜色之间的角度为45°时，即色相差为2的配色，称为类似色相配色。

当两种颜色之间的角度为67.5°～112.5°时，即色相差为6～7的配色，称为对照色相配色。

当两种颜色之间的角度为180°左右时，即色相差为8的配色，称为互补色色相配色。

2. 色调配色

（1）同一色调配色

同一色调配色是将相同色调的不同颜色搭配在一起，形成的一种配色关系。同一色调的颜色、色彩的饱和度和明度具有共同性，明度按照色相略有变化。不同色调会产生不同的色彩印象，将纯色调全部放在一起会产生活泼感。在对比色相和中差色相配色中，一般采用同一色调的配色手法，更容易进行色彩调和。

（2）类似色调配色

类似色调配色即将色调图中相邻或接近的两个或两个以上色调搭配在一起的配色。类似色调配色的特征在于色调与色调之间有微妙的差异，较同一色调有变化，不会产生呆滞感。将深色调和暗色调搭配在一起，能产生一种深沉而昏暗的氛围；将鲜艳、强烈及明亮色调搭配在一起，则能产生活泼且充满活力的色彩印象。

（3）对比色调配色

对比色调配色是指选择色相环上相隔较远的两个或多个色调进行搭配。由于这些颜色在色彩特性上的显著差异，它们能够产生鲜明的视觉对比，这种对比可以通过"相映"（相互衬托）或"相拒"（相互对抗）的力量达到视觉平衡，从而形成对比中的和谐感。

在实际应用中，对比色调配色会根据颜色排列的方式，在明度和饱和度方面呈现出不同的效果。横向对比时，通常体现为明度上的差异。例如，浅色调与深色调的搭配，可以创造出深浅之间的明暗对比。纵向对比时，更多表现为饱和度上的区别。例如，鲜艳色调与灰浊色调的结合，强调了色彩从纯净到混浊的变化。

在作品中，合理运用对比色调可以有效地引导人们的注意力，并增强视觉冲击力。

3. 明度配色

明度是配色设计中的一个重要因素，它通过色彩亮度的变化来表现物体的立体感和空间感。例如，希腊古典雕刻艺术巧妙地利用光影效果，通过黑白灰等不同明度的相互作用，营造出物体的立体形态和深度，从而增强作品的表现力。同样，中国国画传统上也擅长运用无色彩（如墨色）的不同明度层次，以表达丰富的视觉效果和意境。

任何有色彩的物体在光照条件下都会产生明暗变化，这不仅影响了颜色的感知，还增加了画面的真实感和质感。例如，紫色和黄色这两种对比色之间就存在显著的明度差异：黄色通常显得明亮而突出，紫色则显得更深沉、更暗淡。因此，在配色时考虑到明度的变化，可以有效地增强色彩的表现力和视觉冲击力。

将明度分为高明度、中明度和低明度3类，从而产生了高明度配高明度、高明度配中明度、高明度配低明度、中明度配中明度、中明度配低明度、低明度配低明度6种搭配方式。高明度配高明度、中明度配中明度、低明度配低明度，属于相同明度配色。一般使用明度相同、色相和纯度变化的方式进行配色。高明度配中明度、中明度配低明度，属于略微不同的明度配色。高明度配低明度，属于对照明度配色。

1.2 色彩的传输

1.2.1 "色"的产生过程

色彩是我们生活中不可或缺的元素，它不仅仅是视觉感知的结果，更是与我们的生活、情感和文化紧密相连。色彩的存在和变化有其内在规律，同时也蕴含着丰富的科学依据。

1. 色彩的客观存在与生活的联系

在日常生活中，色彩无处不在。无论是自然界中的花草树木，还是人造物品的设计与装饰，色彩都在潜移默化地影响着我们的情绪和行为。研究表明，人们对色彩的感知是直接而真实的，这种感知不仅关乎美学，还涉及心理学和社会学等多个领域。

色彩能够激发情感反应。例如，暖色调（如红色和橙色等）常常给人温暖和激情的感觉，而冷色调如蓝色和绿色则带来宁静和放松的体验。这种色彩对情感的影响在艺术创作中得到了广泛应用，艺术家通过色彩的运用来表达内心的情感和思想。

2. 色彩理论的历史与发展

历史上许多科学家和艺术家为我们提供了丰富的理论基础和实践经验。早在古代，就有哲学家对色彩现象进行了初步探讨，认为色彩是由光与物体的属性相互作用而产生的。随着科学的发展，又通过光谱实验揭示了色彩的物理本质，奠定了现代色彩理论的基础。

3. 现代科技与色彩研究的创新

随着科技的进步，色彩的研究也不断向前发展。现代科学技术的进步，特别是在光学、材料科学和计算机技术等领域，为色彩的研究提供了新的视角和工具。例如，计算机图形学的发展使得艺术家和设计师能够在虚拟环境中进行色彩的探索与实验，创造出更加丰富多彩的视觉效果。

在材料科学方面，新型颜料和涂料的研发，使得色彩的表现力得到了极大提升。科学家通过研究材料的分子结构，开发出具有更高色彩饱和度和持久性的颜料，推动了艺术创作和产品设计的革新。此外，色彩心理学的研究也为我们提供了更深入的理解。通过实验研究发现，不同的色彩能够影响人的心理状态和行为反应，这为广告、室内设计和产品包装等领域提供了重要的指导。色彩的运用不仅仅是视觉的享受，更与人类情感和心理状态有着深刻的联系。

4. 色彩在艺术创作中的应用

在艺术创作中，色彩的运用是表达情感、传达思想的重要手段。不同的艺术流派和风格对色彩的使用有着各自的特点，反映了艺术家的个性和时代的特征。有些印象派画家通过对光线和色彩的细腻观察，创造出富有生动感的作品；表现主义艺术家则通过强烈的色彩对比，传达内心的冲突和情感。现代艺术家在色彩的运用上更加自由和大胆，他们在作品中探索色彩的极限，尝试不同的色彩组合和表现方式。这种创新不仅丰富了艺术的表现手法，也推动了色彩理论的进一步发展。

在人类文明的晨曦中，色彩作为一种无形而强大的语言，自混沌初辟的原始时代起，便以它那变幻无穷的魅力，为人类的精神世界注入了一股永不枯竭的活力与灵感。色彩认知的历史是人类探索自然、表达情感与审美追求的一部生动篇章。当我们的祖先首次尝试利用自然界中有限的天然色素，对自身进行彩绘与装饰，以及在幽深的洞窟中记录下生活片段时，人类对色彩的初步认知与应用便已悄然开启。这些早期的色彩实践，不仅是对大自然神秘力量的崇拜与敬仰的体现，更是人类审美意识萌芽的重要标志。

在漫长的历史进程中，色彩以各种形式渗透于人类生活的各个角落，从简陋的石器到精美的彩陶,从古朴的岩画到绚丽的壁画,再到细腻的漆画,这些艺术遗迹无一不彰显着原始人类对于色彩的朦胧感知与初步的审美活动,如图1-13所示。

(a) (b)

(a) 法国拉斯科洞窟壁画;

(b) 彩陶纹样。

图1-13 壁画和彩陶纹

以西班牙阿尔塔米拉洞穴中的岩画为例,这些距今数万年的古老壁画,利用碳粉、泥土、植物汁液等天然材料混合调制而成的颜料,生动描绘了史前人类的生活场景与图腾崇拜,展现了他们对色彩运用的初步掌握与独特审美。在美索不达米亚地区,史前艺术家们更擅长运用鲜明对比的色彩形式,创造出令人叹为观止的艺术作品,进一步丰富了人类对色彩表现力的理解与探索。

古希腊文明尽管常被视为白色艺术的典范,但实际上,古希腊人的生活远比这单调的色彩描述更为丰富多彩。在那个时代,人们身着华丽服饰,居住在色彩斑斓的建筑之中,雕塑作品亦不乏五彩斑斓之作。值得一提的是,古希腊人还掌握了利用矿物颜料人工合成"埃及蓝"的技术,这一发现不仅展示了古希腊人在色彩运用上的高超技艺,也预示着人类对色彩科学的初步探索。

随着东西方文化的交流与融合,色彩在不同地域与风格中的表现更加多元与复杂。在西方建筑领域,色彩成为了一种独特的语言,传达着不同的审美理念与情感诉求。欧陆风格建筑,以其沉闷的暗粉色与灰色线脚的结合,营造出一种历史沉淀的厚重感;新古典主义风格则倾向于使用大面积的浅色基调,装饰简约而不失高雅,追求一种轻松愉悦、清新典雅的生活氛围;现代主义风格,则更加注重色彩的简洁与明了,通过大面积的纯色或对比色搭配,体现出现代生活的简约时尚与高效节奏。

科学的进步,尤其是物理学与化学的发展,为色彩理论的深化提供了坚实的理论基础。英国物理学家艾萨克·牛顿进行的色散实验,无疑是色彩科学史上的一座里程碑。他巧妙地利用玻璃三棱镜,将太阳光分解为从红光到紫光的连续光谱,揭示了白光是由红、橙、黄、绿、青、蓝、紫7种基本色光混合而成的奥秘,如图1-14所示。这一发现不仅颠覆了人们对颜色的传统认知,更为后续色彩光学原理的发展奠定了坚实的基础。

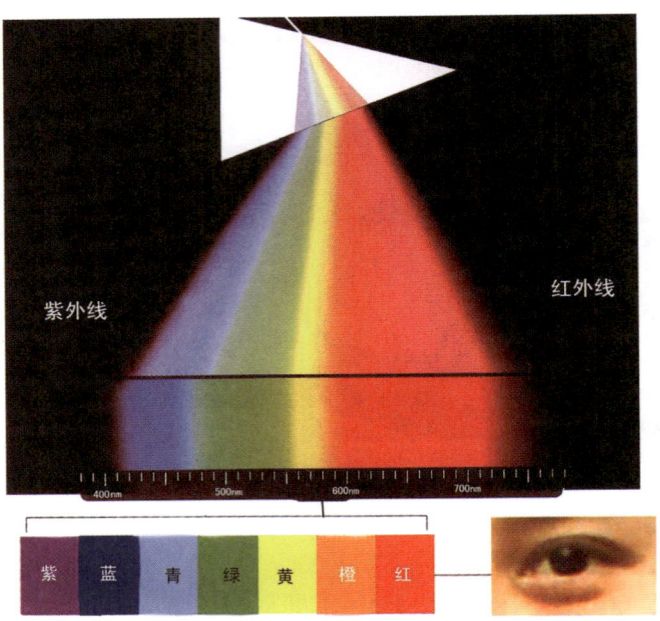

图1-14 太阳光谱

随着现代物理学与印染工业的不断进步,逐渐确立了红、黄、蓝三原色理论。这一理论指出,在印染工业中,绝大多数颜色都可以通过红、黄、蓝基本颜色的不同比例混合得到,且这3种颜色本身无法由其他颜色合成。这一发现不仅推动了色彩科学的发展,也为美术、设计等领域提供了科学的色彩调配依据。在此基础上,色彩学家们进行了更为深入的研究,逐步构建起了诸如奥斯特华德色立体、蒙塞尔色立体等色彩体系,这些体系不仅为色彩的科学分类与命名提供了标准化框架,也为艺术家与设计师提供了更为精准的色彩表达与运用工具。

1.2.2 色与光

光是影响物体色彩呈现的一个关键因素,不容忽视。光作为色彩感知的媒介,其来源广泛,大致可分为天然光与人造光两大类。天然光是太阳光、月光以及某些生物发光的现象,以其自然、柔和且变化万千的特点,为地球上的万物披上了一层神秘而绚烂的色彩外衣。人造光包括灯光和烛光等,它们是人类文明进步的产物,通过人工设计与控制,能够满足特定场景下的照明与色彩需求,为艺术创作、商业展示及日常生活增添了无限可能。

光进入视觉系统的途径主要有3种:反射光、透射光和光源光。其中,反射光是日常生活中最为常见且主要的光线类型,它是指光线从光源发出,经过物体表面反射后进入眼睛的光线。反射光的强度、方向与色彩直接决定了我们对物体色彩、质感乃至空间深度的感知。透射光是指光线穿过透明或半透明物体后进入视觉的光线,它赋予了玻璃、水晶等材质独特的透明感与色彩层次。光源光是指直接来自光源的光线,它虽不直接参与物体色彩的构成,但为整个视觉场景提供了基础照明与色彩氛围。

光线照射在物体上的角度与传播路径的多样性，进一步丰富了我们对物体色彩的感知。常见的光线角度与照明情况可分为以下几种情况。

（1）侧光。光线从侧面照射物体，形成一半受光、一半背光的效果。这种照明方式能够突出物体的立体感与表面纹理，使阴影部分与受光部分形成鲜明对比，增强视觉冲击力。

（2）顺光。光线从物体正面照射，使物体的大部分面积处于受光状态。顺光照明下，物体的色彩与纹理得以清晰展现，但立体感相对较弱，适用于需要展现物体全貌或细节的场景。

（3）逆光。光线从物体背面照射，仅边缘部分受光。逆光照明能够营造出神秘、梦幻的氛围，强调物体的轮廓与边缘细节，但同时也可能因光线过强而导致物体表面细节丢失，需通过补光或遮光技巧进行平衡。

（4）顶光。光线从顶部垂直照射物体，使物体顶部受光。这种照明方式常用于突出物体的顶部特征，营造庄重、神圣的氛围，但在某些情况下也可能导致物体下部阴影过重，影响整体视觉效果。

在展示设计、装潢设计、广告摄影及环境艺术设计等领域中，光源色与物体色的巧妙配合，成为提升作品表现力与吸引力的关键。设计师通过精确控制光源的类型、颜色、强度以及照射角度，结合物体表面的材质选择色彩，创造出既符合主题要求，又能引发受众情感共鸣的视觉效果。例如，在食品展示中，暖红色的光线能够增强肉类的鲜嫩感，激发食欲；在科技产品展示中，冷色调的光线则能营造出未来感与高科技氛围。此外，通过灵活运用侧光、顺光、逆光与顶光等照明技巧，设计师能够进一步丰富作品的层次与深度，创造出更加生动和立体的视觉体验。

光是色彩的源泉，它让我们对周围世界有着丰富的视觉体验。在日常生活中，接触到的绝大多数物体，虽然本身不具备发光的能力，但能以各种各样的颜色呈现在我们眼前。这一现象的背后隐藏着物体对光的复杂作用机制，即选择性地吸收、反射或透射光线。

现代色彩科学揭示了人类视觉系统的精妙机制。人眼视网膜中的视锥细胞包含3种感光色素，分别对短波（蓝）、中波（绿）和长波（红）光线敏感，通过不同比例的刺激组合，大脑可以解析出千变万化的色彩。这种三原色感知原理不仅解释了色盲现象的成因，也为数字显示技术提供了生物学依据。此外，色彩的恒常性表明，人类视觉系统能自动修正光照条件变化带来的色偏，这种适应性机制使色彩感知更加稳定可靠。

光是以波动的形式在空间中传播的，它的物理性质主要由振幅和波长两个参数决定。振幅即光波的振动幅度，它决定了光的强度或亮度。振幅越大意味着光波携带的能量越多，因此光就越强，反之则越弱。在日常生活中，可以通过观察物体的明暗程度来感知光的振幅变化。例如，在晴朗的白天，阳光直射下的物体显得明亮耀眼；而在阴天或傍晚时分，由于光线经过大气层的散射和吸收，振幅减小，物体就显得暗淡无光。

波长是决定光色相的关键因素。在可见光谱中，不同波长的光线对应着不同的颜色。波长单一的光线（如激光）能够呈现出非常单纯鲜亮的颜色；而波长混杂的光线（如白光）则是由多种不同波长的光线混合而成的，因此其纯度相对较低。色彩的变化，正是由于可见光的波长不同所引起的。例如，红色的光线波长较长，给人温暖、热烈的感觉；蓝色的光线波长较短，给人冷静、深邃的印象。

在物体色彩的呈现过程中，物体对光的吸收、反射和透射作用起着至关重要的作用。当光线照射到物体表面时，一部分光线会被物体吸收，转化为热能或其他形式的能量；一部分光线会被物体反射，进入眼睛，形成视觉感知；还有一部分光线可能会穿过物体，发生透射现象。物体对光的这些作用，取决于其表面的材质、纹理以及微观结构等因素。例如，金属材质因其良好的导电性和光滑的表面，能够反射出强烈而定向的光线，展现出高光泽度和鲜明的色彩；织物或木材等材质，则因其表面粗糙且吸光性强，通常呈现出更为柔和或深沉的色彩。

1.2.3 色彩传输原理

颜色是光线与物质相互作用的一种视觉表现，其中光的折射现象在颜色的形成中扮演着至关重要的角色。折射是指光线在进入不同介质时，由于速度的改变而发生的方向变化，这一物理现象在颜色的产生和观察中起到了基础性的作用。

光进入我们的视觉系统，主要通过3种不同的形式，这些形式不仅揭示了光线与物质之间的复杂关系，也为理解颜色的本质提供了重要的线索。

（1）光源光是指由光源直接发出的色光。这些光线无须经过任何中介物体，即可直接进入视觉系统。在日常生活中，随处可见这样的光源光，如霓虹灯的绚丽色彩、装饰灯的温馨光芒以及烛灯摇曳不定的火光。这些光源发出的光线，带有各自独特的色彩特征，它们直接作用于视网膜，让我们能够感知到五彩斑斓的世界。

（2）透射光是光线在穿过透明或半透明物体后，再进入我们视觉系统的光线。这种光线形式在颜色的观察中同样具有重要意义。当光源光照射到透明或半透明物体上时，部分光线会被物体吸收，部分光线则会穿过物体继续传播。透射光的亮度和颜色取决于入射光穿过被透射物体后所达到的光透射率以及波长特征。例如，当透过红色的玻璃纸看白色的光源时，由于红色玻璃纸对红色光的透射率较高，其他颜色的光被吸收或反射，因此看到的光线呈现出红色。这种透射现象不仅让我们能够观察到物体的颜色，还为我们提供了探索物质结构和性质的重要手段。

（3）反射光是光进入眼睛最普遍的形式。在有光线照射的情况下，之所以能够看到任何物体，是因为这些物体的反射光进入了视觉系统。当光源光照射到物体表面时，部分光线会被物体吸收，部分光线则会被反射回来。这些反射光线的颜色、亮度和方向取决于物体的表面性质、光源的性质以及光线的入射角度。例如，金属表面通常呈现出明亮的光泽，这是因为金属对光线的反射率较高，且反射光线的方向较为一致；粗糙的表面则呈现出较为暗淡的颜色，这是因为光线在粗糙表面发生漫反射，导致反射光线的方向变得杂乱无章。

无论是光源光、透射光还是反射光，它们都是光线与物质相互作用的结果。这些光线在进入视觉系统后，经过眼球的折射和聚焦作用，最终在视网膜上形成图像。视网膜上的感光细胞将这些图像转化为神经信号，通过视神经传递到大脑进行处理和解释，从而让我们感知到物体的颜色、形状和位置等信息。

1.3　色彩与感知

1.3.1　人的感官功能

感官是感受外界事物刺激的器官，包括眼、耳、鼻、舌、身等。

正常来说，人的感官作用大致相同。从进化论和遗传学的角度来讲，每个感觉器官都对我们的生存有着重要的作用，而且人类这同一个物种，身体的生理结构和功能都很相似，这些都是从整个群体、物种的大趋势来看的，但其具体感官的功能还是会有差异。以视觉器官来说，眼睛都接受视觉信息，但有的人是色盲，有的人是先天性近视，有的人眼力敏锐，因此每个人看到世界就各不相同了。其他感觉器官也都如此，人们利用它们各自特定的功能来接受信息，每个人实际接收到的信息不尽相同，因为每个人的感觉器官都或多或少有着自己的特点。

1.3.2　色彩与人的感官关系

人的感觉器官是一个互相联系、互相作用的整体，任何一种感觉器官在受到刺激后，都会诱发其他感觉系统的反应，这种伴随性感觉在心理学上又称为"联觉"或"通感"。这种反应当然也适用于对色彩的感知。

1. 色彩的味觉

众所周知，大部分人品尝食物的时候是靠舌头上的味蕾，但其实人的味觉是非常迟钝的，很多时候对事物的感觉是通过其他的感官，也就是通过事物的色彩和形体来感受。大部分人会认为色彩和味觉怎么会联系在一起呢？但是生活中这种现象却非常常见，就像人们品评一道菜的时候会称赞它色香味俱全，而这"色"排在首位，可见其重要性了。色彩与味觉之间的联系是通过人们品尝某种食物后对这种食物形成的一系列印象所建立起来的，这种联系具有一致性和稳定性，在生活中有一定的共性。例如，水果中的青色代表没有成熟的果实，像青苹果、青杏等都是酸味的，所以人们一般看到青色会感到酸涩，如图1-15所示。

图1-15　色彩的味觉（一）

黄色通常给人的感觉是甜腻的，如动画片中的食物，通常都是焦黄的，仿佛可以从中闻到一股香甜的味道，如图1-16所示。

图1-16　色彩的味觉（二）

黑色和紫色通常给人的感觉是苦味的，如面前有两杯咖啡，也许苦涩程度相同，但是会不自觉地认为颜色更深的那杯更苦，如图2-17所示。

图1-17　色彩的味觉（三）

红色一般给人辛辣的感觉，市场上几乎所有的辣味产品都会采用红色的包装，由于红色会给人血压升高和兴奋的感觉，跟食用辣椒的感受是一样的，所以辣味产品经常用红色表示。

白色可以让人联想到牛奶和奶油，给人香甜的感觉，如图1-18所示。在烹调的时候如果能在食物的色泽方面多下功夫，人们从视觉上就会被食物所吸引。

图1-18　色彩的味觉（四）

2. 色彩的听觉

色彩与声音之间的相互作用是一种复杂而引人入胜的现象，这种现象在心理学中称为"通感"。通感是指一种感官受到刺激时，会引起另一种感官的共鸣。在视觉与听觉之间，色彩与声音的联系尤其显著，许多艺术家和心理学家都对此进行了深入的研究和探索。

（1）色彩与声音的相互作用

色彩与声音之间的联系不仅仅是一种心理现象，它还涉及神经生理学层面的解释。研究表明，视觉和听觉在大脑中的处理区域存在交叉和互动。当视觉系统接收到色彩信息时，它会通过神经网络将这些信息传递到听觉系统，从而引发相应的听觉体验。反之，当听觉系统接收到声音信息时，也会影响到视觉系统的感知。

这种视觉与听觉之间的相互作用在实际生活中有着广泛的应用。例如，在电影和电视节目中，色彩与声音的巧妙结合能够创造出一种沉浸式的体验，使观众更加投入到剧情之中。此外，在广告和营销领域中，色彩与声音的搭配也被广泛用来吸引消费者的注意力并激发他们的购买欲望。

（2）色彩对声音感知的影响

色彩不仅能影响声音的感知，还能增强或减弱声音的效果。明亮的色彩通常会让人感到声音更加清晰和响亮，暗淡的色彩则可能会让人感到声音更加模糊和柔和。这种现象在音乐和声音设计中得到了广泛的应用。

许多音乐家和作曲家都会利用色彩来表达音乐的情感和氛围。例如，在古典音乐中，不同的乐器和音符会被赋予不同的色彩，以创造出一种视觉与听觉相结合的艺术体验。此外，在现代音乐中，灯光和视觉效果的运用也越来越普遍，通过色彩的变化来增强音乐的表现力和感染力。

（3）声音对色彩感知的影响

除了色彩对声音感知的影响以外，声音也能够影响人们对色彩的感知和理解。例如，当人们听到高亢的声音时，他们可能更容易识别出明亮的色彩，如红色和黄色等；当人们听到低沉的声音时，可能更容易识别出暗淡的色彩，如蓝色和紫色等。

声音对色彩感知的影响在广告和营销领域中有着广泛的应用。很多广告会采用悦耳的声音和鲜艳的色彩来吸引消费者的注意力，从而提升广告的效果和影响力。此外，在电影和游戏等娱乐领域中，声音和色彩的巧妙结合也能够创造出一种更加真实和生动的体验，使观众或玩家更加投入到故事情节之中。

（4）色彩与声音在艺术创作中的应用

色彩与声音的相互作用在艺术创作中有着广泛的应用。许多艺术家和设计师都会利用色彩和声音的相互作用来创造出独特的艺术作品和体验。

在抽象艺术中，艺术家们常常会通过色彩的运用来表达音乐的情感和氛围。他们将色彩视为一种表达情感和思想的工具，通过色彩的变化和组合来创造一种类似于音乐的视觉体验。此外，在现代艺术和设计中，色彩与声音的结合越来越普遍，通过多媒体技术创造出一种跨越不同感官的综合艺术体验。

3. 色彩的形状

在人们的感觉里，色彩是有形状感的，例如色彩的三原色在认知感觉中有相对应的形状。色彩教育家伊顿认为三原色对应图形中非常基本的三个形状，红色对应直线稳定的正方形，黄色对应三角形，蓝色对应圆形。三原色的间色对应着这三个基本形状对应的变形。橙色对应梯形，绿色对应弧边三角形，紫色对应椭圆形。关于色彩和形状的对应关系上，另外一位色彩学家碧莲则认为绿色应该对应六边形，橙色对应长方形，如图1-19所示。

图1-19　色彩形状

4. 色彩的触觉

色彩作为一种视觉元素，其对人的感官刺激并不限于视觉层面。事实上，色彩的感知和体验涉及多个感官系统，包括触觉。色彩的触觉主要与色彩的明度和彩度有关，而与具体的色相关系不大，如图1-20所示。通过调整色彩的明度和彩度，可以创造出不同质地和触感的视觉效果，从而影响人们对物体的实际触觉体验。

图1-20　色彩触觉

（1）明度与触觉的关系

明度是指色彩的明亮程度，是色彩最基本的属性之一。在色彩的触觉体验中，明度起着至关重要的作用。一般来说，明度较高的色彩（如浅蓝、浅粉等）会给人一种柔软和舒适的感觉，仿佛触摸到柔软的棉布或细腻的丝绸。这种柔软感主要是因为高明度的色彩通常具有较低的对比度和较为柔和的视觉效果，能够让人产生愉悦和放松的心理反应。

相反，明度较低的色彩（如深蓝、深绿等）则会给人一种坚硬和粗糙的感觉，仿佛触摸到坚硬的岩石或粗糙的麻布。这种坚硬感主要是因为低明度的色彩通常具有较高的对比度和较为强烈的视觉冲击力，能够让人产生紧张和刺激的心理反应。

（2）彩度与触觉的关系

彩度是指色彩的饱和程度，是色彩的另一个重要属性。与明度类似，彩度也能够影响人们对物体触觉的感知和体验。一般来说，彩度较高的色彩（如鲜红、鲜黄等）会给人一种强烈和鲜明的感觉，仿佛触摸到光滑的金属或冰冷的大理石。这种鲜明感主要是因为高彩度的色彩通常具有较强的视觉冲击力和较高的关注度，能够让人产生兴奋和激动的心理反应。

彩度较低的色彩（如灰色、米色等）会给人一种柔和和温和的感觉，仿佛触摸到柔软的棉布或温暖的木头。这种柔和感主要是因为低彩度的色彩通常具有较低的视觉冲击力和较少的关注度，能够让人产生平静和舒适的心理反应。

1.4 色彩的象征意义

1.4.1 色彩与信息传递

设计色彩时不能仅仅表达设计师的内心感受，还要符合大众的审美需求，满足客观的市场需求，以商品信息的有效传达为目的，进而引导消费。设计时要求色彩简洁、清晰、指向性明确。

代表不同性格特征的色彩会带给人们不同的视觉感受与心理体验。在进行商业信息的整合与设计时，要严格遵守客观市场规则，遵守色彩法则，这样才能有效地传递产品的特征，使设计的产品具有一定的色彩语义，并产生市场效应。又如，在食品包装设计中，食品的包装往往以摄影照片为素材，采用真实的色彩表现，这就要求图片的色彩不仅能够真实地反映客观事物，还能符合受众客观的生理与心理需求，这样才能有效地传达信息。这些客观因素的存在促使人们更加关注色彩的客观效果，注重在实践中对色彩进行组织和运用，并最终实现信息的有效传达，如图1-21所示。

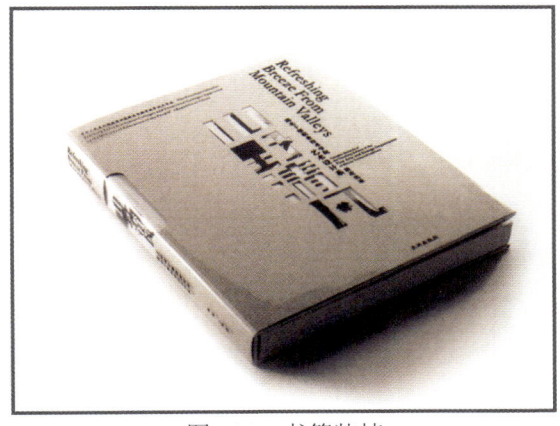

图1-21　书籍装帧

1.4.2 色彩在营销中的应用

色彩在营销中的广泛应用是基于它对人类情感和行为的深远影响。不同的颜色能够激发不同的情绪反应，从而影响消费者的购买决策，如图1-22所示。理解色彩心理学，并将其巧妙地应用于市场营销策略中，可以帮助企业更好地传达品牌形象，建立情感连接，最终实现商业目标。

（a）

（b）

（a）化妆品的流行色包装；

（b）包装设计。

图1-22 色彩与营销

1. 品牌识别

品牌识别是通过一致的颜色使用来强化品牌的独特性。一个成功的品牌颜色策略能够使品牌在竞争激烈的市场中脱颖而出，帮助消费者快速辨认品牌的产品或服务。例如，麦当劳的黄色和红色不仅在全球范围内广为人知，而且这两种颜色的选择还考虑了它们能激发食欲的特点。此外，保持色彩的一致性有助于增强品牌形象的记忆点，使得消费者能够在看到相关颜色时立即联想到特定的品牌。

2. 情绪唤起

不同颜色对情绪的影响是基于心理学研究的。企业会根据想要传达的信息选择相应的颜色。比如，橙色常用于表达乐观、友好和亲和力，适用于需要营造轻松氛围的品牌；紫色则通常与奢华、神秘感相连，适合高端或艺术类品牌。了解目标受众的文化背景和社会习惯对正确使用颜色至关重要，同样的颜色在不同的文化背景下可能具有完全不同的含义。

3. 吸引注意

利用对比色是一种有效的吸引注意力的方法。设计广告或产品包装时，设计师们常常采用互补色（如红绿、蓝黄等）来突出关键信息。这种方法不仅提高了视觉上的吸引力，还能引导观众的目光集中在最重要的内容上。例如，在电子商务网站上，购买按钮往往使用醒目的颜色，以鼓励用户点击并完成交易。

4. 文化差异

颜色的文化差异反映了不同社会对颜色的理解不同及其象征的意义不同。在中国，红色象征喜庆和好运，白色与死亡和哀悼相关；而在西方，红色代表爱情与激情，白色象征纯洁与和平。黑色在西方多与哀悼和优雅相关，但在中国和印度则分别象征严肃和成熟。黄色在中国代表皇权与财富，在西方则象征快乐与希望，而在埃及和希腊却与哀悼和悲伤相关。蓝色在西方象征冷静与信任，在中国则与不朽和治愈相关。紫色在西方象征皇室与奢华，在中国则与神圣和不朽相关。橙色在西方代表创造力与热情，在印度则与宗教和牺牲相关。粉色在西方象征女性与爱情，在中国则与婚姻和爱情相关。这些差异体现了不同文化的历史和价值观等，理解这些差异有助于促进跨文化交流，避免误解。

5. 增加记忆点

色彩丰富的设计可以帮助产品在市场上获得更多关注，并且更容易被记住。研究表明，人们倾向于记住那些视觉上吸引人或者与众不同的东西。因此，利用鲜明而和谐的配色方案可以使产品包装、广告等更加令人难忘。例如，苹果公司的产品以其简洁的设计风格和独特的白色调著称，这种一致性极大地增强了品牌的可识别性和记忆度。

6. 促进销售

所有关于色彩的策略都应指向同一个目标，即增加销售额。通过精心挑选的颜色组合，不仅可以提升产品的外观美感，还可以直接影响消费者的购买意愿。例如，绿色被认为与健康和自然有关，因此很多有机食品会选择绿色作为主打色调。同样地，蓝色由于其稳定性和可靠性，经常被金融服务行业用来建立信任感。合理运用色彩并结合其他营销手段，可以有效地推动销售。

2.1 图像概述

2.1.1 图像的类型

计算机记录数字图像的方式有两种：一种是通过数学方法记录，即矢量图；另一种是用像素点阵方法记录，即位图。

1. 矢量图

矢量图又称向量图，是以线条和颜色块为主构成的图形。矢量图与分辨率无关，可以任意改变大小进行输出，而且图片的观看质量不会受到影响，这是因为其线条的形状、位置、曲率等属性都是通过数学公式来描述和记录的。矢量图的色彩较之位图相对单调，无法像位图般真实地反映自然界的颜色变化，如图2-1所示。

图2-1　矢量图

2. 位图

位图由许多像素点组成，这些不同颜色的点按照一定的次序排列组成了色彩斑斓的图像，如图2-2所示。图像的大小取决于像素点数量的多少，图形的颜色取决于像素的颜色。位图文件能够记录每一个像素点的数据信息，因而可以精确地记录色调丰富的图像，达到照片般的品质。位图图像可以轻松地在不同软件之间交换，但缺点是在缩放和旋转图像时会产生失真现象，同时文件较大，对内存和硬盘空间容量的要求较高。

图2-2 位图

2.1.2 像素和分辨率

像素是组成位图图像的最小单位,如图2-3所示,其中右图中的小方格就是像素。一个图像文件的像素越高,细节就越能充分表现出来,图像质量也随之提高。当存储的磁盘空间越大,编辑和处理图像的速度也会越快。

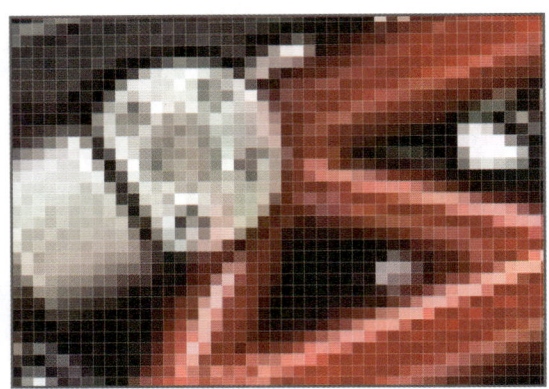

图2-3 位图

分辨率的大小对于数字图像的显示及打印都起着至关重要的作用,常以"宽×高"的形式来表示。在一般情况下,分辨率分为图像分辨率、屏幕分辨率和打印分辨率。

1. 图像分辨率

图像分辨率通常以像素/英寸(ppi)表示,是指图像中每英寸含有的像素数量。以具体实例比较来说明,分辨率为300 ppi、1×1英寸的图像总共包含90 000个像素,而分辨率为72 ppi的图像只包含5 184个像素〔72 px(宽)×72 px(高)=5 184 px〕。分辨率并不是越高越好,分辨率越高图像文件越大,处理时所需的内存就越多,CPU处理时间也越长。由于分辨率高的图像比相同打印尺寸的低分辨率图像包含更多的像素，所以图像会更加清晰和细腻。

2. 屏幕分辨率

屏幕分辨率是指显示器分辨率，即显示器上每单位面积显示的像素或点的数量，通常以点/英寸（dpi）表示。显示器分辨率取决于显示器的大小及其像素的设置。显示器在显示时，图像像素直接转换为显示器像素，当图像分辨率高于显示器分辨率时，在屏幕上显示的图像比其指定的打印尺寸大。一般显示器的分辨率为72 dpi或96 dpi。

3. 打印机分辨率

激光打印机（如照排机）等输出设备的横向和纵向每英寸油墨点数（dpi）就是打印机分辨率。大部分桌面激光打印机的分辨率为300 dpi～600 dpi，高档照排机的分辨率是1 200 dpi或更高。

图像的最终用途决定了图像分辨率的设定。如果是打印输出图像，则需要符合打印机或其他输出设备的要求，分辨率不应低于300 dpi；如果是应用于网络的图像，分辨率只需满足典型的显示器分辨率即可。

2.1.3 图片的格式

图像文件有很多存储格式，用于应对不同的使用环境。下面介绍几种常用的图片格式。

1. psd格式

psd格式是Photoshop软件新建和保存图像文件时默认的格式。psd格式可存储Photoshop中建立的所有图层、通道、参考线、注释和颜色模式等信息。psd文件保留了所有原图像数据信息，修改起来十分方便。

2. ai格式

ai格式是矢量软件Illustrator的专用文件格式，是一种矢量图形文件格式。Illustrator是一种基于矢量图形的绘图程序，其文件也可以在Photoshop中打开，但打开后的图片是位图而非矢量图，并且背景层是透明的，在打开文件时弹出的对话框中可修改图片的分辨率。

3. cdr格式

cdr格式是绘图软件CorelDRAW的专用图形文件格式，可以记录文件的属性、位置和分页等。

4. indd格式

indd格式是InDesign软件的专业存储格式。InDesign是专业的排版软件，专为要求苛刻的工作流程而构建，它可与Photoshop、Illustrator、Acrobat、InCopy和Dreamweaver软件无障碍转换，为创建更丰富、更复杂的文档提供了强大的功能。

5. jpg格式

jpg文件比较小，是一种高压缩比、有损压缩真彩色图像文件格式，所以在对文件大小有明确要求的领域应用很广。jpg格式在压缩保存的过程中与gif格式不同，jpg文件保留了RGB

图像中的所有颜色信息,以失真最小的方式去掉一些细微数据。jpg图像在打开时会自动解压缩。在大多数情况下,选用"最佳"品质选项产生的压缩效果与原图几乎没有区别。

2.2 图形与图像

2.2.1 图形

作为一种视觉传达的形式,图形在人类历史长河中一直扮演着不可或缺的角色。从远古时期洞穴壁画上的简单线条到现代计算机生成的三维立体图像,图形一直是人们表达思想、传递信息和记录历史的重要工具。

在最广泛的意义上,图形是指任何通过点、线、面等元素组合而成的视觉表现形式,如图2-4所示。这些元素可以以多种方式排列和组织,用以描绘物体、场景或抽象概念。图形可以是静态的,如绘画、摄影中的画面等;也可以是动态的,如动画、电影中的序列帧等。它们可以通过手绘、印刷、雕刻乃至数字技术等多种方式制作出来。

图2-4 图形

2.2.2 图形的特点及用途

用一组指令集合来描述图形的内容,如描述构成该图的各种图元位置、维数、形状等,描述对象可任意缩放不会失真。

在显示方面,图形使用专门软件将描述图形的指令转换成屏幕上的形状和颜色,适用于描述轮廓不是很复杂、色彩不是很丰富的对象,如几何图形、工程图纸、3D造型等,但对复杂纹理、照片和真实感场景的呈现效果有限。

一般用CorelDraw软件编辑图形，产生矢量图形，可对矢量图形及图元单独进行移动、缩放、旋转和扭曲等变换。该软件主要是描述图元的位置、维数和形状的指令和参数。

2.2.3 图像

图像是对人眼视觉感知的物质再现，它通过各种方式捕捉并记录周围世界的景象或人们想象中的画面，如图2-5所示。这一过程可以通过光学设备来实现。例如，照相机能够捕捉现实世界的瞬间，镜子可以反射出眼前的景象，望远镜使遥远的星系近在咫尺，而显微镜则揭示了微观世界不为人知的秘密。这些设备利用光的特性，将所见之物转换为可视化的图像，使得人们能够在不同的尺度和距离上观察世界。

图2-5 图像

图像也可以由人类手工创作而成。绘画是最古老且最基本的形式之一，艺术家们使用画笔、颜料等各种工具，在画布或其他表面上表达他们的想法、情感以及对外部世界的理解。无论是洞穴壁画还是现代艺术作品，绘画都是人类表达自我和记录历史的重要手段。除此之外，还有许多其他形式的手工图像制作方法，每一种都有其独特的风格和技术特点，如雕刻、版画等。

传统上，图像被记录和保存在纸质媒介、胶片等对光信号敏感的介质上。例如，摄影技术的发展让照片得以长久保存，成为珍贵的记忆片段；手绘的作品不仅展现了创作者的艺术才华，还承载了文化价值。然而，随着数字采集技术的进步，越来越多的图像以数字形式存储起来。这种转变极大地提高了获取、编辑、传输和存储图像的效率及灵活性，同时促进了图像处理软件的发展，使得非专业人士也能轻松地对图像进行编辑和创作。

数字化图像技术的出现，打破了时间和空间的限制，让人们能够更便捷地分享信息和交流思想。无论是社交媒体上的个人照片分享，还是科学研究中复杂的图像数据分析，数字图像都发挥着不可替代的作用。随着人工智能的不断进步，计算机已经能理解和生成图像，这进一步扩展了图像的应用范围和可能性。

2.2.4 图像的特点及用途

在数字图像领域中，图像的构建是基于对像素点的精细刻画。每一个像素点都被赋予了特定的数字信息，这些信息涵盖了像素点的位置、强度和颜色。强度用于表示该像素所承载的光线能量程度，而颜色则通过色彩模型，以数字化的方式精确定义，如常见的RGB（红、绿、蓝）模型等。

然而，这种对图像细致入微的描述方式，使得图像的描述信息文件存储量相对较大。当对图像进行缩放操作时，需要重新计算像素点的分布和数值，原始图像所蕴含的细节信息便会不可避免地有所损失。在放大图像时，原本相邻的像素点被拉伸，从而导致图像边缘出现锯齿状的粗糙效果；缩小图像则可能会使一些细微的纹理和特征被忽略。

在图像的显示环节，工作机制是将对象按照一定的分辨率进行分辨。分辨率决定了图像显示的精细程度。当图像被解析后，每个像素点的色彩信息会以数字化的形式呈现在屏幕上。得益于现代显示技术的快速发展，图像能够直接且快速地显示在各类屏幕设备上。其中，分辨率和灰度是影响图像显示效果的两个关键参数。灰度代表了图像中从最暗（黑色）到最亮（白色）之间的不同层次，更多的灰度级别意味着图像能够展现出更丰富的明暗过渡，使画面看起来更加自然和真实。

图像尤其适用于表现含有大量细节的对象，诸如照片，其能够精准地捕捉现实场景中的丰富信息，从光影的微妙变化到物体表面复杂的纹理，再到场景中丰富多样的轮廓和色彩，都能栩栩如生地展现出来。绘图亦是如此，艺术家们可以借助图像来表达复杂的创意和细腻的情感，通过对线条、色彩和光影的精心雕琢，创作出极具表现力的作品。并且，借助各类功能强大的图像软件，能够对复杂的图像进行深度处理。通过调整图像的对比度、亮度、色彩平衡等参数，可以使图像变得更加清晰，让原本模糊的细节得以凸显；同时，利用软件中的各种滤镜和特效工具，还能够创造出奇幻的艺术效果，如复古色调、梦幻虚化、抽象变形等，极大地拓展了图像的表现力和艺术感染力。

2.2.5 图形与图像的区别

在计算机科学中，图形和图像这两个概念是有区别的，图形一般指用计算机绘制的画面，如直线、圆、圆弧、任意曲线和图表等；图像则是指由输入设备捕捉的实际场景画面或以数字化形式存储的任意画面。图像是由一些排列的像素组成的，在计算机中的存储格式有BMP、PCX、TIF、GIFD等，一般数据量比较大。它除了可以表达真实的照片外，还可以表现复杂绘画的某些细节。

与图像不同，图形中只记录生成图的算法和图上的某些特点，也称矢量图。在计算机还原时，相邻的特点之间用特定的很多段小直线连接就形成曲线。若曲线是一个封闭的图形，也可靠着色算法来填充颜色。它最大的优点就是容易进行移动、压缩、旋转和扭曲等变换，主要用于表示线框型的图画、工程制图、美术字等。常用的矢量图形文件有3DS（用于3D造型）、DXF（用于CAD）、WMF（用于桌面出版）等。图形只保存算法和特征，相对于位图（图像）的大量数据来说，它占用的存储空间也较小，但屏幕每次显示时都需要重新计算，故显示速度没有图像快。另外，在打印输出和放大时，图形的质量较高而图像常会发生失真的现象。

2.3 美化图片

2.3.1 美的多元性

美是一种能够引发人们愉悦、共鸣或崇高情感的客观属性与主观体验的统一体，它既存在于自然与生活中，也体现在艺术创作中。美不仅是对形式、结构、色彩、声音等外在特征的感知，更是对内在意义、和谐与价值的深刻理解。尽管美具有普遍性，能够跨越时空触动人心，但它也因文化背景、历史传统和个人经验的差异而呈现出丰富的多样性。这种多样性使得美成为一种动态的、多元的概念，既包含共通的审美体验，又因个体差异而展现出独特的表现形式。

美的主观与客观交织的特性，使得不同的人对美的感受和理解千差万别。文化背景深刻影响着人们对美的认知，例如东方文化强调自然与和谐，而西方文化更注重形式与比例；个人经历和教育背景则塑造了独特的审美倾向，童年记忆、情感状态和心理需求都会影响一个人对美的感知与偏好。此外，年龄与阅历的差异也使得年轻人可能更倾向于追求外在的、直观的美，而年长者则更注重内在的、深刻的美；艺术家可能通过创造性实验重新定义美，而普通人则更倾向于欣赏符合大众审美标准的事物。心理状态也在审美过程中扮演着重要角色，快乐时人们可能更欣赏明亮活泼的美，而悲伤时则可能被深沉忧郁的美所吸引。

从哲学和宗教的视角来看，美还被赋予了更深层次的内涵。柏拉图认为美是理念的体现，是一种超越感官的永恒存在；康德则强调美是主体与客体之间的和谐关系。在宗教中，美常与神圣和崇高联系在一起，例如基督教艺术中的美体现神性的光辉，而佛教艺术中的美则强调宁静与超脱。这些不同的视角进一步丰富了美的内涵，使其成为一个永恒而充满魅力的主题。

2.3.2 美化图片的原则

美化图片是指利用各种图形处理软件对原始图片进行艺术化处理。美化时，在形式上要符合美学原则。图片美化规则包括节奏与韵律、变化与统一、对称与均衡、条理与反复、对比与协调等。

1. 节奏与韵律

节奏是指构成要素有规律、周期性变化的表现形式，常通过点或线条的流动、色彩深浅变化、形体大小、光线明暗等变化表达。韵律是指在节奏基础之上的更深层次的内容和形式的抑扬顿挫的有规律的变化统一。

节奏与韵律往往互相依存，互为因果。韵律是在节奏基础上的丰富，节奏是在韵律基础上的发展。一般认为节奏带有一定程度的机械美，而韵律又在节奏变化中产生无穷的情趣。各种物象由大到小、由粗到细、由疏到密，不仅体现了节奏变化的伸展，也是韵律关系在物象变化中的升华。

2. 变化与统一

变化是寻找各部分之间的差异、区别；统一是寻求它们之间的内在联系、共同点或共同特征。没有变化会单调乏味和缺少生命力；没有统一则会显得杂乱无章，缺乏和谐与秩序。

3. 对称与均衡

对称与均衡是不同类型的稳定形式，保持物体外观量感均衡，可达到视觉上的稳定。对称是指在假设的一条中心线左右、上下或周围配置同形、同量、同色的纹样所组成的图案。对称形式构成的图案，具有重心稳定和静止庄重、整齐的美感。均衡是指在中轴线或中心点上下左右的纹样等量不等形，即分量相同，但纹样和色彩不同，是依中轴线或中心点保持力的平衡。在图案设计中，这种构图生动活泼富于变化，既有动的感觉，又有变化的美。

4. 条理与反复

条理是"有条不紊"，反复是"来回重复"。条理与反复即有规律的重复。自然界的物象都是在运动和发展着的，这种运动和发展是在条理与反复的规律中进行的。图案中的连续性构图，最能说明这一特点。连续性的构图是将一个基本单位纹样作上下左右连续，或向四方重复地连续排列而形成的连续纹样。图案纹样有规律地排列、有条理地重叠交叉组合，使其具有淳厚质朴的感觉。

5. 对比与协调

对比是指在质或量方面具有区别和差异的各种形式要素的相对比较。在图案中常采用各种对比方法。一般指形、线、色的对比，质量感的对比，刚、柔、静、动的对比。在对比中，图案相辅相成，互相依托，活泼生动而又不失完整感。

协调就是适合，即构成美的对象在部分之间不是分离和排斥，而是统一、和谐，被赋予了秩序的状态。一般来讲，对比强调差异，协调强调统一，适当减弱形、线、色等图案要素间的差距，如同类色配合与邻近色配合具有和谐宁静的效果，给人以协调感。

对比与协调是相对而言的，没有协调就没有对比，它们是一对不可分割的矛盾统一体，也是取得图案设计统一变化的重要手段。

在美化图片时，要注意保持客观真实，一般不做本质上的修改。对于新闻报道类的图片，不能在画面上进行添加、合成、拼接和掩盖等处理，避免造成原有视觉信息和空间关系的改变。

2.3.3 图片美化在UI设计中的意义和作用

1. 图片美化的核心意义

（1）塑造第一印象

用户对界面的第一感知往往基于视觉吸引力。高质量、风格统一的图片能快速建立信任感，降低用户跳出率。

（2）强化品牌识别

通过统一的色彩、滤镜和构图风格，图片美化成为品牌视觉语言的一部分，增强用户对品牌的记忆。

（3）提升信息传递效率

美化后的图片通过视觉焦点引导、对比度优化等手段，帮助用户快速捕捉关键信息。

（4）平衡美学与功能

美化后的图片不仅要好看，还要服务于交互逻辑。例如，可以通过添加阴影效果来增强按钮的可点击感，或通过色彩对比优化按钮的识别性。

2. 图片美化在UI设计中的作用

（1）优化用户体验（UX）

降低认知负荷：清晰美观的图片可减少用户理解成本，如用图标替代文字说明等。

情感化设计：通过柔和的色调、自然场景图片营造轻松氛围，增加用户停留时间。

引导用户行为：利用高饱和度按钮、动态插画吸引用户点击关键功能区域。

（2）增强界面功能表现

响应式适配：针对不同屏幕尺寸优化图片裁剪比例和分辨率，确保多端显示一致性。

加载体验优化：通过压缩美化工具平衡画质与加载速度，减少用户等待焦虑。

动态交互支持：为微动效提供高质量的帧序列素材。

（3）构建视觉层次

焦点引导：通过虚化背景、明暗对比突出核心内容。

空间分割：使用渐变背景或几何图形划分功能模块，避免界面杂乱。

一致性控制：统一图片的圆角、阴影参数，强化界面整体感。

（4）适配多场景需求

暗黑模式适配：调整图片亮度、对比度以兼容深色主题，避免视觉突兀。

无障碍设计：通过色彩对比度检测工具确保色弱用户可识别图片内容。

多文化适配：根据不同地区用户的审美偏好调整图片风格。

图片美化在UI设计中是连接用户情感与功能需求的桥梁。它不仅是视觉层面的优化，更是通过科学的设计方法提升产品的可用性、包容性和商业价值。设计师需在工具使用、技术实现与用户洞察之间找到最佳平衡点。

2.4 图片美化工具及运用法则

2.4.1 常用工具

美化图片的主要工具是Photoshop，还有其他一些经常使用的美化图片的工具。

1. 美图秀秀

这是一款流行、好用的免费图片处理软件。无须学习就可以对图片进行美容、拼图、布置场景、添加边框和饰品等特效处理。美图秀秀还提供了很多优质的网络精选素材。

2. Photoscape

这是一款功能强大且易于使用的免费图像编辑软件，适合初学者和普通用户进行基本的图像处理和编辑。它集成了批量编辑、照片裁剪、旋转、亮度/对比度调整、色彩校正、滤镜应用等多种功能，并支持查看和编辑RAW格式的照片。此外，它还提供拼图制作、GIF动画合成、屏幕截图和照片打印等实用工具，满足用户多样化的需求。

2.4.2 UI设计中图片的使用规范及色彩运用法则

1. 图片的使用规范

在各种UI设计中，都能看到大量的图片。设计人员往往会从互联网上搜索符合要求或用途的图片，用于设计时使用。这种使用方式在多数情况下是没有经过图片所有者的许可。通常而言，只要不是授权使用或者符合合理使用的规定，都会构成侵权。另外，合理使用不可以做营利性使用。

关于合理使用图片，《中华人民共和国著作权法》第二十四条规定："在下列情况下使用作品，可以不经著作权人许可，不向其支付报酬，但应当指明作者姓名或者名称、作品名称，并且不得影响该作品的正常使用，也不得不合理地损害著作权人的合法权益：（一）为个人学习、研究或者欣赏，使用他人已经发表的作品；（二）为介绍、评论某一作品或者说明某一问题，在作品中适当引用他人已经发表的作品；（三）为报道新闻，在报纸、期刊、广播电台、电视台等媒体中不可避免地再现或者引用已经发表的作品；……"

也就是说，从网上下载的图片，如果仅仅是为了个人学习、研究，或为了评论某一作品、说明某一问题，或者用于报道时事新闻，则属于合理使用的范畴，可以不经图片所有权人的许可。但使用这些图片时，需要说明图片作者和作品名称。

如果将下载的图片用于商业性用途，则必须取得图片所有权人的许可，并依照约定或者

《中华人民共和国著作权法》有关规定支付所有权人一定的费用，才可予以使用，否则将构成侵权。

2. 色彩运用法则

色彩可以传递信息并且有自己的特性，虽然没有语言、动作那么明确清楚，但是传递信息的速度也是很快的。比如常见的红绿灯，一看到红色的灯亮起，就会有意识地停下来。还有黄色的警示标志，可以马上引起警觉与注意，可见色彩和语言有时具备了同样的功能。在设计中，如果能够掌握各种颜色的特性，就能更好地体现主题并抓住人们的心理，将作品较完美地展现出来。

在设计时，可以按照以下色彩运用法则进行配色。

（1）根据内容选择合适的颜色

在设计页面时，首先要根据内容来选择颜色，如食品类的网页，可以选用红色、黄色、橙色这些比较能引起食欲的颜色。科技类的网页，一般是选用蓝色、青色这些比较冷静、科技感强的颜色。

（2）根据色彩的特性选择合适的颜色

每种色彩都有自己的特性，使人产生不同的联想，如蓝色会想到天空，橙色会想到阳光等。可以根据这些色彩给人的不同感觉来选择颜色。

（3）色彩鲜明，主题突出

在突出主题的地方如果采用色彩比较艳丽，或者与其他地方反差较大的颜色，更容易引人注目。

（4）色彩独特，与众不同

如果选择与众不同的色彩，可以使人的印象更加深刻，也会给人独特的感觉，只是色彩的选择要注意与内容搭配。

2.5 色彩运用

2.5.1 色相差配色案例

1. 同色系主导

案例：YOYO的UI界面，如图2-6所示。

图2-6 同色系主导

选择以蓝色为主色调的同色系配色方案,灵感来源于地中海沿岸的蓝天和大海。图中主要采用了蓝色系作为主导色,并通过不同深浅和饱和度的蓝色来构建视觉层次。这种配色方案不仅保持了界面的一致性,还通过色彩的层次感增强了信息的可读性和用户的视觉体验。

配色分析

• 主色调:主要背景图使用了深蓝色,给人一种稳重、可靠的感觉,深蓝色作为主色调,奠定了整体的视觉基调。

• 辅助色:在深蓝色的背景上,使用了浅蓝色突出某些元素或信息。浅蓝色与深蓝色形成对比,增强了视觉层次感,同时保持了整体色调的统一性。

• 元素搭配:整体以蓝色系为主,使用了绿色作为点缀色。绿色与蓝色属于相近的冷色调,搭配起来和谐且不突兀,同时起到了突出的作用。白色用于文字和图标,确保信息在蓝色背景上清晰可读。

2. 邻近色主导

案例:传统文化宣传页,如图2-7所示。

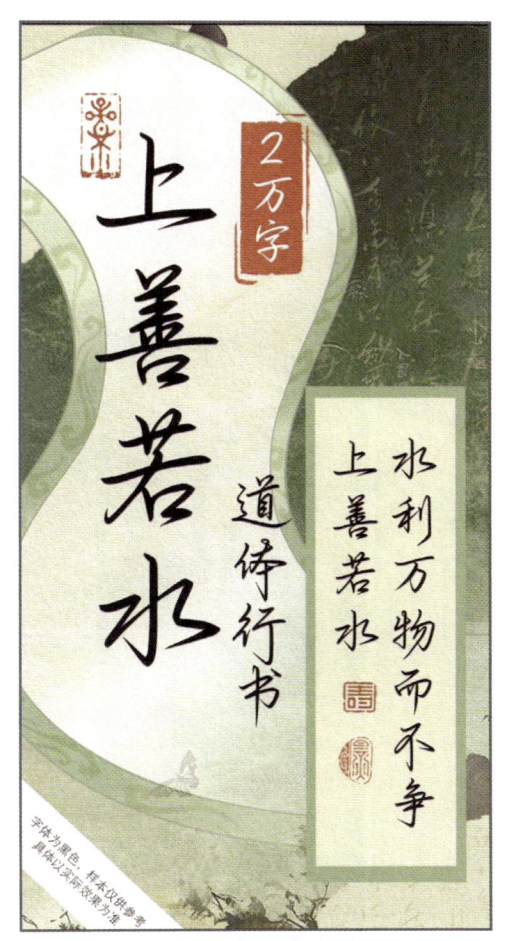

图2-7 邻近色主导

　　该宣传页主要采用了绿色和黄色两种相邻的颜色，这种配色方案通常给人和谐和统一的感觉，营造出一种柔和的视觉效果。邻近色的温润质感与"上善若水"的中式美学相契合，强化传统意蕴。

　　配色分析
- 主色调：以水、自然为核心主题，选择青绿与松石绿传递宁静与平和的氛围。
- 邻近色搭配：在绿色作为主色调的基础上，加入了黄色作为辅助色。黄色是一种充满活力和温暖的颜色，与绿色搭配在一起，能够产生一种和谐而又充满生命力的视觉效果。
- 色调变化：为了增加空间的层次感，在绿色和黄色的使用上，采用了不同明度和饱和度的变化。黄绿色与青绿色形成自然渐变，增强了画面生命力。
- 元素搭配：文字"上善若水"使用了与背景对比度较高的颜色，确保其可读性。

3. 类似色主导
案例：咖啡馆平面图，如图2-8所示。

图2-8 类似色主导

通过采用类似色，咖啡馆的空间呈现出高度的和谐感，使顾客在没有强烈色彩冲突的环境中感到舒适和放松。暖色调的应用不仅营造出友好和欢迎的氛围，还鼓励人们停留更长时间，这对于增加顾客的消费机会至关重要。尽管整体配色方案以类似色为主，但通过不同深浅的变化，成功地为从墙壁到家具再到小饰品的每个元素赋予了独特的特色，同时保持彼此间的关联性，给空间带来了必要的层次感。

配色分析

- 主色调：以柔和的米黄色为主色调，为整个空间提供温暖的基础。
- 辅助色：咖啡馆的辅助色是浅橙色和杏色，这些颜色与米黄色非常接近，增加了空间的深度却不显得突兀。
- 点缀色：咖啡馆的点缀色是深棕色，用于家具和装饰细节中，提供了对比并增添了空间的质感。

4. 中差色主导

案例：移动UI锁屏界面，如图2-9所示。

该界面主要以柔和的暖色调为主，同时融合了少量的冷色调，设计出和谐、温暖且富有层次感的配色方案，形成了温馨和舒适的视觉效果。

模块2　图像处理与美化

图2-9　中差色主导

配色分析

• 黄色和金色：这是图片中最突出的颜色，给人一种温暖、愉悦和明亮的感觉。这种色调通常与快乐和阳光联系在一起。

• 粉色和浅蓝色：冷色调与暖色调形成了一定的对比，增加了图片的色彩层次感和视觉趣味性，同时不会显得过于冷淡，因为整体色调偏温暖。

• 绿色背景：浅绿色的背景色进一步衬托了前景的彩色元素，绿色作为一种清新、自然的颜色，能够平衡其他暖色调带来的热烈感，使整体色调更加和谐。

• 字体颜色：字体采用了棕色系，与背景的黄色和绿色都有较强的对比度，保证了文字的可读性，同时与整体配色方案协调一致。

2.5.2　色调调和的配色方案

1. 清新色调

案例：水果蛋糕海报，如图2-10所示。

图2-10　清新色调

海报的配色非常和谐且具有吸引力，主要采用了清新的色调。背景使用了浅绿色和粉红色的对比，营造出一种轻松愉悦的氛围。蛋糕本身以白色为主，搭配了草莓、蓝莓、橙片等多种水果的色彩，这些鲜艳的颜色不仅增加了视觉上的丰富性，也让人联想到水果的新鲜与甜美。

整体上，这种色彩搭配给人一种清爽、自然的感觉，非常适合表现甜品的诱人和健康形象。此外，包装盒的设计采用了与背景相呼应的浅蓝色和白色，以及简洁的图形元素，这不仅增强了产品的识别度，也使得整个画面看起来更为整洁和专业，有效地传达了产品的高品质感和夏日的清爽感。

2. 明亮色调

案例：移动UI锁屏界面，如图2-11所示。

该UI界面选用了明亮且柔和的配色方案，背景采用了淡黄色和浅米色，文字与图标则以黑白呈现，小兔子的卡通形象使用了粉红色和蓝色进行点缀，而周边的小装饰则选用了紫色和黄色。为了降低用户长时间观看所导致的视觉疲劳，背景色特意选择了低饱和度与高明度的组合，这种色调符合人眼对柔和色彩的生理偏好。同时，为了吸引用户的注意力并提高视觉体验，小兔子卡通形象的颜色选用了粉红与蓝色，这两种鲜艳色彩的对比正好契合了用户对色彩的敏感度需求。

在此基础上，浅米色的背景起到了平衡的作用，有效地中和了因颜色过于鲜艳可能带来的过度刺激感。整个配色方案巧妙地运用了冷暖色调的对冲、明度的梯度变化以及饱和度的精确控制，这些元素共同作用，不仅营造出一种活泼欢快的氛围，同时也保持了视觉上的秩序感，实现了"活泼而不失秩序"的理想视觉效果。整个界面在保持美观的同时，还极大地提升了用户的使用舒适度。

图2-11　明亮色调

配色分析

- 背景色：背景主要使用了淡黄色和浅米色，营造出温暖和柔和的感觉，不刺眼且十分舒适。
- 文字与图标颜色：文字主要使用黑色和白色，搭配在一起清晰易读。时间和一些提示信息用黑色大字体显示，关键信息突出。界面中还有一些小图标多用黑色填充，线条简单，十分醒目，如云朵、星星、手机、电池等。

- 卡通形象的颜色：主体绘图部分使用了鲜艳的粉色调，粉红色兔子与其抱着的蓝色小鱼形成了鲜明的对比，增加了画面的可爱感和亲和力。锁屏界面中还点缀了白色、红色、蓝色和紫色，丰富了整体配色层次。
- 装饰元素：锁屏界面的四个角落分别放置了紫色和黄色的装饰物，这些装饰物颜色亮丽，同时饱和度控制得宜，避免了张扬。

3. 深暗色调

案例：游戏界面，如图2-12所示。

这款游戏界面以神秘的魔法世界为背景，为营造出神秘、魔幻且充满冒险氛围的游戏环境，界面整体采用低暗色调，使玩家仿佛置身于一个神秘莫测的魔法世界。

从色彩心理学角度看，幽森绿和暗紫的组合激发了人们的好奇心与探索欲。幽森绿带来的深邃感让玩家渴望深入森林去探索未知，而暗紫象征的魔法元素则让人们对神秘的魔法世界充满向往。深褐色传递出的坚实和古老感，使玩家感受到游戏世界的厚重历史，增加了游戏的沉浸感。银灰色的突出作用是让玩家在神秘氛围中能够清晰识别重要元素，提升游戏体验。

图2-12 深暗色调

在视觉效果上，低暗色调的组合营造出强烈的神秘氛围。幽森绿和暗紫的大面积运用，使整个界面沉浸在神秘的色彩中，仿佛隐藏着无数秘密等待玩家发现。深褐和银灰的搭配，增加了画面的层次感和立体感。深褐的地面和树干让画面有了深度，而银灰的点缀则为画面增添了亮点，避免了因色调过暗而显得沉闷。这种色彩搭配让玩家在游戏过程中，时刻保持紧张和兴奋的状态，全身心投入到魔法森林的冒险中。同时，低暗色调的独特风格也使游戏界面在众多游戏中脱颖而出，吸引了喜欢神秘魔幻风格的玩家。

配色分析

- 幽森绿：游戏界面的背景大面积运用幽森绿，模拟深邃茂密的森林环境。这种绿色偏暗，如同被魔法笼罩的古老森林，充满了神秘与未知。它不仅为整个界面奠定了神秘的基调，还让玩家直观感受到森林的深邃与静谧。在游戏场景中，树木、草丛等元素都以幽森绿为主色调，营造出浓郁的森林氛围。

• 暗紫：暗紫色常与幽森绿相互融合。暗紫象征着魔法与神秘，在游戏界面中用于表现魔法光芒、神秘符文以及一些隐藏的魔法元素。例如，当玩家靠近隐藏任务地点或触发魔法效果时，暗紫色的光芒会闪烁，增添神秘氛围，引导玩家探索。

辅助色调是深褐与银灰。

• 深褐：深褐色用于表现地面、岩石和树干等元素。它给人一种坚实、古老的感觉，与幽森绿的森林背景相呼应，强化了游戏场景的真实感。在界面中，深褐色的运用让玩家感受到森林地面的厚重和历史的沉淀，仿佛这片森林历经岁月沧桑，隐藏着无数秘密。

• 银灰：银灰色主要用于突出游戏中的重要元素，如玩家角色的轮廓、武器的光泽以及一些关键道具等。银灰的冷色调与其他低暗色调形成对比，既能使这些重要元素在画面中脱颖而出，又不会破坏整体的神秘氛围。例如，玩家的武器在挥动时会闪烁银灰色光芒，吸引玩家注意力，同时也增加了武器的质感和神秘感。

4. 雅白色调

案例：餐厅平面图，如图2-13所示。

餐厅整体空间较为开阔，长方形的格局使餐桌椅的摆放规整有序。靠窗一侧放置了一张实木餐桌，木质纹理清晰可见，在阳光的照耀下泛出温暖的光泽。餐桌两侧搭配简约的白色餐椅，椅面采用柔软的白色织物，不仅舒适，还增添了几分柔和感。

餐厅的墙面涂以略带米灰色调的雅白色乳胶漆，营造温馨明亮且层次丰富的氛围；天花板则为纯净白色，增强空间的整体感和视觉高度。地面铺设浅灰色瓷砖，与墙面形成柔和对比，增添自然质感的同时确保环境宁静舒适。

图2-13 雅白色调

配色分析

- 色彩搭配原则：该餐厅的配色遵循了同类色搭配与少量对比色点缀的原则。以雅白色为主色调，通过不同明度和纯度的白色进行搭配，营造出统一而富有层次感的视觉效果。同时，地面的浅灰色作为对比色，与雅白色形成了柔和的对比，增加了空间的稳定性和视觉趣味性。绿色植物的点缀则是在整体冷色调的基础上，引入了自然的暖色调，使空间更加生动和谐。

- 色彩心理感受：雅白色调给人纯净、优雅、简洁的心理感受。白色象征着纯洁、清新，能够让人在就餐时心情放松。浅灰色地面则传达出稳重、宁静的感觉，有助于营造一个舒适、惬意的用餐环境。绿色植物的出现，不仅带来了生机，还能让人联想到大自然，进一步提升用餐的愉悦感。

- 照明与色彩的相互作用：餐厅采用了吊灯和壁灯相结合的照明方式。吊灯位于餐桌上方，暖黄色的灯光聚焦在餐桌上，不仅照亮了食物，还为餐桌区域营造出温馨的氛围。暖黄色灯光与雅白色调的墙面和家具相互映衬，使白色更加柔和，增强了空间的温馨感。

5. 同色调配色

案例：儿童卡通书房界面，如图2-14所示。

儿童书房的配色方案采用了同色调配色，以绿色为主色调，搭配淡黄色和鲜红色作为辅助色和强调色。

淡绿色作为一种温和、宁静的颜色，能够创造一个舒适和放松的学习环境，有助于提高孩子们的注意力和专注力，非常适合用于儿童书房的主色调。为了增加房间的稳重感和层次感，深绿色作为辅助色应用于书桌、书架等家具上，与淡绿色墙面形成对比。同样作为辅助色的淡黄色，象征着阳光和活力，通过窗帘、地毯等软装饰品为房间注入温暖和温馨的感觉。最后，选用鲜红色作为强调色，这种醒目且充满活力的颜色可以用来装饰画框、台灯等细节部分，吸引视线并突出重点，增强整个书房的童趣感。

图2-14　同色调配色

2.5.3　色相对比

1. 双色对比

案例：VISA的案例，如图2-15所示。

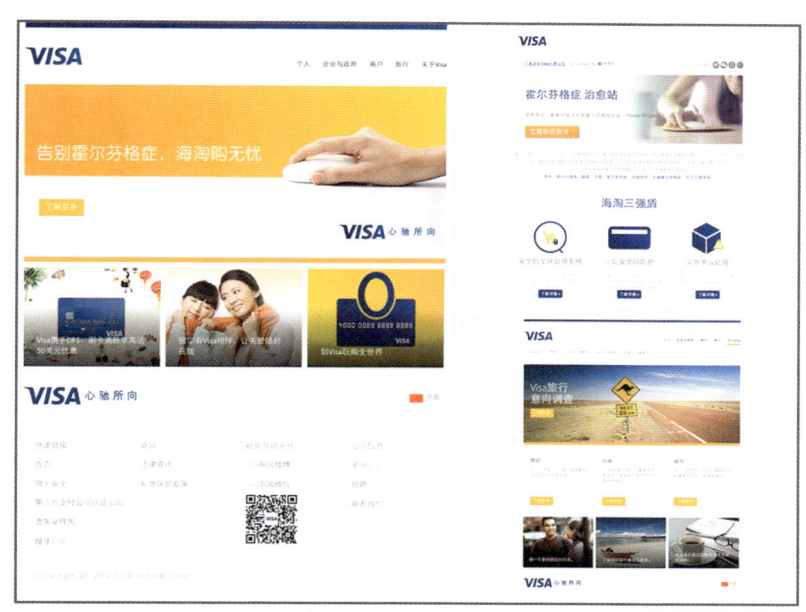

图2-15　双色对比

VISA作为全球知名的信用卡品牌，其品牌形象的传达在很大程度上依赖于颜色的选择和应用。深蓝色是VISA标志性的品牌色，这种颜色选择并非偶然。深蓝色在色彩心理学中通常与信任、稳定性和安全感紧密相关，它象征着可靠和平静，能够给消费者带来一种安心的感觉，这对一个金融服务品牌来说至关重要。

与此同时，黄色被引入到品牌的色彩体系中，以补充和增强品牌形象。黄色是一种充满活力的颜色，能激发人们的兴奋感和幸福感，传递出乐观和积极的情绪。当人们看到黄色时，往往会联想到阳光、温暖和快乐，这有助于提升品牌的亲和力和吸引力，使VISA被视为一个安全的金融伙伴。

值得注意的是，VISA巧妙地选择了降低明度后的蓝色与黄色进行搭配。通过降低蓝色的明度，既保持了对比色之间强烈的视觉冲击力，又有效缓和了长时间注视可能引起的视觉疲劳。这样的配色方案确保了即使是在不同的媒介和环境中，品牌标识也能清晰可见，同时不会对观看者造成不适。

2. 三色对比

案例：NAVER的案例，如图2-16所示。

大面积绿色作为站点主导航，形象鲜明突出。使用品牌色对应的两种中差色作为二级导航，并降低其中一方蓝色系明度，再用同色调的西瓜红作为当前位置状态，二级导航内部对比强烈却不影响主导航效果。

三色对比中，西瓜红作为强调色限定在小面积展现非常关键，面积大小直接影响画面平衡感。

图2-16　三色对比

3. 多色对比

案例：Metro的案例，如图2-17所示。

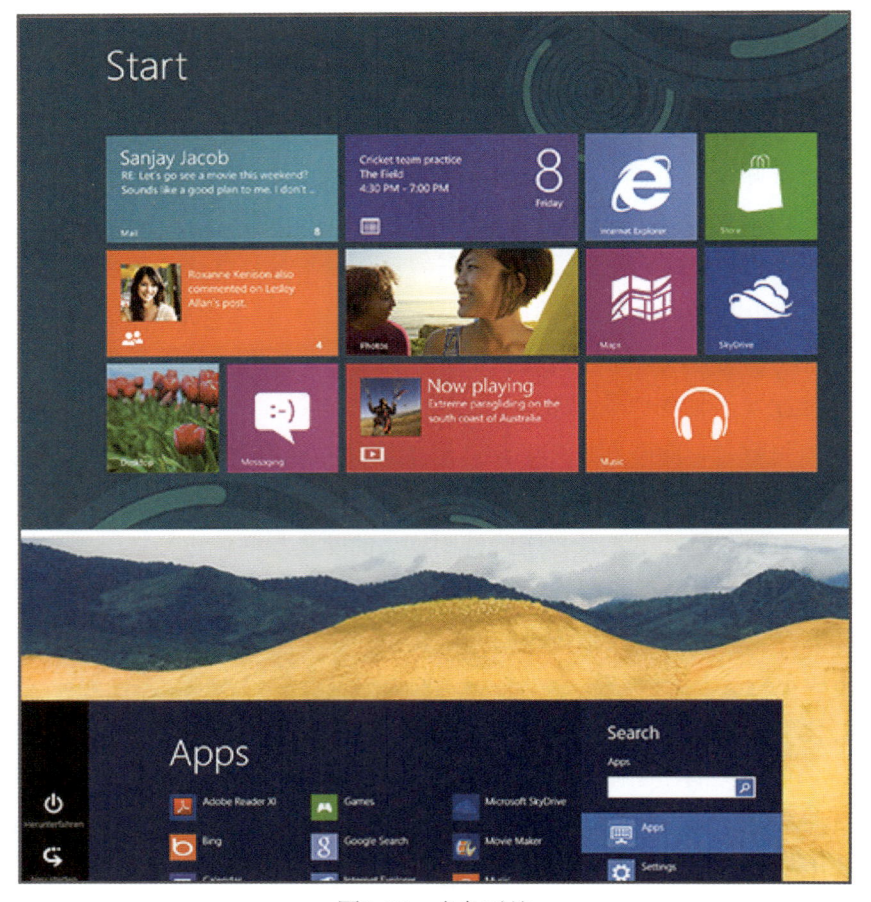

图2-17　多色对比

Metro风格采用大量色彩，分隔不同的信息模块。保持大模块区域面积相等，模块内部可以细分出不同内容层级，单色模块只承载一种信息内容，配上对应功能图标识别性高。

色彩色相对比和色彩面积对比，只要保持一定的比例关系就能保持有序性。

4. 纯度对比

案例：PINTEREST的案例，如图2-18所示。

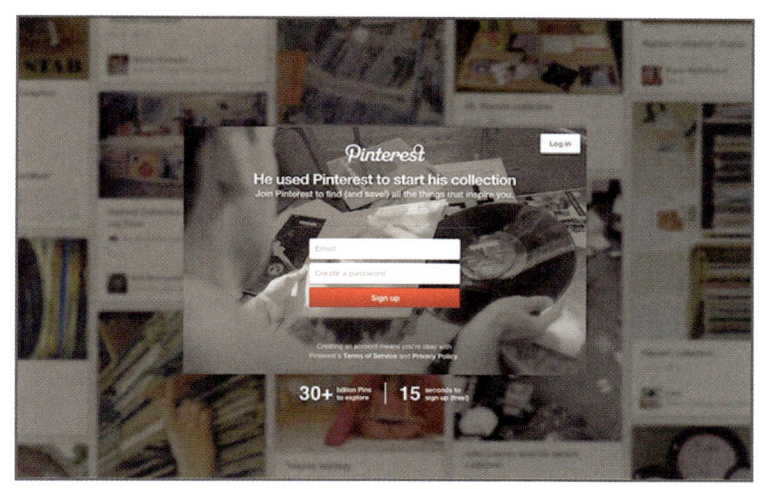

图2-18　纯度对比

页面中心的登录模块，通过降低纯度来制造无色相背景，再利用红色按钮的对比，形成纯度差关系。与色相对比相较，纯色对比冲突感刺激感相对小一些，非常容易突出主体内容的真实性。

运用纯度对比主要的是把握比例，将面积、构图、节奏、颜色、位置等一切可以发生变化的元素形成视觉的强烈冲突。

5. 明度对比

案例：ARKTIS的案例，如图2-19所示。

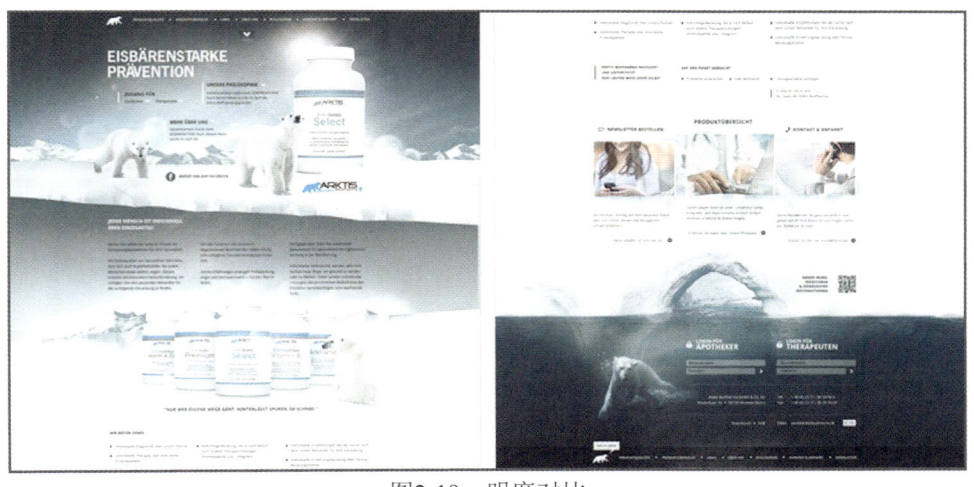

图2-19　明度对比

明度对比能够构成画面的空间纵深层次，呈现远近的对比关系，高明度突出近景主体内容，低明度表现远景的距离。明度差使人注意力集中在高亮区域，呈现出药瓶的真实写照。

明度对比使页面显得更单纯和统一，而高低明度差又可产生距离关系。

3.1 设计心理学入门

3.1.1 设计心理学概述

在设计专业的知识体系中，设计心理学占据着核心理论课程的重要地位，是每一位设计师都必须熟练掌握的关键学科。这门学科以普通心理学为坚实基础，就如同大厦之基石，支撑起整个设计心理学的理论与实践架构。

设计心理学的研究范畴极为广泛且深入，它深入研究人们在面对需求以及使用产品或身处特定环境时的心理状态和意识活动。这不仅仅是理论层面的探索，更重要的是将这些宝贵的洞察切实应用到实际的设计实践当中。与此同时，设计心理学还将目光投向设计师在创作过程中的心理状态，以及设计作品对社会整体和个人所产生的心理影响。这种影响并非单向的，而是形成了一个动态的反馈循环，即设计作品所引发的心理影响反过来又会推动设计的进一步发展。通过这样的方式，设计心理学的核心目标得以明确，确保设计既能精准地反映人们的心理需求，又能切实有效地满足设计需求。

具体而言，设计心理学重点关注如何深入理解用户的需求、期望、行为模式，以及他们是如何感知和评价设计的。用户作为设计的最终受众，他们的心理和行为直接影响着设计的成败。与此同时，设计心理学也没有忽视设计师这一关键角色。它深入研究设计师的创造性思维过程，包含灵感来源、问题解决策略以及决策制定等诸多方面。通过对用户和设计师双方面的深入研究，共同推动着设计朝着更加人性化、功能性和富有情感共鸣的方向发展，最终达成设计与用户体验之间的和谐统一。

设计心理学巧妙运用心理学的理论和方法，将研究的核心聚焦于影响设计成果的关键因素——人。这里的"人"，其范畴不仅包括最终用户，还包括了设计师自身。对于用户的心理分析，设计心理学致力于探寻用户在使用产品或服务时解读设计信息的方式、感知和评价设计的基本规律。这些研究成果宛如设计师手中的指南针，引导他们创造出更贴合用户期望和需求的优秀作品。

对于设计师的心理研究，侧重于对他们的培养与发展。通过深入探索设计师创造思维的本质，为其提供针对性的训练和支持。这不仅有助于设计师以积极的心态全身心投入到工作中，更能极大地激发他们的创新能力。此外，设计心理学还着重强调设计师与用户之间的有效沟通。这种沟通犹如桥梁，使设计师能够敏锐且准确地捕捉市场趋势和设计潮流的变化，确保设计作品既具有前瞻性，又能满足当下的实际需求。

设计心理学通过这种既关注用户又重视设计师的双向研究视角，为设计实践注入了源源不断的活力，有力地促进了更加人性化、功能性及富有情感共鸣的设计作品，让设计在满足人们物质需求的同时，还能触动人们的心灵。

3.1.2　设计心理学的研究对象

设计心理学的重点研究对象包括以下几个方面。

1. 设计现象背后的心理现象

研究用户在使用产品或服务时的心理反应、情感变化以及认知过程，可以理解用户行为背后的动机和需求。

当走进一家咖啡店，店内装修风格、灯光亮度、音乐节奏等设计元素可共同营造出一种氛围，如图3-1所示。为什么木质桌椅、暖黄灯光搭配舒缓爵士乐会让顾客感觉放松惬意，这背后就是消费者对舒适环境的心理需求。设计师利用人们潜意识里对温暖、柔和的感官刺激与放松心情的关联，打造出迎合顾客心理的空间，促使顾客愿意久坐消费。

图3-1　咖啡馆

2. 设计对象的知觉原理

研究人们如何感知和解释视觉信息，包括颜色、形状、布局等元素如何影响人的感知和理解力。

以手机App图标设计为例，简洁且具有高辨识度的图标更容易被用户记住。微信的绿色图标（图3-2）在众多应用中，凭借独特的颜色和简洁的双气泡图案，一眼就能被识别。这是因为人的知觉具有选择性，会优先关注突出、熟悉的视觉元素，设计师依据此原理，突出核心视觉特征，让用户在繁杂的手机桌面快速找到所需App。

图3-2 微信图标

3. 设计过程中的创造心理

分析设计师在创作过程中的思维模式、灵感来源以及创新策略，可提高设计的创造性和有效性。

设计师在构思一款新椅子时，可能会从生活的各种形态中获取灵感。例如，看到自然界中鸟儿灵动飞翔的姿态，联想到赋予椅子轻盈感，于是打破传统椅子四平八稳的结构，设计出有着流畅曲线、仿佛随时能"起飞"的造型，满足使用者对新奇、独特家具的追求，展现了设计师突破常规、重组元素的创造心理。

4. 设计作品与受众的心理

研究设计作品如何能影响观众的情感、态度和行为，以及不同风格的作品对受众心理的影响。

运动品牌的广告海报常常选用专业运动员在赛场上激情拼搏的画面，配上热血的标语。有些运动品牌的广告展示了运动员突破极限、挥洒汗水的瞬间，精准触动目标受众——热爱运动、渴望挑战自我的人群。受众看到海报，内心涌起斗志，进而对品牌产生认同感，愿意购买产品，这就是设计贴合受众追求卓越、活力四射心理的体现。

5. 设计中的人机工程应用

关注人机交互过程中的用户体验，通过设计可改善用户的操作效率、舒适度和安全性。

办公椅的设计充分考虑人机工程学。椅背贴合人体脊柱的曲线，能给予腰部恰到好处的支撑；扶手高度可调，方便使用者在打字间隙放松手臂。长时间坐在这样的椅子上工作，身体不易疲劳酸痛，这是因为设计师依据人体尺寸、关节活动范围等数据，优化了椅子设计，保障使用者身体舒适，提升工作效率。

6. 设计中的文化心理现象

不同文化背景下的设计偏好以及文化因素会影响设计的接受度和传播效果。

中式婚礼现场通常采用大红色纸张，印上金色的传统吉祥图案，如龙凤呈祥、喜鹊登枝等，如图3-3所示。在中国文化里，红色代表喜庆、吉祥，龙凤寓意夫妻恩爱、吉祥富贵这样的设计迎合了国人对传统婚礼庄重、热闹、幸福美满的心理期待，让受邀者感受到浓浓的中式婚礼氛围。

图3-3　中式婚礼背景图

7. 空间与环境设计中的心理学现象

物理环境（如建筑、城市规划等）会对人的心理和行为产生影响，通过设计可以创造更人性化的空间。

商场的布局一般暗藏玄机，顾客一旦踏入商场内部，通道的设计便开始发挥引导作用。许多商场内部的布局采用曲折蜿蜒的设计，这种设计方式看似随意，实则是有意为之，旨在引导顾客尽可能地浏览更多店铺。通过巧妙地安排走廊的宽度变化、转弯点以及视觉焦点，可以有效地控制人流方向，让顾客在不经意间探索到更多的商品区域。在这种探索过程中，发现不断出现的新鲜感和意外能够极大地满足人们的探索欲和好奇心，鼓励他们继续前行，而不是直接前往目的地。

这种设计不仅局限于物理空间的组织，它更是一种深度理解人类心理和行为的艺术与科学的结合体。

8. 平面设计中的心理学现象

图形、文字、色彩等视觉元素的巧妙组合能够有效地传达信息，并对人们的视觉感知和情感反应产生显著影响。特别是在商业营销领域，这些元素被精心设计，以吸引目标受众的注意力并激发其购买欲望。例如，促销海报会利用视觉元素来最大化地传递优惠信息，如图3-4所示。

促销海报通常会使用超大字体来突出折扣力度。这种做法旨在让顾客在第一眼看到海报时就能迅速捕捉到最重要的信息。大字体不仅增强了信息的可见性，也强化了优惠的吸引力。

色彩的选择也是设计过程中不可忽视的一环。鲜艳醒目的颜色经常出现在促销海报中，如红色和橙色等。红色作为一种强烈且充满活力的颜色，常与刺激、兴奋联系在一起，能够快速抓住消费者的注意力,并可能引发积极的情绪反应。橙色则以其明亮的特性成为吸引目光的理想选择。通过这两种颜色的有效运用,可以增强海报的整体吸引力,同时触发消费者的好奇心和探索欲。

图3-4　促销海报

9. 人格与设计风格的关系

设计师的个性特征与其设计风格之间的关联性会影响设计决策和创意表达。

性格内敛、沉稳的人在装修家居时,多倾向于选择简约、低调的北欧风格。以白色、木色为主色调,家具线条简洁流畅,空间布局规整有序。这种风格如同他们的性格写照,不喜繁杂,追求宁静质朴,设计师针对这类人群的人格特质,打造出与之匹配的设计风格,满足其内心对居住环境的情感需求。

10. 其他与艺术设计有关的心理现象

设计心理学包括但不限于审美心理学、消费心理学、社会心理学等领域内与艺术设计相关的研究主题。

博物馆的文物陈列设计,既要考虑文物保护,也要顾及观众体验。一些历史文物旁会配上互动屏幕,观众点击就能查看文物背后的历史故事、制作工艺。这种设计照顾到观众对知识的渴求心理,让静态的文物展览变得生动有趣,观众不再是走马观花,而是深入了解文物价值,提升参观满意度。

3.1.3 设计心理学与艺术心理学的关系

设计心理学与艺术心理学是两门紧密相关但又各具特色的学科,它们共同探讨人类在创造与感知视觉和空间环境时的心理过程。设计心理学主要关注设计过程中的认知、情感和行为反应,它研究如何通过设计来满足用户的需求,提升用户体验,并解决实际问题。设计心理学强调功能性与实用性,其研究范围涵盖产品设计、环境设计、交互设计等多个领域。设计师通过理解用户的心理特征和行为模式,创造出符合人类认知习惯的设计方案。

艺术心理学则更侧重于艺术创作与欣赏过程中的心理机制。它探讨艺术家在创作时的情感表达、灵感来源以及观众在欣赏艺术作品时的心理反应。艺术心理学关注的是艺术如何引发情感共鸣,激发想象力以及传递深层次的文化和哲学意义。与设计心理学不同,艺术心理学更注重主观体验和审美感受,其研究范围包括绘画、雕塑、音乐、戏剧等多种艺术形式。

尽管设计心理学与艺术心理学在研究重点上有所不同,但它们在许多方面存在交集。例如,两者都关注人类对视觉信息的处理方式,以及如何通过形式、色彩、构图等元素影响人的心理状态。此外,设计中的美学原则往往借鉴了艺术心理学的理论,而艺术创作也可能受到设计心理学中功能性和用户体验的启发。在实际应用中,设计师和艺术家常常需要结合两者的知识,以创造出既美观又实用的作品。

设计心理学与艺术心理学相辅相成,共同揭示了人类在创造与感知视觉世界时的复杂心理过程。设计心理学更注重实用性与功能性,而艺术心理学则更关注情感与审美体验。两者的结合不仅丰富了对人类心理的理解,也为设计与艺术实践提供了更广阔的可能性。

3.2 设计中的感觉

3.2.1 感觉

1. 感觉的多维性

感觉是人类大脑对来自外界的刺激,通过感官接收并进行解读的心理过程。这一过程是对客观事物个别属性的直接反映,这些属性通过不同的感官通道传递给大脑,并在其中被处理和理解。例如,当我们面前放着一个苹果时,每一个感官都参与了与这个物品的互动:眼睛观察到苹果鲜艳的颜色,舌头品尝到它甜酸交织的味道,鼻子嗅出其清新的香气,而手则感受到果皮或光滑或粗糙的质地。

每一个感知(看、尝、闻和摸)都是我们对于苹果所具备的不同特性的一种单独体验。视觉上,可以辨识出苹果的色彩和形状;味觉上,能够区分它的甜度、酸度以及任何微妙的味道变化；嗅觉上，能捕捉到由果实散发出来的自然芬芳；触觉上，可以了解它的硬度、温度以及表面纹理。

当这些信息进入大脑后，会激发一系列复杂的心智活动。大脑不仅能识别和解析每个感官输入的信息，还会将这些分散的数据整合起来，形成一个关于苹果的整体印象。同时，感觉还可能引发情感反应或者记忆联想，比如某种特定的味道可能会让人回忆起童年时期的美好时光，或者某种颜色可能引起愉悦或警觉的情绪。

此外，感觉并不局限于看、闻、尝和摸，还有听觉，以及内感受器提供的内部身体状态的感觉，如饥饿感或平衡感。所有这些感官信息共同作用，使得我们能够全面地认识周围的世界，并作出适应性的反应。因此，感觉是理解与这个世界互动的基本方式之一，是认知过程中不可或缺的一部分。

2. 感觉的特性及其在认知过程中的作用

通过感觉不仅能够获取外部客观世界中物体的多样属性（如颜色、味道、气味、质地等），还能感知身体内部的状态及其变化（如运动状态、姿势调整、饥饿感、疼痛等）。无论是对外部事物属性的捕捉，还是对体内器官工作状况的监测，感觉都展现出以下显著特性。

即时性和直接性：感觉是基于当前时刻的感觉器官与外界或体内刺激物之间直接互动的结果。它反映的是正在发生、直接作用于感官的事物，而不是过去的经验或者间接的信息。如果缺少了当前客观事物的存在以及它们对感官的直接影响，感觉就无法产生。这种特性确保了感觉系统始终提供最及时的信息，帮助我们实时适应环境的变化。

局部性与特定性：感觉专门针对客观事物的单个属性进行响应，而非整体印象。例如，视觉专注于颜色和形状，味觉专注于味道，嗅觉专注于气味，触觉专注于质地和温度，听觉专注于声音，内感受器则关注体内的饥饿或平衡感等生理状态。每一个感觉器官都在其专业领域内独立运作，只对特定类型的刺激作出反应，从而提供了一些细致入微但分散的信息片段。虽然感觉提供了丰富且具体的细节，但它并不会直接给予我们一个完整的图像；相反，大脑需要进一步整合这些分散的感觉信息，以构建出一个连贯的整体认知。

上述特点强调了感觉作为人类与周围环境交互的基本方式的重要性。感觉不仅是了解外部世界和自身状态的关键途径，也是引导我们行为和决策的基础。同时，由于感觉仅能反映事物的个别属性且必须依赖于当前存在的刺激的局限性，我们还需要依靠其他心理过程来补充和完善我们对世界的理解，如知觉、记忆和思考等。

3. 感觉的分类与功能

感觉看似是最为简易的心理现象，实则是人类认识活动的起点，更是一切高级心理活动得以萌生的根基。倘若缺失了感觉所供给的环境信息，没有其提供的初始素材，人类便难以孕育出新的认知，所有繁杂、高阶的心理活动都将失去萌发的土壤，人类也无法维系正常的心理状态，会陷入认知混沌之中。

依据刺激来源的差异，感觉可划分为外部感觉与内部感觉两大类。

外部感觉是由机体之外的客观刺激所诱发，专注于反映外界事物的个别特性。此类感觉的感受器分布于身体表面或是接近体表之处，如同敏锐的"侦察兵"，时刻准备捕捉来自外部世界形形色色的刺激信号。例如，视觉让我们领略五彩斑斓的景致；听觉使我们聆听悦耳动听的声响；嗅觉助我们分辨馥郁芬芳或刺鼻难闻的气味；味觉帮我们品味酸甜苦辣咸等诸般滋味；肤觉则让我们感知冷暖、疼痛、触碰等肌肤体验。这些共同构成了丰富多元的外部感觉体系。

与之相对的内部感觉，则源自机体内部的客观刺激，主要反映机体自身的内部状态及其变化情况。其感受器深植于身体内部，默默接收来自身体内部各个角落的刺激信号。其中，机体觉宛如身体内部的"健康卫士"，让我们知晓身体内部器官的运作情况，是否舒适、有无异常；运动觉如同身体的"运动参谋"，精确地告知我们肢体的位置、动作以及运动的状态；平衡觉就像身体的"平衡大师"，保障我们在行走、奔跑、跳跃等各种活动中维持身体的稳定与平衡，三者搭建起内部感觉的坚实架构。

3.2.2 感觉与设计技巧

感觉是人认知活动的基础，它使人对周围环境产生现实体验。各种复杂的心理现象（如直觉、想象、思维等）都是在感觉经验的基础上产生的。知觉是在感觉的基础上形成的，是人脑对直接作用于感觉器官的客观事物的整体反映。知觉把感觉的材料联合为完整的形象，趋向完整性。

现在已经进入了一个感性设计的时代。设计师要比一般人有更敏锐的观察力，才能把用心体验得来的生活点滴化成创意的源泉。在设计过程中融入感性的因素，使产品同人的各种感觉和心理需求相协调，使人的视觉、味觉、触觉、嗅觉进入宜人的舒适区，从而让人在劳动生活中所发生的各种心理过程处于最佳状态。艺术设计本身对于形式美的追求，要求设计师在感觉方面具有特别敏锐的感受力和鉴别力。

人们长期生活在一个多彩的世界里。色彩在人们的社会生活和生产中具有十分重要的意义。色彩心理是客观世界的主观反应，不同波长的光作用于人的视觉器官以后，产生色感的同时，大脑必然产生某种情绪的心理活力。色彩心理与色彩生理是同时进行的，它们之间既相互作用又互相制约。

根据实验心理学的研究，色彩在人的生理和心理上形成的色彩感觉具有共同点。色的冷暖感，红橙黄这些颜色使人联想到太阳，因此具有温暖的感觉，而蓝青色让人产生寒冷的感觉。靠近红色调的都有暖感，靠近蓝色调的都有冷感。色的轻重感，颜色的明度不同，给人的轻度感也不同。明度较高的物体给人感觉较轻，明度低的物体给人感觉较重。色的膨胀收缩感，波长较长的暖色系在视网膜上的影像具有扩张性，影像模糊，所以暖色具有膨胀感；波长较短的冷色影像清晰，具有收缩感。色彩的膨胀收缩感还与明度有关，明度高的显得膨胀，明度低的显得收缩。色的软硬感主要与明度有关。通常明度较高的显得软，明度较低的显得硬；明亮和鲜艳的颜色使人感到明快，暗而混沌的颜色使人感到忧郁。色的进退感不同给人的距离感就不同，纯度高、鲜艳的颜色感觉近，而纯度低、混沌的颜色感觉远。色的味觉感，美丽的色彩总让人联想到甜美的东西，容易引起人的食欲，产生甜美的味觉；脏乱的色彩总让人联想到肮脏的东西，影响食欲，产生苦涩的味觉。

色彩在产品设计中的应用主要是利用色彩的联想性，有目的地选择产品的颜色，然后进行组织。用色彩去描述产品的功能性，满足受众在选择产品时的认知心理，从而提升产品在受众心目中的形象。

3.2.3 视觉的变化与设计原理

视觉被认为是人类最重要的感觉之一，它是人类感知外界事物的重要途径，能够反映外界事物的大小、明暗、颜色、动静等特性。在人类获得的外界信息中，至少有80%的信息是通过视觉器官输入的。

早期，德国心理学家在研究人类视觉的工作原理时，观察了许多重要的视觉现象，并在视觉研究方面取得了重要成果。这些理论被称为视觉感知的格式塔原理。根据这一原理，人类视觉是整体的，视觉系统会自动对视觉输入构建结构，并在神经系统层面上感知形状、图形和物体，而不仅仅是看到互不相连的边、线和区域。视觉感知的格式塔原理强调了人类视觉的整体性和组织性。当观察一个复杂的场景时，大脑会自动将各个元素组织成一个有意义的整体。这种组织过程是基于一些基本的原则，如相似性、连续性、封闭性和邻近性等。通过这些原则，能更好地理解和解释看到的事物。

视觉感知的格式塔原理还揭示了人类视觉系统在处理信息时的一些特点。例如，大脑会对视觉输入进行简化和抽象，以便更好地识别和理解物体。我们还倾向于将注意力集中在重要的特征上，而忽略其他细节。这种选择性注意使我们能够更有效地处理大量的视觉信息。

格式塔原理的原则主要包括以下几点。

1. 接近性原则

接近性原则是指在视觉范畴内，距离较为接近的元素会被大脑依据其空间上的临近特性自发地整合为一个整体，或是一个群组来加以认知。

当面对一组排列紧密的小黑点时，倘若其中一部分黑点彼此间距极小，而另一部分黑点相对疏远，大脑便会遵循接近性原则，本能地将距离相近的黑点归为一组，而非将所有黑点笼统视作毫无区分的集合。这类似于整理书架，若部分书籍紧密相邻排列，基于视觉上的接近感，会下意识判定这些书籍属于同一类别，构成一个相对独立的小整体。

对于日常生活诸多场景而言，接近性原则有着极为广泛的应用。以网页设计与广告排版为例，设计师们深谙此原则，常通过将相关信息元素靠近摆放的方式，巧妙构建组合。如此一来，受众在浏览时，能够凭借视觉上的直观感受迅速洞察各元素间的内在关联性，进而使得信息传达更为清晰和高效，使受众快速理解所呈现的内容。

2. 相似性原则

相似性原则表明在视觉呈现中，形状、颜色、大小、纹理等方面具备相似特征的元素极易被大脑识别并归类为一个统一的整体，而非孤立地看待它们。

观察一幅画面时，画面中有圆形和方形两种图形，圆形均为红色且大小相近，方形则皆为蓝色且尺寸相仿。此时，大脑基于相似性原理，会自然而然地将红色圆形归为一组，把蓝色方形归为另一组，而不会混淆地去感知这些图形。这就如同在整理衣物时，会依据衣物的颜色、款式等相似属性，把纯色的衬衫放在一起，把有花纹的毛衣归成一类，将它们凭借视觉上的相似特征进行分类整理。

在平面设计方面，设计师常常利用这一原则，通过使不同元素具备相似的视觉属性（如统一标志设计中的图形风格、色彩搭配等），让受众一眼便能识别出这些元素同属于一个品牌，强化品牌辨识度。在数据可视化领域，将同类型的内容以相似的图形样式、颜色标记来呈现，有助于使用者快速区分和理解不同的内容，提高信息解读的效率。

3. 连续性原则

连续性原则是指在面对一系列具有方向性、连贯性元素的时候，倾向于将这些元素沿着它们既定的路径或趋势自然而然地连接起来，将其视为一个连续且流畅的整体，而非零散破碎的片段。

当看到一条蜿蜒曲折但线条连贯的曲线时，即便这条曲线部分被遮挡，依然会依据连续性原理，凭借着对线条走向的预判，将被遮挡的部分自动补齐，从而在脑海中构建出一条完整、连续的曲线形象。又如，在观察一组排列成折线状的点时，尽管点与点之间存在间隙，我们也会顺着折线的走向，把这些点连贯起来，想象出一条不间断的折线。这恰似欣赏一幅山水画，即便山峦被云雾遮掩了部分轮廓，凭借对山体走势的经验认知，依旧能在心中勾勒出连绵起伏的完整山脉形态。

在实际应用场景中，连续性原则有着广泛且精妙的运用。在界面设计领域，设计师常常巧妙运用这一原则，设计出引导用户视线流畅移动的交互界面。例如，通过排列具有连贯性方向的图标、按钮或线条装饰，引导用户按照既定顺序浏览信息，提升操作的便捷性与逻辑性，使用户的视觉体验更为自然、舒适。在插画绘制方面，画师会利用线条的连续性来塑造动感十足的人物、动物形象或场景，让画面中的动态元素看起来像是在持续运动，增强了画面的生动性与活力。

4. 封闭性原则

封闭性原则是指面对一些看似不完整，但却呈现出一定封闭趋势的视觉元素组合时，人们具有一种天然的倾向，即会自动补全缺失的部分，将其感知为一个完整、封闭的图形或形态，而非仅仅停留于所看到的残缺表象。

当看到一个由若干线段组成的图形，大部分线段围成了一个近似圆形的轮廓，即使有一小段缺失，人们也会依据封闭性原则，下意识地在脑海中填补缺失的部分，从而将其认知为一个完整的圆形。再如，一幅画面中有一个三角形的轮廓，其中一条边的中间部分被遮挡住了，大脑依然会凭借对三角形形态的固有认知，把被遮挡的线段补齐，将其看作一个完整无缺的三角形。这就如同看到一扇半掩着的门，即便只能看到门的一部分，大脑也会依据经验和视觉的封闭性需求，想象出门的完整模样，包括被墙体遮挡的部分。

在标志设计方面，许多知名品牌的标志就巧妙运用了这一原理。有些标志仅用简洁的线条勾勒出主体图形的大部分轮廓，刻意留出小部分缺口或省略一些细节，但消费者的大脑会依据封闭性原理自动补全图形，使其不仅具有独特的简约美感，还能让人一眼就识别出品牌形象，增加了标志的记忆点。在插画创作领域，画师常常利用封闭性原理营造意境或增添画面的趣味性。他们通过绘制一些半遮半掩、看似未完成的画面，激发大脑的自动补全机制，促使观众主动参与到画面的解读中，让作品更具吸引力与艺术感染力。

5. 对称性原则

对称性原则是指视觉系统接收到具有对称特征的视觉元素时，大脑会优先感知到其对称关系，并将这些元素作为一个和谐统一、相互呼应的整体来认知，而非孤立地看待各个组成部分。

倘若看到一个图形，左右两边或者上下部分在形状、大小、图案布局等方面呈现出精确或近似的对应关系，大脑便会迅速捕捉到这种对称特性，将整个图形视为一个有机的整体。例如，常见的圆形图案，以圆心为对称轴，无论从任何角度进行划分，其对应的部分都能完美重合，大脑瞬间就能识别出它的对称性，进而强化对该圆形这一完整图形的认知。再如，中国传统建筑中的许多宫殿大门，左右两扇门板在造型、装饰花纹等方面近乎完全对称，当人们望向大门时，大脑基于对称性原则，会自然而然地将两扇门看作一个统一的整体，凸显出建筑整体的和谐美感。

设计师常常运用这一原则来营造稳定、平衡的视觉感受。在设计海报时，将主体元素以对称形式布局，标题文字左右对称排列，搭配对称的图案装饰，使整个画面给人一种规整、大气之感，易于吸引观众目光并传达信息，让观众在欣赏画面时感受到一种秩序井然的舒适。在产品设计方面，对称性同样广泛应用。手机和计算机等电子产品的外观设计多采用对称结构，符合大众对于美观的普遍认知；在操作使用上，对称设计能让用户凭借本能的视觉感知，更便捷地找到按键、接口等功能部件，提升用户体验。

6. 主体/背景原则

主体/背景原则是指在视觉所及的场景中，人们的视觉系统倾向于将画面中的元素区分成主体与背景两部分，主体通常是画面中最为突出、吸引注意力、承载核心信息的部分，而背景则作为衬托主体、营造氛围、辅助信息传达的存在，二者相互映衬，共同构成完整的视觉感知。

在观看一幅风景油画时，画面中描绘了一片宁静的湖泊，湖边有一棵枝繁叶茂的大树，此时，大树往往会被视觉系统识别为主体，它以鲜明的色彩、独特的形态以及占据画面中心位置等特征脱颖而出，吸引着我们的目光，成为视觉焦点；而湖泊、天空以及远处的山峦等元素则构成了背景，它们以相对柔和、淡雅的色调，简洁、虚化的笔触退居次要地位，为大树主体营造出宁静悠远的环境氛围，使整幅画的意境得以完美呈现。又如，在阅读书籍时，书页上的文字内容即为主体，它们以清晰的字迹、连贯的排版吸引读者聚焦阅读，获取知识信息；而书页的底色、装饰花纹等则作为背景，悄然辅助，避免对文字阅读造成干扰，同时又增添了书籍的整体美感。

设计师需要精准运用这一原则，通过巧妙的构图、色彩对比和光影处理等手法，突出广告中的核心元素（如产品图片或促销信息等），使其成为视觉焦点，迅速吸引受众的注意力。同时，背景的设计应与主体相呼应，营造出合适的消费场景或情感氛围，帮助受众快速理解广告的核心信息，从而提升广告的传播效果。在网页设计方面，导航栏、关键内容区域等作为主体，通常采用色彩鲜明、较大字号、突出的交互效果等方式进行凸显，便于用户迅速定位操作；页面的背景图案、底色等则以简洁、淡雅为主，确保主体信息清晰可读，提升用户浏览网页的便捷性与舒适度。

7. 共同命运原则

共同命运原则是指当视觉场景中的多个元素呈现出相同或相似的运动方向、速度以及变化趋势时，大脑会倾向于将这些元素视为一个具有关联性的整体，而不会孤立看待各个元素。

天空中一群大雁排成"人"字形队列飞行，每只大雁都以相似的速度朝着相同方向振翅前行，视觉系统基于共同命运原则，会自然而然地将这群大雁看作一个统一的整体，而非零散的一只只飞鸟。再如，夜空中绽放的烟花，那些同时向四周迸射、以相同速率扩散光芒的火星，大脑会把它们归为烟花绽放这一整体现象，而不是单个去分辨每一个火星的轨迹。又如，在动画制作里，一组图形元素若同步进行平移、旋转或缩放等变换操作，即便这些元素原本形状、颜色各异，视觉感知也会将它们视为一个协同动作的整体组合。

在实际应用领域，共同命运原则有着诸多巧妙运用。在动态界面设计中，设计师常常利用这一原则来引导用户视线，增强交互效果。例如，设计一款手机滑动解锁界面，当用户滑动手指时，屏幕上多个解锁图标以相同速度、方向移动，让用户直观感受到这些图标是一个连贯的操作整体，便于理解解锁流程，提升操作体验。在舞台表演视觉设计方面，通过让众多背景舞者以整齐划一的动作、节奏舞动，配合主演的表演，观众的视觉会将舞者们归为烘托氛围的整体背景，从而突出主演这一核心主体，强化舞台表现力与叙事效果。

3.2.4 感官中的特例——错觉

作为一种特殊的知觉现象，错觉是在特定条件下所引发的对客观事物的歪曲认知，亦被称为错误知觉。它本质上是不符合客观实际情况的知觉呈现，涵盖了多种类型，其中包括几何图形错觉，诸如高估错觉、对比错觉、线条干扰错觉等；还涉及时间错觉、运动错觉、空间错觉，以及光渗错觉、整体影响部分的错觉、声音方位错觉、形重错觉、触觉错觉等诸多类别。

本质而言，错觉是对客观事物形成的不正确且歪曲的知觉表征，其并非仅仅局限于视觉范畴，而是能够在各类知觉维度中出现。当人们试图掂量1千克棉花与1千克铁块时，主观上常常会感知铁块更为沉重，这便是典型的形重错觉现象；当个体身处正在行驶的火车之中，眺望窗外的树木时，视觉上极易误以为树木在自行移动，实则是自身所处参照系变动所致，此为运动错觉。诸如此类的实例充分表明，错觉能够渗透至不同的知觉情境当中。

错觉具有鲜明的特性，即往往带有固定的倾向性。一旦满足了错觉产生所需的特定条件，错觉的出现便成为必然，即便个体凭借主观努力，通常也难以有效克服。不过，不同个体在面对相同错觉情境时，所表现出的差异主要体现在错觉量的变化层面，也就是在歪曲程度上有所不同，而错觉产生的基本机制与倾向性在群体中具有相对的一致性。

人类很早以前就已经发现了错觉现象。错觉的种类很多，常见的有大小错觉、形状错觉、方向错觉、运动错觉、时间错觉等。其中以视觉错觉最为普遍，它常发生在对几何图形的认知上。

错觉绝非仅仅局限于视觉范畴，事实上，除视觉错觉外，其他的感觉通道同样会滋生错觉现象，这进一步凸显了错觉的复杂性与普遍性。

以形重错觉为例，当人们试图用双手分别掂量1千克棉花与1千克铁块时，尽管二者实际质量等同，但在触觉与大脑综合感知的过程中，棉花往往会给人以相对轻盈之感，铁块则显得颇为沉重。这一现象清晰地表明，在重量感知这一触觉为主导的感觉通道里，错觉悄然介入，干扰了对物体真实重量的判断。

再看方位错觉，设想一个场景：在宽敞的大厅中聆听报告，当双眼注视着报告人激情澎湃地演讲时，听觉系统所捕捉到的声音信息，会让我们笃定声音是从正前方报告人所处方位传来；然而，一旦闭上眼睛，排除视觉信息的干扰，仅凭借听觉专注感知，此时会惊觉声音实际上是从旁边的扩音器中扩散而出。这种因视觉与听觉协同作用模式切换而引发的声音方位判断偏差，正是方位错觉的典型例证，它深刻揭示了不同感觉通道信息交互过程中，错觉产生的潜在机制。

又如运动错觉，在火车站台等待列车启程之际，倘若临近的火车车厢先缓缓移动，此时，身处静止车厢内的我们，视觉系统受到相邻车厢动态的强烈影响，竟会产生自身所乘坐火车已然开动的错觉。这一错觉的根源在于视觉对运动状态的捕捉与身体本身感觉反馈之间的短暂失衡，致使大脑错误解读了当前的运动情境。

深入探寻错觉产生的根源，发现其成因错综复杂。总体而言，错觉的产生既涉及客观因素，又涵盖主观因素。客观层面，外界环境中的光线、物体形状、空间布局等物理特性，以及各类感觉刺激的组合方式，都可能成为诱发错觉的导火索；主观层面，个体的认知经验、期望、注意力分配以及心理状态等内在因素，同样在错觉形成过程中扮演关键角色。尽管学术界针对错觉提出了形形色色的理论，试图揭开其神秘面纱，但遗憾的是，目前尚未有一种理论能精准且全面地解读各类错觉滋生的深层原因。

尽管错觉常常给我们的认知带来困扰，但不可否认，它在生活实践中亦具有独特价值。

在建筑设计领域，巧妙运用空间错觉原理，通过合理布局空间，调整建筑比例，能够营造出更为宽敞、通透的视觉感受，使有限的空间得到最大化利用；服装设计方面，针对不同身材特点，利用线条错觉为身材较胖者设计竖条服饰，借助视觉上的拉伸效果使其看起来更为苗条，从而提升穿着者的整体美感与自信；图案设计、房间布置亦是如此，通过巧妙的色彩搭配、图形组合，激发人们的视觉错觉，赋予空间独特的艺术魅力与个性氛围。这些都是巧妙利用错觉引发积极心理效应，为生活增添惊喜与趣味的生动实践。

与此同时，必须清醒认识错觉的负面影响。它常常如隐匿在暗处的迷雾，混淆我们的视听，悄然扰乱心智，进而干扰我们做出精准、客观的判断。在一些关键决策场景，如驾驶、精密操作、科学研究等领域，一旦错觉乘虚而入，极有可能引发严重后果。因此，在日常生活与专业实践中，务必时刻保持警惕，培养敏锐的感知与辨别能力，善于识破错觉的伪装，尽可能规避其可能带来的不利影响，确保认知与行动始终沿着正确的轨道前行。

3.3　设计中的情感

3.3.1　情绪

情绪是一个复杂且多面的心理现象，其确切定义在心理学与哲学领域已经讨论了超过一个世纪。它通常被理解为一种对内外部刺激的态度体验，反映了大脑对外界事物和个体需求之间关系的响应。这种心理活动以个人需求为中介，由身体反应、主观感受以及认知评价三个主要元素构成。

首先，情绪引发的身体变化构成了它的外显部分，这些变化包括面部表情、姿态调整等，是他人能够观察到的情绪表达。其次，情绪包含了个体内心的有意识体验，这只有经历者自己才能感知的部分。最后，情绪中还含有认知成分，即对于外界事件的价值判断和个人意义的理解。

情绪是对重要事件的一种即时反应，具有短暂性，涉及语言、生理、行为及神经系统的协调互动。它们源自生物基础，并在进化过程中得到强化，确保个体能迅速适应环境变化。

尽管"情绪""情感"这两个词经常互换使用，但它们实际上指的是不同的心理过程。情绪是情感的基础，而情感则是经过多次情绪体验后形成并透过情绪表现出来的深层次态度。例如，一个人可能因为反复体验到工作带来的愉悦感而逐渐对该职业产生深厚的感情；反之，已建立的情感也会影响情绪的表现方式，使得人们会因工作的成就或失误而感到高兴或难过。

从发生学的角度看，情绪出现得更早，更多地关联于生理需求，如婴儿时期的基本生存需要等。随着年龄增长和社会认知的发展，人类开始形成更为复杂的感情，这与社会交往、知识追求等高级心理需求有关。因此，虽然动物也能体验到类似情绪的现象，但只有人类才具备丰富的情感世界。

情绪的特点在于它的临时性和情境依赖性，容易受到周围环境的影响，表现出不稳定的一面。相比之下，情感更加深刻且持久，代表了一种稳定的态度体验，比如对某人的爱慕或敬仰可以持续一生。情感也常被视为个性特质的一部分，用于评估个人的道德品质。

情绪往往伴随着冲动的行为反应和显著的外部迹象，而情感则更为内敛，侧重于内心深处的感受，较少直接展现出来。情绪下的行为可能是激烈而不受控制的，如狂喜时的手舞足蹈或是愤怒时的爆发；而情感更多是一种深沉而长久的心灵状态，不会轻易显露。

3.3.2 情绪在设计中的作用

在日常生活中，情绪扮演着不可或缺的角色，对人们的心理状态和社会互动有着深远的影响。其作用主要体现在以下几方面。

1. 适应功能

在研究人类及生物的生存与发展进程中，情绪所发挥的适应功能不容忽视。从生物进化的角度来看，情绪是有机体适应环境、保障生存与推动发展的关键方式之一。以动物界为例，当动物遭遇危险情境时，恐惧情绪会瞬间被触发，进而引发呼叫行为，这实际上是动物在极端环境下的一种本能求生策略，借助情绪的警示与驱动力量，为自己争取逃脱危险、延续生命的机会。

回溯人类历史，情绪同样在早期人类的生存活动中扮演了举足轻重的角色。在远古时期，面对复杂多变且充满未知挑战的自然环境，人类凭借情绪快速做出反应，诸如恐惧促使他们躲避猛兽，喜悦引导他们趋近于食物丰富之地，这些情绪反应宛如内置的生存指南针，帮助人们在艰难的生存竞争中觅得生机。

步入现代社会，情绪已然成为人们日常生活心理状态的直观映照，恰似精准的晴雨表。例如，当一个人持续洋溢着愉快情绪时，大概率表明其当下所处的生活、工作环境顺遂如意，身心状态俱佳；反之，若被痛苦情绪笼罩，往往暗示着正面临困境，或职场受挫，或人际关系紧绷，抑或是身体抱恙。

不仅如此，情绪在社会交往层面也发挥着不可替代的纽带作用。在日常社交互动中，微笑这一简单的面部表情所传递出的积极情绪已然成为全球通用的友好示意符号，能够瞬间拉近人与人之间的距离，是有效的沟通桥梁。人们也深谙察言观色之道，能通过敏锐捕捉对方的情绪变化，精准洞察其内心状态，进而灵活调整自身言行举止，采取与之适配的应对策略，确保交流顺畅、关系融洽。

情绪的适应功能贯穿于人类生活的方方面面。一方面，它能够帮助个体敏锐感知自身处境，依据情绪反馈及时调整行为模式，以更好地适应生活挑战；另一方面，在群体互动的场合中，情绪是人与人之间沟通的"润滑剂"，通过表达与解读情绪，人们能够快速融入集体，适应社会规则，建立和谐关系。在跨文化交流场景中，不同国家的人语言不通，但一个真诚的微笑、一个友好的眼神传递出的积极情绪，能瞬间打破隔阂，让交流顺利开启，这便是情绪适应功能在社会交往层面的生动体现。同样，在职场中，懂得根据同事的情绪状态调整沟通方式，能有效避免冲突，提升团队协作效率。

2. 动力功能

在深入探究人类行为与心理的内在关联时，情绪所具备的动力功能占据着关键地位。情绪的动力功能是指情绪宛如一股无形却强大的力量，既能有力地驱使个体毅然投身于某项活动之中，成为行动的发起者与推动者；又能在特定情形下，如同设置障碍一般，阻止或干扰正在开展的活动进程。

积极向上的情绪仿佛强劲的助推器，对个体行为起着显著的增力效果。以学生备考为例，当一名学生对即将到来的考试满怀信心，内心充盈着积极情绪时，他往往会主动延长学习时间，全神贯注地钻研难题，即便遇到知识瓶颈，也能以坚韧不拔的毅力持续探索，全力以赴地向着优异成绩奋进。反之，消极低落的情绪则似沉重的枷锁，对行为产生减力作用。同样是备考场景，若学生被焦虑、恐惧等消极情绪笼罩，可能刚翻开书本没几分钟，就因内心的烦躁而难以集中精力，遇到稍复杂的知识点便心生退意，会轻易选择放弃，致使学习进程受阻。

进一步剖析情绪的动力功能可知，其主要彰显在情绪能够以一种与生理性动机或社会性动机相类似的方式，巧妙地激发并精准引导个体的行为。在各类行为活动里，个体情绪的高涨程度如同风向标，直接左右着活动开展的积极性。想象一场激烈的体育赛事，运动员们在赛场上的情绪状态截然不同，那些情绪高涨、斗志昂扬的选手，眼中闪烁着自信的光芒，他们在比赛中会拼尽全力，每一次冲刺、每一次跳跃都饱含力量，克服重重困难，向着冠军奖杯奋勇进发。情绪低落的运动员，步伐略显沉重，缺乏那股一往无前的拼劲，一旦遭遇强劲对手或是比分落后的困境，便容易畏缩不前，甚至产生放弃比赛的念头。

在实践探索与理论研究的双重领域中，情绪对人行为的演变速率起着关键作用，这一动力功能已达成广泛共识。情绪的外在表达恰似一扇窗户，能够直观地反映出个体内在动机的强度与方向。这是因为，情绪作为一种内在心理状态的直观展现，紧密关联着个体的行为动机。当情绪高昂时，动机被强力激发，促使个体以更迅猛的速度朝着目标前行；当情绪低落时，动机受到抑制，行为推进也变得迟缓。情绪在学术研究层面被视作动机潜力分析的关键指标。也就是说，对个体动机的深度认识可以借助对其情绪细致入微的辨别与系统分析得以实现。

以日常生活中的突发状况为例，当一个人突然遭遇火灾这一危险情境时，其体内的动机潜力瞬间被激活，而情绪则成为这一动机潜力释放的关键"催化剂"。在这种极端环境下，个体的情绪会在生理、体验和行为三个维度上发生显著变化，这些变化淋漓尽致地展现出情绪对行为的动力驱动差异。从生理层面看，有人可能心跳急剧加速、呼吸变得急促，身体机能迅速被调动起来，为应对危机提供充足能量，这背后是恐惧情绪激发的求生动力，促使身体快速进入应激状态。在体验方面，有人会感到极度紧张、恐惧，大脑飞速运转思索逃生策略，这种紧张情绪成为思维加速的助推剂，驱动个体尽快想出应对之策。在行为上，有的人能够迅速冷静下来，头脑清晰、沉着冷静地按照消防指示寻找逃生通道，有序离开现场，他们积极稳定的情绪转化为强大的行动动力，助力其高效应对危机；有的人则完全被惊慌失措的情绪掌控，浑身发抖，双腿发软，无法有效地组织行动逃离险境，消极慌乱的情绪如同沉重的枷锁，阻碍了其发挥应有的逃生能力。可见，情绪在面对挑战时所展现出的不同状态，精准地反映出人的动机潜能在不同个体间的差别，更突显了情绪对个体行为的强大动力塑造功能，为深入理解人类行为的驱动机制提供了有力依据。

3. 组织功能

在深入研究人类心理与行为的诸多功能时，情绪的组织功能不容忽视。情绪的组织功能是指情绪如同一位隐形却极具影响力的"指挥官"，对个体的认知操作活动具备组织强化或者瓦解破坏的效能。

一方面，情绪对认知操作活动的积极与消极作用显著地体现在情绪的两极性特征上。当个体处于快乐、兴奋、喜悦等积极情绪氛围中时，仿佛被注入了一针强心剂，思维活跃度显著提升，推动了认知操作活动顺利开展。以学生课堂学习为例，当老师采用生动有趣的教学方式，引得学生们兴致勃勃、满心欢喜时，他们对知识的吸收和理解能力会大大增强，无论是记忆复杂的公式，还是分析晦涩的课文，都能事半功倍。相反，恐惧、愤怒、悲哀等消极情绪则如同厚重的阴霾，会对认知操作活动产生抑制或干扰。在考试过程中，若学生过度紧张和恐惧，大脑会一片空白，平时烂熟于心的知识点也可能瞬间遗忘，无法正常发挥应有的认知水平，导致答题受阻。

另一方面，情绪的强度也是影响认知操作活动的关键因素。心理学家通过大量研究发现，当情绪唤醒水平较低时，有机体就如同电量不足的机器，得不到充足的情绪激励能量支撑，智能操作效率自然不高。日常生活中，有些人在面对一些相对常规但需要集中注意力完成的任务，如整理资料时，如果情绪平淡、毫无波澜，就容易出现拖延、注意力不集中的情况，使得工作进展缓慢。然而，当情绪唤醒水平过高时，也会引发反作用，干扰操作的正常进行。想象一位运动员在重大赛事的决赛时刻，过度紧张、兴奋致使心跳超速、肌肉紧绷，技术动作反而容易出错，影响比赛发挥。唯有情绪唤醒水平处于最佳状态时，智能操作活动的效率才能达到峰值。一般情况下，中等程度的情绪唤醒水平最契合认知操作活动的需求，此时个体既能保持适度的兴奋感以激发思维活力，又能避免过度激动而扰乱心智。就像专业棋手在对弈时，保持适度的紧张感，既全神贯注又不慌不乱，这样才能精准布局、快速决策，发挥出最佳竞技状态，这展现出情绪唤醒水平对认知操作的精妙调控作用。

4. 信号功能

在剖析人类情绪所蕴含的多元功能体系时，情绪的信号功能展现出独特且关键的价值。情绪的信号功能是指个体具备一种非凡的能力，能够凭借自身内在的体验，将对周围事物所形成的认识以及秉持的态度以一种直观可感的方式呈现出来，进而对他人产生影响，在人际交往的舞台上发挥着无声却有力的沟通作用。

情感作为情绪内涵的重要延伸，拥有一个极为显著的外在表现途径，那便是通过表情展露于外。正因如此，情感具备了卓越的传递信息效能。相较于言语，表情仿佛是一位灵动的艺术家，更富有生动性、表现力、神秘性与敏感性。在日常交流互动中，一个眼神、一抹微笑、一次皱眉往往能精准且微妙地传递出言语难以尽述的思想感情。例如，当老友重逢时，眼中瞬间绽放的光芒、脸上洋溢的灿烂笑容，无需过多言语，便能让对方深切感受到那份喜悦与亲切；同样，在商务谈判桌上，一方微微蹙起的眉头、稍显严肃的神情也能使对手敏锐捕捉到其对某些条款的疑虑或不满，由此洞察其内心态度。从这个角度来看，表情无疑成为人际关系中坚韧且灵动的纽带，构建起非言语性交际的重要桥梁。

心理学家在深入研究英语使用者的交往模式与信息传递规律后发现，在日常生活中，高达55%的信息传播依赖于非言语表情，38%的信息借助言语表情得以传递，而纯粹依靠言语本身的信息占比仅为7%。这组数据鲜明地揭示了表情在信息流通中的主导地位。进一步归纳情感在传递信息层面的多元作用，不难发现，它可以为语言注入强大动力，增强语言的表达力，使平淡的叙述变得绘声绘色；它可以提升语言的生动性，让交流充满趣味与感染力；它还具备替代语言的神奇功效，在特定情境下，一个饱含深意的表情足以取代冗长的话语，实现心领神会。非言语表情更有着超越语言局限的魅力，能够跨越文化和语言的障碍，传达那些难以言传的细腻情感与深层意蕴，为人类的沟通交流拓宽边界、丰富内涵。

3.3.3 设计情感的特殊性及层次性

在设计领域的研究范畴中，设计活动紧密围绕人的认知、情感以及行为全方位展开，其中，用户的情感体验扮演着至关重要的角色，它如同指南针一般，精准地决定着设计师的设计方向，为设计工作注入源源不断的动力，并深度参与到整个设计的组织过程之中。

设计情感具有显著的复杂性、综合性、交互性以及功能性特质，它并非单一维度的存在，而是融合了来自生理层面、心理层面以及社会层面的多元体验。从生理角度看，产品的材质触感、色彩对视觉的刺激等都可能引发人体本能的舒适或不适反应；从心理层面看，产品的造型风格、寓意内涵会触动个体内心深处的喜好或厌恶情绪；从社会层面看，产品所承载的文化符号、潮流元素，则关联着使用者在群体中的身份认同与社交形象。

情感设计是设计师巧妙借助设计之物，秉持明确目的、运用敏锐意识，有针对性地激发使用者的特定情感，进而促使其产生与之相应的情绪体验，最终达成或强化预先设定的目标。需着重强调的是，情感设计着重突出情感体验的诱发过程，并非单纯将情感体验本身作为终极追求目标，鉴于此特性，它亦被称作设计情感。换言之，设计师凭借精心雕琢的设计作品，巧妙引导使用者产生诸如兴奋、悲伤、愉悦、恐惧等丰富多样的情绪体验，充分调动情绪所具备的驱动力量，促使使用者在认知、行为以及判断等方面发生改变。与此同时，情绪的监察功能也悄然生效，确保设计所期望引发的情感反应与使用者实际产生的情绪波动精准契合，进而实现设计对人的全方位影响，推动设计目标的达成。

1. 设计情感的特殊性

在深入探究设计领域的诸多要素时，设计情感以其独特的性质脱颖而出，与设计认知形成鲜明对比。尽管情感自身蕴含一定的认知成分，但设计情感的核心价值有着别具一格的彰显路径。它并非局限于大脑内部单纯的思维运转过程，而是更多地聚焦于人与物相互交织、相互作用的关系网络之中。设计情感的特殊性主要通过以下四个关键维度得以呈现。

其一，设计情感将重心锚定在主观感受层面，而非仅仅着眼于认知过程的推进或操作结果的达成。设计师个人的情感抒发，未必能直接转化为用户良好的体验感受。这意味着设计所承载的情感体验必须紧密关联设计目的，深度折射出设计师对用户需求的精准洞察与深刻理解，而非单纯地执着于展现设计师自身的意愿表达与信息传达。例如，一款家居产品的设计，若设计师仅依据个人对先锋艺术风格的偏好进行创作，却未充分考量普通用户对舒适性、实用性的日常需求，即便作品饱含设计师的浓烈情感，也难以赢得用户的青睐，无法给予用户契合实际生活场景的优质体验。

其二，设计情感在特定情境中动态表达。人的情感本就兼具稳定性、长期性等固有特质，同时还拥有情境性与爆发性的鲜明特征，尤其在那些与人能够直接发生交互行为的页面场景里，情感的展现是一个鲜活且实时变化的过程。设计情境中的情感是一种高度综合、交互性极强的体验模态，在极大程度上源自交互情境下人、物、环境三者之间错综复杂的相互作用关系，我们将其形象地定义为人与物互动过程中的情感体验，此类体验充斥着动态变化、随机生成、依情境而定以及带有冲动色彩的特性。人们在与物直接交互的瞬间，便能敏锐感知物的特质与属性，进而催生出相应的情感体验，而这些情感体验又会以反馈回路的形式反向影响人与物后续的交互行为。例如，在商业空间设计中，打造一个温馨愉悦、采光充足、布局合理的购物环境，消费者便会乐于沉浸其中，流连忘返；同样，一款操作简便、外观亲和、功能贴心的电子产品，更易突破消费者的心理防线，获得市场认可。

其三，情感设计呈现出显著的多层次性架构。它既包括了能够凭借直接感知刺激引发人体生理变化，进而促使人产生情绪反应的感性认知层面（诸如独特的情调和心境氛围的营造），也涵盖个体能够清晰意识到的情绪化状态（如激情澎湃的瞬间触动以及应急状态下的应激反应），还涉及通过与更为深邃的社会意义紧密相连，所衍生出的更高层次的理性情感（如审美感、道德感、理智感等精神境界的升华）。正是这种多层次的情感体验架构，为设计师开展情感设计工作开辟了广阔的创意天地，提供了多元的可能性路径。设计师得以依据设计对象的功能特性、属性类别、档次定位，以及目标用户群体的特征偏好、消费习惯等关键因素，量体裁衣般地进行有的放矢、精准高效的设计实践。例如，针对高端商务办公人群的笔记本电脑，既要考虑到外观上的简约大气，材质质感带来的尊贵触感，以满足其审美与彰显身份的需求，又要兼顾性能稳定高效，保障工作流畅进行，激发使用者的理智感与信任感。

其四，设计艺术范畴内的情感彰显出丰富多样的特点。艺术设计绝非单纯的审美自娱，其从诞生之初便承载着特定的现实目的，服务于多元的社会需求。正因其目的的复杂性与多元性，在设计实践过程中便有可能激发形形色色、不同类型与层次的情感体验浪潮。这不仅涵盖了审美所带来的愉悦享受，更能深度唤起人们内心深处潜藏的各类情感，以及诸多其他形态各异的情感涟漪。以界面设计为例，其中的提醒和提示功能模块，看似细微，却能精准点燃用户的理智感，如同领航员一般，确保用户在操作流程中的每一步都有条不紊，保障整个过程顺畅进行以及各项功能稳定运转，充分展现出设计情感多样性的魅力与价值。

2. 设计情感的层次性

在情感化设计理论中，产品设计中具有三层情感水平：本能水平、行为水平和反思水平。这三层设计不仅反映了用户与产品互动的不同方面，也揭示了如何通过设计来满足用户的多层次需求。以下是对这三个层次的详细介绍。

（1）本能水平的设计

本能水平的设计关注的是产品的外观和直觉反应。作为视觉动物，人类对外形的第一印象是基于本能的，这种反应几乎是即时且无意识的。因此，当一个产品的视觉设计能够契合人们的本能偏好时，它更有可能被接受和喜爱。此层次的设计强调美学原则，如比例、颜色、质感等，以创造直观上令人愉悦的产品形象。

（2）行为水平的设计

行为水平的设计聚焦于产品的功能性及使用体验。对于任何功能性产品而言，性能都是核心考量因素。在此层次上，设计的关键在于确保用户能高效地完成任务，并享受操作过程带来的乐趣。优秀的行为水平设计需兼顾功能性、易用性、物理感受以及界面的直观性，确保从初次接触到长期使用的每一个环节都能给用户提供满意的体验。

（3）反思水平的设计

反思水平的设计涉及产品背后的意义及其对个人和社会的影响。这一层次的设计考虑到了环境、文化背景、个人身份认同等因素，目的在于建立产品与用户之间的情感联系。通过赋予产品深层次的价值，设计师可以促进用户形成对品牌的认知和忠诚度。反思水平的设计还注重用户体验的整体性和持久性，鼓励用户思考产品如何融入其生活方式，并成为表达自我形象和个人价值观的一部分。

3.4 情感设计

3.4.1 情感设计的设计技巧

在设计领域的多元探索中，情感设计占据着关键地位。情感设计着重突出情感体验的诱发过程，并非单纯将情感体验本身视作终极追求目标。设计师仿佛一位巧妙的心灵魔术师，凭借精心构思的设计之物，引导使用者产生诸如兴奋、悲伤、愉悦、恐惧等丰富多样的情绪体验，进而充分激活情绪所具备的驱动力量，促使情绪的监察功能悄然生效，全方位干预使用者的认知、行为以及判断走向，实现设计对人的深度影响。

情绪作为人类与生俱来的心理特质，始终伴随着我们的生活。经深入研究，认为人类的基本情绪涵盖快乐、悲伤、愤怒、恐惧这几个核心类型，而其他纷繁复杂的情绪多是由这些基本情绪通过复合作用衍生而来。复合情感恰似一幅多彩的情绪拼图，由几种基本情绪巧妙混合拼接而成。例如，敌意这种情绪，便是愤怒与厌恶等基本情绪相互交织的产物，焦虑则通常是恐惧与不安情绪的融合呈现。此外，基本情绪还会与内驱力以及身体感觉相互交融，催生出更为独特的复合情感。灼烧感便是疼痛这一身体感觉与恐惧情绪的结合，而道德感则是个体认知结构与情感在社会道德情境下相互作用的结晶。

尤其值得关注的是，情绪具备显著的普遍性特征，它们各自拥有独立的生理特征体系，具体表现为不同的外显表情、内部体验以及生理神经机制，并且承载着各异的适应功能。这些特性宛如熠熠生辉的灯塔，为设计师在创作的茫茫大海中指明方向，带来极具价值的设计策略与实操技巧。设计师得以依据情绪的外显表情特征，精准捕捉用户瞬间的情绪反馈，优化设计细节；借助对情绪内部体验的洞察，深入挖掘用户的潜在需求，赋予作品触动人心的力量；参考情绪的生理神经机制，巧妙选择设计元素，营造契合人体感知规律的氛围。同时，立足情绪的适应功能，使设计成果能更好地融入用户的生活场景，帮助用户应对各种情境挑战，提升设计作品的实用性与情感共鸣度。

1. 情感设计策略：快乐

快乐是一种与生俱来、积极正向的心理体验。当设计师将其融入设计时，是在利用人类对愉悦感受的本能追求。例如，在界面设计中，采用明快鲜艳的色彩搭配，像以暖黄色为主调，搭配清新的绿色，这种视觉上的组合能瞬间点亮用户的眼睛，给人以活泼、欢快之感，唤起内心的快乐情绪，如同清晨的阳光驱散阴霾，让用户在接触产品的瞬间就心生好感，提升使用意愿。

快乐情绪具有很强的感染力与引导力。它能促使用户更积极地探索产品功能。以在线学习软件为例，当学生完成一个知识模块的学习并成功通过测验后，软件界面立刻呈现出五彩斑斓的庆祝画面（如跳动的卡通形象给出鼓励的手势），伴随轻快悦耳的提示音，这种多感官营造出的快乐氛围，会让学生真切感受到学习的成就感，进而激发他们主动学习下一个知识模块的动力，使学生沉浸于求知的乐趣之中，增加对软件的依赖度。

快乐还关联着用户对产品的记忆构建。一款能持续带来快乐体验的产品，会在用户心中留下深刻印象。比如，某社交软件设计了有趣的互动贴纸、搞怪的滤镜，当用户与朋友分享照片时，这些充满趣味的功能带来欢声笑语，让每一次互动都充满快乐回忆。每当用户回忆起这些欢乐时刻，便会自然而然地联想到该产品，从而强化品牌认知，为产品积累良好口碑。

2. 情感设计策略：悲伤

悲伤是人类对失落、挫折、离别等负面情境的内在情绪回应。当设计师试图将悲伤融入设计时，实则是在触动人们内心深处的柔软角落，唤起共情。以公益海报设计为例，若主题是关于保护濒危动物，画面中呈现一只孤独无助、瘦骨嶙峋的北极熊，站在逐渐消融的冰块上，背景是灰暗阴霾的天空，整体色调暗沉压抑。看到这样的画面，内心很容易受到触动，油然而生一种对动物生存困境的悲伤之感，进而引发对环境保护问题的深入思考。这种通过视觉元素营造出的悲伤氛围，如同重锤敲击心灵，能使信息传递更具力量，让公益诉求直抵人心。

悲伤情绪具有引导反思的特质。在文学作品的装帧设计方面，若作品讲述了一段充满遗憾的爱情故事，封面设计采用褪色的旧照片质感，配上几滴若隐若现、仿佛泪痕的水渍效果，书名选择古朴而略带哀伤的字体。当读者拿起这本书还未翻开时，仅仅是封面传递出的悲伤气息，就能让他们提前进入一种沉静反思的心境，准备好去书中探寻那些令人唏嘘感慨的情节，促使读者更好地沉浸于作品所构建的情感世界，增强阅读体验的深度。

悲伤也有助于塑造品牌记忆点。拿某些具有历史底蕴的品牌来说，它们在品牌故事传播中融入悲伤元素，讲述创业初期的艰难困苦和遭遇的重大挫折，如家族企业在战争年代几近覆灭，靠着坚韧不拔的毅力才一步步重生。消费者在聆听这些故事时，会因其中蕴含的悲伤情感而印象深刻，进而对品牌产生敬意与认同感，使得品牌在众多同类中脱颖而出，铭刻在消费者心中。

3. 情感设计策略：愤怒

愤怒是人类面对不公、侵害、违背原则等不良现象时所爆发的一种本能情绪反应。当设计师有意将愤怒融入设计时，犹如点燃了一把能激发人们内心正义感的火焰，唤起大众对特定问题的关注与抗争意识。以社会议题的海报设计为例，议题聚焦于网络暴力问题，画面呈现一位年轻人满脸惊恐与委屈，被无数恶意评论的文字弹幕所淹没，那些文字采用醒目的红色、扭曲的字体，背景是昏暗混沌的色调，仿佛象征着网络世界的黑暗角落。人们目睹这般场景，内心极易被激怒，涌起对网络暴力的愤怒之情，从而促使人们深入思考如何净化网络环境，捍卫他人的尊严与权益。通过这样富有冲击力的视觉呈现营造出的愤怒氛围，恰似利刃出鞘，让社会诉求得以强有力地传达，直击人们的心灵深处。

愤怒情绪还具备强大的驱动变革力量。在环保行动的宣传设计方面，倘若要呼吁大众抵制过度砍伐森林的行为，宣传视频可以展现一片曾经郁郁葱葱的原始森林，如今被砍伐得满目疮痍，只剩下残根断木，画面切换至因栖息地丧失而流离失所、痛苦哀鸣的动物们，背景音乐采用激昂、悲愤的旋律。在观看过程中，愤怒情绪会被迅速点燃，这种愤怒将驱使他们想要立即行动起来，或参与植树造林活动，或监督举报非法伐木行为，切实为环保事业贡献力量，使宣传设计达到推动现实改变的目的。

愤怒有助于强化品牌辨识度。对于一些秉持正义、勇于揭露行业黑幕的品牌而言，它们在品牌传播中巧妙融入愤怒元素，讲述自身在发展历程中遭遇的不正当竞争、行业潜规则的打压，以及如何不屈不挠地奋起抗争。消费者听闻这些故事，会因品牌所展现出的愤怒背后的正直与勇气而心生敬意，进而在众多品牌中牢牢记住该品牌的独特个性，使其脱颖而出。

例如，某食品品牌曾曝光行业内普遍存在的劣质原料问题，自身坚守高品质标准，虽在初期饱受排挤，却凭借对消费者负责的态度赢得了市场。消费者了解背后故事后，对该品牌的忠诚度会大幅提升，品牌形象也更加深入人心。

4. 情感设计策略：恐惧

恐惧是人类在面对潜在威胁、危险以及未知事物时，自然而然产生的一种自我保护机制下的情绪反馈。当设计师巧妙地将恐惧融入设计时，仿佛打开了一扇通往人类潜意识警惕区域的大门，瞬间唤醒人们内心的警觉。以公共安全宣传海报设计为例，若主题是预防火灾，画面呈现一座居民楼被熊熊大火吞噬，楼道里浓烟滚滚，火光映照着惊恐逃生的居民们扭曲的面容，背景音效是烈火燃烧的呼啸声与人们的呼喊声交织在一起。人们看到这样震撼的场景，心底的恐惧会被迅速激发，进而对火灾的危害有了刻骨铭心的认知，促使他们主动去学习消防知识、检查家中的消防隐患，让安全防范意识深深扎根。通过这种极具冲击力的视听组合营造出的恐惧氛围，如同声声警钟，使安全警示信息以最强烈的方式烙印在人们心中。

恐惧情绪还具备强大的引导规避行为的力量。在交通安全教育材料设计方面，若要强调遵守交通规则的重要性，宣传视频可以展现一位行人因闯红灯，瞬间被飞驰而来的车辆撞倒，画面采用特写镜头突出伤者痛苦的表情和流淌的鲜血，同时配上尖锐刺耳的刹车声。人们在观看过程中，恐惧之感会油然而生，这种恐惧将驱使他们在日常生活中时刻警醒自己严格遵守交通规则，绝不贸然闯红灯或违规穿越马路，切实保障自身出行安全。

恐惧有助于强化产品的警示功能。对于一些涉及人身安全、健康防护的产品而言，在设计宣传中合理运用恐惧元素能更加凸显产品的关键作用。例如，某款家用烟雾报警器产品，在广告宣传中先展示因家中没有烟雾报警器，火灾发生时人们在睡梦中毫无察觉，火势迅速蔓延的可怕场景，引发观众对火灾隐患的恐惧。紧接着推出自家产品，强调其高灵敏度的探测功能、及时的报警声响，能够在关键时刻唤醒沉睡的家人，给予逃生的宝贵时间。消费者看过广告后，会因恐惧而深知产品的必要性，购买意愿会大大增强，产品的警示价值也得以充分彰显。

3.4.2 情感设计的表达形式

在情感设计的实践领域中，为了精准传递情感内涵，需借助一系列特定的表达形式，其中点、线、面、体、色彩、材质和肌理是常用且关键的元素，它们各自蕴含独特魅力，相互交织，共同为情感设计构建起坚实的表达基石。

1. 点

点作为一切形态的起始，在设计空间里占据着基础性地位。其核心特性在于能够精准确定位置，宛如视觉世界中的"定海神针"，凭借凝聚视线的力量，巧妙触发观者内心的细微心理波动，甚至形成一定的心理障碍，而"画龙点睛"这一成语恰如其分地诠释了点的神奇功效。在相对平稳的平面情境下，点所处的位置宛如一位无声的心理暗示大师，悄然传递多样的内应力信息。当点居于画面正中央时，恰似静谧湖面的圆心，给人以平静、专注之感，视线不自觉地聚焦于此，仿佛时间都为之静止；一旦点偏离中心，或偏上、偏下，或偏左、偏右，则仿佛打破平静湖面的石子，即刻引发视觉上的不安定感，促使观者的目光探寻其"偏离"背后的深意。

不仅如此，重复排列的点，如同训练有素的方阵，有序登场，展现出强烈的秩序感与规律感，如同奏响富有节奏感的视觉乐章，让整个图像呈现出和谐统一、浑然一体的视觉风貌。渐变分布的点，则似灵动的音符，依据大小顺序排列，巧妙演绎出空间的层次感，将逻辑严谨的节奏感与韵律美感完美融合，充分激发观者的想象力，引领其步入奇幻的视觉之境。

2. 线

在线条纵横的设计天地里，线无疑是最为活跃的元素，担当着构图的"骨架"重任。粗线仿佛力拔千钧的壮士，雄浑有力，展现出磅礴气势；细线则似锐利的刀锋，锋芒毕露，切割出精致与锐利之感；直线宛如坚毅的卫士，刚正不阿，传递出刚直、硬朗的气质；曲线恰似婀娜多姿的舞者，柔美温婉，流淌着柔和、灵动之韵。线的粗细变化，仿佛透视的魔法，营造出远近有别的空间错觉；其与生俱来的方向性，更是赋予画面灵动的生命力。垂直线昂首挺立，散发着庄重肃穆、蓬勃向上之感，仿佛古老的参天巨木，诉说着岁月的沉淀；水平线悠然躺卧，诠释着静止安宁的祥和之态，恰似静谧的地平线，承载着希望与守候；斜线似离弦之箭，充满运动与速度之感，打破常规的平静，激发无限活力；曲线则自由舒展，如潺潺溪流，蜿蜒流淌，尽显柔美与灵动。

事实上，在广袤的自然界中，纯粹以线的形态独立存在的物体寥寥无几，人们常常将分隔物体的轮廓线纳入线的范畴。直线作为设计作品中的常客，频繁出镜，与此同时，曲线、折线、平行线、虚线、破折线、螺旋线等各类线条也各显神通。它们均具备宽窄、粗细、长短、朝向、位置等物理属性，宛如拥有多重身份的精灵，在设计中扮演着多样角色，既能指明方向、划分区域、标示距离，又能巧妙勾勒形状，是界面划分不可或缺的关键要素，更是构建视觉界面的基石所在。

3. 面

面可视为无数点或线汇聚而成的视觉盛宴。相较于点和线，面宛如信息的"富矿"，蕴含更为丰富多元的内涵。造型领域中的基本面主要涵盖自由曲面与几何面两大阵营。几何面又进一步细分为二维面和三维面，二维的面即我们熟悉的平面，囊括各类几何图形，仿佛数学世界在视觉中的投影；三维面则以柱面和双曲面（球面）为代表，开启了立体空间的奇幻之门。面在视觉呈现上，仿佛厚重的基石，展现出充实、厚重、整体、稳定的视觉效果，赋予设计作品沉稳大气之感。

通常，几何形态的面就像理性的智者，规则有序、平稳沉着，彰显出严谨的逻辑之美；徒手绘制的面则似不羁的艺术家，饱含丰富的艺术气质，流淌着随性与灵动。面作为核心造型元素，其形态特征宛如导演手中的指挥棒，直接左右着视觉元素的美感呈现与语义传达。

三角形仿佛锐利的先锋，凭借稳定的结构、尖锐的棱角，象征着进取的力量，蕴含着不可调和的激进与矛盾，是新思想、决绝行为的视觉代言人；圆形则宛如美学的宠儿，集对称、均衡、和谐、完整于一身，尽显完美、圆满、完善之态，其艺术魅力经久不衰，在视觉感受上，如温暖的怀抱，给予人完整无缺、包容无限、运动不息、动静统一的美好体验，就像宇宙的缩影，蕴含无尽奥秘。

4. 体

体屹立于三维空间之中，犹如现实世界的实体缩影。空间作为信息传递的无形桥梁，与体紧密相依。在包装设计、工业设计、时装设计、家具设计、建筑设计、环境设计等诸多与生活息息相关的设计领域，体的设计至关重要，直接关乎人们生活的舒适度、安全性、经济性以及艺术性等多个维度。

物体在现实世界中的存在形式丰富多样，设计实践中常以圆柱体、立方体和球体作为主角。圆柱体在日常生活中随处可见，酒瓶、茶杯、饮料瓶等日常用品皆是其化身，仿佛优雅的舞者，兼具圆润与挺拔之美；立方体就像坚实的堡垒，房屋、桌子、汽车、铅笔盒等皆是由六个正方形面组成的多面体，它代表着力量、干净、稳重、安全，偶尔也透露出一丝古板，默默守护着生活的秩序；球体作为圆形的立体升华，其心理特征与圆形一脉相承，仿佛梦幻的水晶球，蕴含着圆满、灵动之美。

5. 色彩

人类对于色彩的情感体悟，最初源于对色彩的物理属性，即对色相、明度和纯度的直观感知，进而引发相应的心理涟漪。色彩对比仿佛是一场视觉的盛宴，能够瞬间点燃强烈的情感火花。从色调的维度审视，互补色相邻而居时，恰似两位激情碰撞的艺术家，彼此激发，两色饱和度急剧攀升，对比效果强烈夺目，能够迅速抓住人的注意力，提升兴奋程度，令人沉浸其中。儿童作为纯真的视觉探索者，偏好纯度和明度较高的色彩，仿佛被明亮色彩吸引的蝴蝶，因此在与儿童相关的设计中，纯色或补色搭配屡见不鲜，这契合儿童的天性。

在现实世界中，某些物体的色彩已然固化为人们心中的固有概念，如红旗的鲜艳夺目、白雪的洁白无瑕、蓝天的澄澈悠远、绿树的生机勃勃等，这些被称为事物的固有色。消费行为学研究表明，固有色就像一只无形的手，有时能左右人的购买行为，人们往往依据过往对物品色彩的常识与经验，限定色彩的用途。虽然固有色在一定程度上对设计形成约束，但当设计师大胆突破，采用非固有色时，就像在同类产品的星空中点亮一颗独特的新星，设计作品将脱颖而出，格外引人注目，尤其能迎合年轻人追求新奇、彰显个性的心态。此外，固有色还是色彩联想的源头活水，人们基于联想对色彩产生好恶之情，随着联想的抽象化、概念化、社会化进程，色彩逐渐蜕变，成为承载特定意义的象征符号，融入文化的血脉，传承着人类的情感与智慧。

6. 材质和肌理

材料本身就像一张空白的画布，并无固有情感，当人们与之亲密接触，感知其材质特性时，情感便如颜料般层层晕染开来，这便是质感的魅力。质感涵盖肌理、纹路、色彩、光泽、透明度、发光度、反光率等多元要素，它们相互交融，展现出独特的表现力。不同质感就像是不同性格的角色，带给人不同的感知体验，甚至能引发丰富的联想，使人们对材料滋生出一种情感。例如，古老的青铜铸造而成的重器，仿佛历史的使者，承载着岁月的厚重，散发着庄严、敬畏的气息，令人心生尊崇。

人类凭借智慧与创造力，利用材料塑造万物，不断为其赋予意义，并广泛应用于各类产品与场景之中。常见的材料，如金属的冷峻坚毅、木材的温润质朴、塑料的轻便灵活、陶瓷的细腻典雅、玻璃的晶莹剔透、纸的轻盈柔韧等，它们各具特色，在情感设计的舞台上各显其能，演绎着多彩的故事。

3.5 设计师心理与思维的辩证关系

3.5.1 设计思维的各种表现及内涵

思维作为人类认知体系中的关键枢纽，是人们对客观现实高度概括且间接的反映形式，其核心聚焦于精准捕捉事物的本质以及事物之间蕴含的规律性联系。

相较于感知觉，二者存在显著差异。感知觉侧重于反映个别事物的零散属性，处于认知的感性阶段。看到一朵花时，能够直观感受到它的颜色、形状、香气等具体特征，这便是感知觉的作用体现；思维则是飞跃至理性认识层面，它着眼于归纳一类事物共有的、深层次的本质属性，或是洞察不同事物之间千丝万缕的内在联系。思维以感知为根基逐步发展而来，是在反复多次感知实践的基础上凝练升华而成的对事物内核与规律关联的深刻洞察。例如，当人们目睹汽车在大街上疾驰而过时，汽车的外观颜色、独特形状以及风驰电掣的行驶场景映入眼帘，这属于感知觉范畴；倘若要深入研究汽车能够开动的内在缘由，细致剖析汽车的复杂结构特点，厘清各个部件之间精密的协作关系，此时就必须借助思维的力量，穿透现象表层，挖掘深层原理。

在整个认识进程中，思维宛如一座桥梁，推动着人类认知从现象的此岸跨越至本质的彼岸，实现从感性认识向理性认识的华丽转身，进而引领人类抵达对客观事物的深度理性认知境界，构筑起人类认识的高阶层级。依据不同特性与运作模式，思维类型大体可划分为逻辑思维、形象思维以及创造性思维。

逻辑思维亦被称作抽象思维，在人类思维发展史上率先崭露头角，为人们所熟知。它以概念作为思维活动的基石，凭借抽象的思维方法，运用语言、符号作为信息传递的基本表达工具，构建起严谨有序的思维架构。在数学领域的诸多证明过程中，数学家们基于定义明确的数学概念，运用抽象推理，借助公式、符号等表达工具，步步推导，论证复杂的数学定理，这便是逻辑思维的典型实践场景。

形象思维则是以形象作为坚实依托与得力工具的思维范式。在认知心理学领域，这里的"形象"通常被称为"表象"或"意象"，部分学者形象地将其类比为一幅"心理图画"。当人们运用形象思维运转时，仿佛置身于无声电影的观影情境，脑海中浮现出连续、直观的画面。形象思维具有鲜明的整体性、直觉性、跳跃性和模糊性等特点。整体性体现在它能够将事物的多个方面综合考量；直觉性使其能够迅速捕捉关键信息；跳跃性则表现为思维过程不拘泥于常规逻辑顺序；模糊性意味着它不追求绝对精准的界定。以画家创作一幅山水画为例，这一过程充分展现了形象思维的特点。画家凭借脑海中对山川河流、云雾树木等自然景观的丰富表象，随心勾勒，用笔触将心中的山水跃然纸上。这种创作过程高度依赖形象思维的整体把握、直觉感知、跳跃联想和模糊表达，最终将抽象的自然意象转化为具体的艺术形象。

创造性思维与常规性思维分庭抗礼，它是人类在已有知识储备的深厚土壤上，勇于突破传统，从既定事实中敏锐探寻全新关系，挖掘新颖答案的思维探索活动。创造性思维过程中常常闪现顿悟、直觉和灵感的光芒，这些瞬间如同思维黑夜里的璀璨星辰，为创新突破指引了方向。例如，发明家爱迪生在历经无数次失败后，于某个瞬间突发灵感，找到改进电灯灯丝材料的关键，从而推动电灯照明技术实现质的飞跃，这正是创造性思维的生动例证。

在实际思维活动中，思维通常呈现为形象思维与逻辑思维紧密交织的复合体形态。艺术思维领域多以形象思维为主导，艺术家们擅长运用鲜活形象抒发内心情感、传递深邃思想；科学思维则主要依托逻辑思维，科学家们借助概念推导、严谨推理来论证科学假设。然而，二者并非完全割裂，艺术思维中实则隐匿着逻辑思维的脉络，它为艺术创作提供内在的结构支撑；科学思维同样离不开形象思维的助力，形象化的模型、图示等能够辅助科学家更好地理解抽象理论，携手推动人类的认知不断向前拓展。

1. 设计思维

在设计领域，设计思维有着重要地位，它建立在抽象思维与形象思维基础之上，涵盖了设计过程中的诸多思维形式，包括确定立意、捕捉灵感、精心构思、激发创意、做好技术决策，还有确立指导思想、融入价值观念等环节。

设计师通常以观察和体会作为获取信息和灵感的方式，将自身知识、灵感与外在市场情况、用户需求相结合，深入思考、辨析，构建起思维框架，再通过框架逐步完善设计方案。

就产品设计而言，设计思维很关键。它能整合多种思考方式、优化思维组织模式，深度了解用户行为与需求，指引设计师设计出合适的产品，使其契合用户审美与使用场景，同时严谨挑选适配材料与工艺，综合考虑成本、质感、环保等因素，创造出新颖、原创且具突破性的新产品，为产品增添活力。

从设计学角度看，设计思维是对常规思维的拓展延伸，是将思维中的理性、概念、意义、思想等通过设计呈现于现实的过程，涉及思维状态、程序及模式等内容。设计思维过程较为复杂，它是创新思维与设计方法的有机结合，也是逻辑思维与形象思维、发散思维与收敛思维在设计中相互配合的过程。

设计师并非一开始就有成熟的设计思维，而是需经过长期有意识的训练与实践，逐步认识设计对象与客观环境的联系，熟悉设计规律，进而形成自己的设计思维方式与方法。设计师的灵感多源于对生活的观察与体会，设计思维的演进从形象思维启发起步，在逻辑思维推理中逐步推进，二者相互促进，使设计方案不断推进。

2. 设计思维的过程

在设计中，设计思维是逐步演进的过程。设计师构建设计对象时，起初脑海会浮现模糊意象，蕴含多种可能，随着思考深入，部分意象受关注，成为主导方向的指引。这期间，设计师依据成本、技术、用户偏好等约束条件，持续修正、优化意象，让设计蓝图逐渐趋于清晰。

初始意象常源于抽象概念，像科学原理、技术规范和数据等，它们需转化为思维中的形象，才能落地。就如建筑师依据力学原理构思结构后，要具象化为带美感与生活气息的建筑外观与内部布局，再据此比较、完善细节。

艺术设计既需抽象思维来确保遵循科学规律、契合实际，如电子产品依元件性能、散热等合理布局，运用可用性、经济等原则优化设计；也需形象思维，靠联想、想象引发用户情感共鸣，比如温馨色彩、流畅线条的家居饰品唤起归属感。

逻辑思维在设计中有诸多体现，从确定设计目的、制定核心概念，到匹配功能形式、筛选评估方案，它反映设计是否合理，提醒设计方案要立足现实。

设计作为创造性活动，思维过程有共性也有特殊性。设计师常采用多方案筛选的放射性思维，比科学研究的线性推理更能挖掘创意，还惯于用草图捕捉稍纵即逝的灵感，而非单纯的思考。灵感思维兼具艺术与科学创造思维属性，创造性设计思维的"陌生化"特征，能让使用者、欣赏者对设计成果有全新感受。

3. 设计思维的表现

设计思维是一种以用户为中心、以解决复杂问题并推动创新为目的的思维模式，它主要表现在以下几个方面。

（1）同理心与用户洞察

设计思维的起点是深入理解用户。这要求设计师放下自身的预设和偏见，站在用户的角度去感受、思考和体验。通过观察用户行为、开展用户访谈、沉浸在用户的生活场景中，设计师能够挖掘出用户内心深处的需求、痛点和期望。例如，在设计一款老年人使用的智能健康设备时，设计师通过长时间观察发现，老年人对于复杂的操作界面和微小的文字显示极为困扰。基于此，设计师运用同理心，将设备的操作流程简化，放大屏幕文字，并采用大尺寸、高对比度的图标，以满足老年人的特殊需求。这种对用户需求的深度洞察，为后续设计奠定了坚实基础。

（2）问题定义与重新诠释

在获取大量用户信息后，设计思维强调精准定义问题。设计师不能仅停留在表面问题上，而是要深入分析问题背后的根本原因。例如，用户反馈一款办公软件协作功能不好用，经过深入调研，发现问题并非是功能本身缺失，而是信息共享流程烦琐，导致团队成员之间协作效率低下。设计师重新定义问题后，从优化信息共享流程入手，简化文件传输和编辑权限设置，大大提升了软件的协作体验。

（3）创意构思与头脑风暴

这一阶段鼓励设计师突破常规思维，大胆提出各种创意和想法。设计思维提倡运用头脑风暴、思维导图等方法，激发团队成员的创造力，收集尽可能多的解决方案。在设计一款新型环保产品时，团队通过头脑风暴，提出了使用可降解材料、创新包装设计、融入物联网技术实现智能监控等一系列创意，为产品的创新设计提供了丰富的思路。

（4）快速原型制作

设计思维注重将抽象的想法快速转化为具体的原型。通过制作原型，设计师可以直观地展示设计概念，便于团队成员和用户进行评估和反馈。例如，在设计一款移动应用时，设计师先用简单的线框图搭建出应用的基本架构和交互流程，快速制作出原型，让用户提前体验应用的操作流程，及时发现潜在问题。

（5）测试与迭代

设计思维强调持续测试和迭代。在原型制作完成后，设计师会邀请用户进行测试，收集反馈意见，并根据反馈对设计进行优化和改进。这是一个不断循环的过程，通过多次迭代，使设计逐渐趋于完美。例如，一款在线教育平台在测试阶段，用户反馈课程搜索功能不够便捷，根据这一反馈，设计师对搜索算法和界面布局进行优化，反复测试，直到用户满意为止。

（6）跨学科协作

设计思维往往需要不同专业背景的人员共同参与。设计师、工程师、市场人员、心理学家等组成跨学科团队，各自发挥专业优势，共同解决复杂问题。例如，在设计一款智能汽车时，汽车工程师负责车辆的机械和动力系统设计，交互设计师关注用户与汽车的交互体验，市场人员提供市场需求和竞争态势分析，心理学家则从用户心理角度优化驾驶舱设计，通过跨学科协作，打造出更具竞争力的产品。

设计思维贯穿于从用户需求、分析到产品最终交付的全过程，通过这些方面的有机结合，实现以用户为中心的创新设计，为用户创造更大的价值。

3.5.2 设计思维与设计师创新能力的关系

设计思维作为一种系统化的问题解决方法，对于设计师的创新能力有着深远影响。它不仅是设计师应对复杂挑战的有效工具，也是提升个人专业素养和推动行业发展的关键因素。

1. 设计思维的概念及其核心要素

设计思维是一种以人为本的方法论，是通过理解用户需求、探索问题本质以及迭代开发解决方案来创造新的价值，包括同理心、定义问题、构思、原型制作和测试等。这些步骤并非线性流程，而是循环往复的过程，允许设计师在每个阶段根据反馈进行调整优化。

2. 设计思维对创新能力的促进作用

通过设计思维可直接促进设计师创新能力的提升。

（1）培养创造性解决问题的能力

设计思维强调从不同角度审视问题，鼓励设计师跳出传统思维模式，寻找非传统的解决方案。这种方法有助于打破惯性思维，激发设计师的想象力和创造力。例如，在"构思"阶段，设计师可以通过头脑风暴等技术提出多种可能性，而不局限于最显而易见的答案。

（2）提供实践中的学习机会

设计思维是一个迭代的过程，这意味着设计师可以在实践中不断学习和改进。每次迭代都是一个实验的机会，无论结果是否成功，都能为设计师提供宝贵的经验教训。这种持续的学习过程不仅增强了设计师的技术能力，也提高了他们应对不确定性和变化的能力。

（3）强调跨学科合作的重要性

设计思维鼓励团队成员来自不同的背景和专业领域，共同参与到设计过程中。这样的多样性带来了更丰富的视角和知识体系，使得设计师能够综合考虑更多因素，从而创造出更加全面和创新的设计方案。此外，跨学科的合作还可以帮助设计师更好地理解和整合新技术，了解新趋势。

3. 设计师创新能力对设计思维的影响

设计师的创新能力同样反作用于设计思维的应用效果，主要表现在以下几个方面。

（1）推动设计思维方法的演进

具备较高创新能力的设计师往往会对现有的设计思维框架提出质疑，并尝试引入新的元素或改进现有流程。这不仅可以使设计思维更加灵活和适应性强，还可能催生出全新的设计方法和技术。

（2）加深对用户需求的理解

有创造力的设计师通常更善于捕捉用户深层次的需求和情感，而不仅仅是表面的功能要求。他们能够运用敏锐的观察力和深刻的洞察力，发现那些未被充分表达或意识到的问题，从而设计出更具人性化和个性化的解决方案。

（3）实现突破性的创新成果

当设计师拥有强大的创新能力时，他们更有能力突破常规限制，提出颠覆性的设计理念。这类创新往往能够在市场上引起强烈反响，改变消费者的行为模式，并引领行业变革。

3.5.3 设计师个人的人格与设计创造力

在现代设计领域，设计师的个人人格与其创造力之间的关系日益受到关注。人格特质不仅影响设计师的工作方式和思维模式，还直接关系到其创新能力和作品的独特性。下面将讲解设计师个人的人格如何影响其设计创造力，并提出相应的培养策略。

1. 设计师人格特质分析

(1) 开放性

开放性是设计师的重要人格特质之一。具有高开放性的设计师通常对新事物充满好奇，愿意尝试不同的设计理念和方法，他们善于接受新鲜事物，能够从不同的角度思考问题，从而产生独特的创意。

(2) 尽责性

尽责性体现了设计师的专业态度和责任感。高度尽责的设计师对自己的工作要求严格，注重细节，追求完美。他们在设计过程中会反复推敲，不断修改和完善作品，以确保最终的设计质量。

(3) 外向性

外向性反映了设计师与他人交往的能力。具有外向性的设计师通常善于沟通，能够与客户、团队成员和其他利益相关者建立良好的关系。他们擅长倾听他人的意见，能够从不同的视角获取灵感，并将其融入自己的设计中。

(4) 宜人性

宜人性指的是设计师在人际交往中的友善程度。具有高宜人性的设计师通常善于处理人际关系，能够与他人和谐相处。他们懂得尊重他人的意见和需求，能够在团队合作中发挥积极的作用。

(5) 情绪稳定性

情绪稳定性反映了设计师在面对压力和挑战时的情绪管理能力。情绪稳定的设计师能够保持冷静和理性，即使在紧张的工作环境中也能保持高效的工作状态。他们能够有效应对各种困难和挫折，保持持续的创造力。

2. 人格特质与设计创造力的关系

(1) 设计师个人的人格与设计创造力

设计不仅仅是技术的应用，更是情感、文化和个性的体现。设计师个人的人格特质在很大程度上影响着他们的创意过程和作品风格。

(2) 情感与设计

情感是连接设计师与用户之间的桥梁。设计师的情感表达不仅能够增强作品的艺术感染力，还能加深用户与产品之间的情感联系。如中国现代艺术家徐冰，他的"天书"系列作品，通过创造一种看似文字却无法解读的符号系统，表达了对传统与现代、东方与西方文化碰撞的深刻思考。这种创作背后蕴含的是徐冰对文化身份的探索和个人情感的投射。

(3) 价值观与设计伦理

设计师的价值观决定了他们看待世界的方式以及解决问题的方法。一个重视可持续发展的设计师，在材料选择、生产方式等方面会更注重环保和资源的有效利用。比如，中国设计师马可，她创立的品牌"无用"强调使用天然材料，倡导复兴手工艺，体现了对自然环境的关怀和对传统文化的尊重。马可的设计理念，正是其个人价值观在设计实践中的具体体现。

（4）兴趣爱好与设计灵感

设计师的兴趣爱好是其灵感的重要来源之一。广泛涉猎不同领域的知识和技能，可以拓宽设计师的视野，激发新的创意。例如，中国著名建筑师王澍，不仅是一位杰出的设计师，还是一位诗人和画家。他对古典文学和传统建筑的深厚兴趣，使其在建筑设计中融入了大量中国传统元素，创造了既符合现代审美又不失文化底蕴的作品。

（5）社会责任与设计创新

面对日益复杂的社会问题，越来越多的设计师开始关注社会责任，希望通过自己的设计改善人类生活。中国设计师张雷就是其中一位典范。他领导的团队致力于通过设计解决城市化进程中出现的各种问题，如交通拥堵、环境污染等。张雷认为，设计师应该成为社会变革的推动者，而不仅仅是美的创造者。这种观念促使他在设计实践中不断探索新技术、新材料的应用，力求实现经济效益与社会效益的双赢。

3. 培养设计师人格特质的策略

（1）提升开放性

持续学习：保持对新知识和新技术的学习热情，拓宽知识面和视野。可以通过阅读书籍、参加培训课程、浏览专业网站等方式获取最新的行业动态和技术信息。

多元化体验：尝试不同的设计风格和方法，勇于突破常规。可以参与跨领域的项目合作，与其他行业的专业人士交流互动，从中汲取灵感和经验。

反思与总结：定期回顾自己的设计作品和过程，反思其中的得失和不足。可以通过写博客、做笔记等方式记录自己的想法和感悟，以便更好地总结经验教训。

（2）增强尽责性

设定明确的目标：为自己设定清晰明确的工作目标和计划，确保每一步都有方向可循。可以将目标分解为具体的任务和时间节点，逐步推进。

注重细节：在设计过程中要注重每一个细节的处理，力求做到尽善尽美。可以使用检查清单或流程图等工具来帮助自己更好地把控细节。

自我监督：建立有效的自我监督机制，定期检查自己的工作进度和质量。可以通过设置提醒事项或使用时间管理软件等方式来帮助自己保持高效工作状态。

（3）提高情绪稳定性

压力管理：学会有效地管理和缓解工作压力。可以通过运动锻炼、冥想放松或寻求心理咨询师的帮助等方式来减轻压力带来的负面影响。

积极心态：保持乐观向上的心态，相信自己有能力克服困难和挑战。可以通过正面思考、自我激励或寻求支持等方式来增强自信心和积极性。

时间管理：合理安排工作和生活时间，避免过度劳累和焦虑情绪的产生。可以使用时间管理工具或制定时间表来帮助自己更好地规划和管理时间资源。

4.1 构图的概述

4.1.1 构图的重要性和意义

构图是造型艺术领域的专业术语,它指的是艺术家在有限的空间或平面内,对自己想要表达的形象进行精心组织和布局,从而构建出整个空间或平面的独特结构。通过这样的艺术处理和构成方式,艺术家能够取得恰到好处的艺术效果,以实现其表现意图。

在绘画领域,构图即指画面的结构安排。具体而言,它涉及形象在画面中所占据的位置以及由此形成的画面分割形式。同时,线条的运用、明暗的对比以及色彩的搭配等元素,在画面结构关系中的组织方式也是构图的重要组成部分。

构图是绘画作品中至关重要的表现手段之一,与画家的创作构思紧密相连。依据构图的相关要求,恰当的构图形式能够借助视觉上的强弱对比,在人们第一眼看到画作时便产生支配性的影响。它可以清晰地明确画面的中心,引导人们的视线顺序,使人们基本按照画家所构思的线索去浏览整个画面。如此一来,人们不仅能够从中获得美感体验,还能由此产生丰富的联想,进而使得画家的思想感情得以充分表达。正因如此,构图在绘画创作中占据着重要的地位。

4.1.2 构图

构图是依据题材和主题思想的具体要求,将想要表现的形象进行合理组织,让它们共同构成一个和谐且完整的画面。构图本质上是对画面形式的精心处理与安排,主要是为了解决画面中各类元素之间的内在联系以及空间关系,然后将这些元素有机地整合在同一个画面之中,使之成为一个有机的整体。

在构图的过程中,需明确两个核心目标。首先,应当对经过典型化处理的主体元素(人物或景物)进行艺术强化与突出表现,同时舍弃流于表面、缺乏深度的次要内容。其次,要通过精心设计陪衬物、审慎选择环境背景等艺术手法,使作品突破现实生活的局限,达到更高的艺术境界。这样可使作品呈现出比现实更强烈的视觉冲击力、更完美的艺术形态、更典型的艺术特征以及更理想化的审美意境,从而提升作品的艺术感染力。

模块4 构图基础

构图可以看作是一种将个人思想情感传递给他人的艺术形式,通过画面的构建,让观赏者能够领会创作者想要表达的情感与意境。

4.1.3 构图与空间

空间构图是依据设计题材以及主题思想的具体需求,对室内空间中需要呈现的各类形象、实体元素进行妥善安排与组织,从而构建出一个协调且完整的设计作品。它不仅仅是简单的元素堆砌,而是一种对空间的深度理解与艺术化表达。

研究空间构图的核心在于探索如何在室内空间这个有限的范畴内,巧妙处理各个实体之间的关系。通过合理的布局与规划,让空间中的每一个元素都能各得其所,进而突出设计的主题,增强整个室内设计作品的艺术感染力,使人们在这个空间中能深切感受到设计所传达的情感与理念。构图处理是否得当、是否具备新颖独特的创意、是否简洁明了,这些因素对于设计作品的成功与否起着决定性的作用。

在美学研究的漫长历程中,人们逐渐发现,无论是自然界的鬼斧神工,还是艺术领域的匠心独运,都蕴含着一些规律性的原理。像平衡原理,它追求空间中各个元素在视觉与心理感受上的稳定,避免出现一边倒的失衡状态;节奏原理,则如同音乐中的节拍,通过元素的有规律重复、变化,为空间增添灵动的韵律;加强原理,着重突出重点元素,使其在空间中脱颖而出,成为视觉焦点与情感凝聚点。这些原理能够很好地解释为什么某些空间与形状、线条与肌理的组合,相较于其他组合更能吸引人们的目光,显得更加有效且美观。这些原理,也为评价空间构图的成功与否提供了关键的标准和重要依据,帮助我们在设计过程中,不断审视、调整,创造出更优质的作品。

4.1.4 构图应注意的问题

画面的构成是由多个关键视觉元素共同塑造的,包括主体、陪体、前景、背景以及环境。主体是画面的核心,承载着主要的表达内容;陪体则辅助主体,丰富画面层次;前景可增强画面的空间感和纵深感;背景为主体提供衬托的环境;环境则是整个画面所处的氛围与场景。这些元素相互关联、相互影响,共同构建出一个完整的视觉画面。

构图处理的优劣很大程度上取决于画面主体的表现是否到位,以及主体与陪体之间的关系处理是否和谐得当。一幅优秀的画面应该具备均衡、安定的视觉效果,让人们在欣赏时能够感受到稳定、和谐与完整。这是因为人们在视觉感知上存在着追求均衡的心理倾向。利用这一心理因素,可以从色彩的搭配、线条的走向、形状的分布等多个方面来强调画面的表现力,从而增强画面的视觉美感,吸引观者的注意力。

为了精准地展现作品的主题思想,同时达成理想的美感效果,需要在特定的空间内对各个元素的关系和位置进行精心安排与处理。这一过程就像是一场视觉的交响乐编排,要将一个个独立的或局部的形象巧妙地组合成一个富有艺术感染力的主体。不仅如此,还要将各部分有机地结合起来,合理配置,让每一个元素都能在画面中发挥其独特的作用,最终形成一幅富有美感的画面。

在整个画面内容中,主体占据着统帅的地位,在构图形式上起着主导性的作用,它是主题思想的关键体现者。在构图时,若要突出主题,首先要审慎考虑主体在画面中的位置安排以及大小比例。合适的位置能够吸引观者的目光,恰当的大小比例则能让主体在画面中既醒目又协调。确定好主体后,再根据主体的呈现效果,进一步决定与安排其他视觉元素,比如陪体的形象大小、数量多少以及位置分布,以此来营造一个主次分明、层次丰富的画面效果。如图4-1所示,由于鲜花和背景的色彩反差较大,达到了突出主体的目的。

图4-1　突出主体

4.1.5　构图与造型

造型艺术是一种借助特定物质材料与手段,塑造静态的平面或立体视觉艺术形象,以此反映社会生活,同时传达作者思想情感与审美感受的艺术形式。在创作过程中,艺术家运用形体结构、明暗色调、线条块面、色彩空间等元素,借助各种不同的手段和材料,在平面或三维空间里塑造出具体的形体,从而展现对客观世界的认知与感悟。

作为造型艺术中极为关键的表现形式,构图涵盖了形体、色彩、线条以及它们之间的构成关系。这些要素相互交织、相互作用,共同构建起了画面的基本框架。

造型与构图是紧密相连、不可分割的统一整体。造型在构图所设定的形式规范内,充分发挥其独特的"势"与"质",进而产生强大的感染力。所谓"远观其势,近取其质",意思是从整体上看,构图要展现出一种气势,吸引观众的目光;从近处观察,造型的细节则要体现出质感,经得起推敲。

在造型手法的表现上,应追求简洁、单纯、明快的风格。这就要求设计者对形象进行高度提炼,简化不必要的细节,用简洁而精妙的构图来呈现形象,使画面既丰富、饱满,又不会显得繁杂琐碎,给人带来舒适且深刻的视觉体验。

4.2 构图的基本法则

构图形式的基本要求,是巧妙地将画中的形象进行安排,达到多样统一的效果。这意味着画面中的形象需要丰富多变,不能单调乏味,但在变化的同时,又必须保持统一和集中,避免杂乱无章。

艺术创作中的形象,并非对自然的简单复制,而是经过创作者精心加工处理后的艺术呈现。它来源于自然形象,却又在设计者的构思与创作中发生了质的变化。构图时,要格外注重在统一的基础上追求变化。变化的存在能够使画面中各元素之间的衬托和配合作用更加突出,同时也能更好地适应画面空间的各种限制。统一则是一种协调关系,它能强化画面中的调和要素,让整个画面看起来更加和谐。如果一幅画只有变化而没有统一,那么画面就会显得杂乱无序,让观众难以把握重点;反之,若只有统一而没有变化,画面也会显得呆板无趣,无法吸引观众的目光。只有将变化与统一有机融合,在变化中寻求统一,在统一中展现变化,才能创作出既生动活泼又和谐美妙的艺术作品。

在考虑形象感情的联系时,画面上各个物体之间的配置要恰到好处,并且要相互呼应,以此体现出和谐的关系。它们之间不能互不相干,更不能出现相互背离的情况。例如,在摆放一组静物时,如果画面中出现一些不相干的物体,画面则难以产生美的效果,因为它们之间缺乏内在的联系和呼应。

在进行线条布局时,要留意画面中常常出现的横线条或竖线条。若处理不当,这些线条很容易使画面呈现出呆板的感觉。为了解决这种状况,可以尝试通过改变形体的位置、角度、大小,或者采用重叠、调整疏密等方法来加以解决,使画面在保持均衡的同时又富有变化,避免了单调和乏味。如图4-2所示,将大小不一的树木以点的形式安排在画面中,画面会表现出一种带节奏的跳跃感。

图4-2 具有节奏跳跃感的画面

在造型艺术的构图中,明暗色调的呼应是一个关键因素。它是指画面中明暗色调的构成需相互关联、彼此呼应，从而给予观者一种均衡稳定的视觉感受。

在进行创作时，明暗色调方面要有一个基本的倾向，这就如同为画面奠定了一个基调。这个基调可以是明亮轻快的，也可以是深沉稳重的，它为整个画面营造出特定的氛围。在这个基调之上，对比的色块不能随意分布，而应交错变化。这种交错变化能够打破单调，为画面增添动感与活力。同时，这些对比色块还需相对集中，不能过于分散，否则会使画面失去重点，显得杂乱无章。

4.2.1 多样性

构图的各要素都具备独特的性质，当它们相互组合时，便造就了构图的多样性，带来了千差万别的视觉体验。

形状是构图中的重要的元素，不同形状能传达出截然不同的情感与氛围。例如，三角形通常具备稳定坚实的特性，这一特性使得它在构图中常被用于表现庄重、稳固的主题。像埃及金字塔以三角形的形态历经数千年风雨而不倒，给人一种坚不可摧的感觉。圆形则呈现出饱满充实的感觉，它没有尖锐的棱角，线条流畅且封闭，象征着圆满、完整，在一些艺术作品中，常被用来表达和谐、美满的意境。方形给人的感觉是缓慢与沉闷，它的四条边相互垂直，角度规整，这种规整性会让画面显得较为沉稳、静态。在描绘古老建筑或表现沉稳氛围时，方形元素的运用能起到很好的烘托作用。S形具有深远反复的感觉，它的曲线蜿蜒曲折，引导着观众的视线在画面中不断游走，仿佛带领人们走进一个深邃的空间。在描绘河流、山川等自然景观时，S形构图可以展现出大自然的连绵不绝与深邃悠远。V形具有摇晃不定的感觉，它的形状尖锐且不稳定，如同一个随时可能倾倒的物体。在表现动态、紧张或危险的场景时，V形构图能够有效地传达出这种不稳定的氛围。

线条在构图中同样有着举足轻重的作用，不同类型的线条也蕴含着独特的表现力。水平线能营造出开阔平静的感觉，当我们看到海平面与天际线相交的水平线时，内心会自然而然地感到宁静与平和，它让人联想到广阔无垠的大海、一望无垠的草原，展现出一种宁静、舒展的氛围。竖直线则给人高耸的感觉，它垂直向上，仿佛要冲破画面的束缚，直指天空，在描绘高楼大厦、参天大树时，竖直线能够凸显出它们的高大与挺拔。交叉线和放射线具有强烈的运动感，交叉线如同道路的十字路口，各种元素在交叉处汇聚、碰撞，充满了动态与活力；放射线则像太阳射出的光芒，从一个中心点向四周扩散，具有强烈的视觉冲击力，常被用于表现光芒万丈、力量爆发等场景。曲线则以柔美流畅著称，它的线条柔和，没有直线的刚硬，给人一种优雅、灵动的感觉。例如，仰拍树木形成的会聚线构图，如图4-3所示，树木的枝干向上延伸并逐渐汇聚，就像无数条竖直线向一个点靠拢，这种构图表现出了强烈的律动美，仿佛树木在不断生长、向上延伸，充满了生机与活力。

色彩也是构图中不可或缺的要素，不同的色彩能引发人们不同的情感反应。暗黑色彩往往给人沉闷阴郁的感觉，它就像乌云密布的天空，让人心情压抑，在一些表现神秘、恐怖或悲伤氛围的作品中，暗黑色彩的运用能够增强这种情感的传达。明亮色调则给人爽朗愉悦的感觉，如金黄色的阳光（图4-3）、鲜艳的花朵，这些明亮的色彩能瞬间点亮画面，让人心情愉悦，常用于表现欢快、活泼的场景。浓重色调厚实深沉，它的色彩饱和度高、明度低，给人一种厚重、扎实的感觉。暖色调使人兴奋亲切，它们能激发观众的情感，让人感到兴奋和亲切，常用于营造热烈、欢快的氛围。轻淡色调单薄清新，它的色彩淡雅、柔和，给人一种清新脱俗的感觉，轻淡色调能够展现出那种清新、柔和的美感。

图4-3　多样性构图

在构图时，画面的组成方式也带来不同的视觉感受。

封闭式构图要求画面中有明确的内容中心和结构中心，有完整的形象元素，有指向明确的动作线、外围轮廓和情节线，并用黄金分割等经典的构图法则指导构图，把画面安排得井井有条，形成坚实稳定、章法井然的结构美。

开放式构图强调画面的灵活性，力求打破传统的中庸构图方式，进一步突出重点和主题。在画面元素的安排上，注重于向画面外部的冲击力，强调画面内外的联系。开放式构图特点鲜明，打破边框界限，多以局部形象表现，结构具有外延与扩张的趋势，能够拉近画面元素与观者的距离，视觉效果具有独特个性。如图4-4所示，只将模特的小腿收纳于画面中，给观者留下丰富的想象空间。

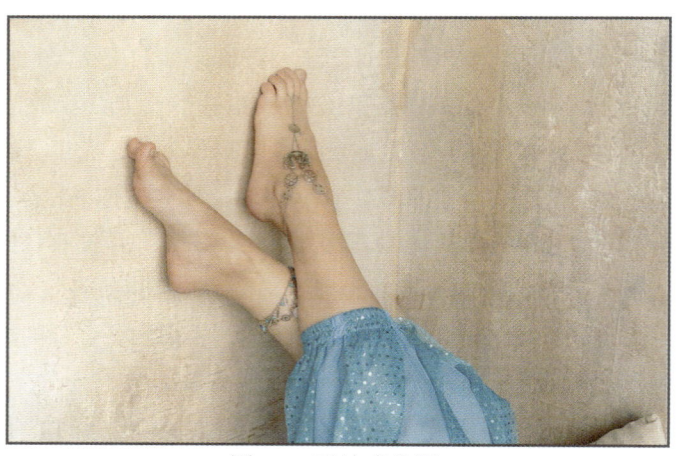

图4-4　开放式构图

满布式构图是指在整个画面中布满物体而无明显的空白。这种构图方式可以突出表现主体的众多数量，而且易使画面得到均衡稳定的效果。

4.2.2 对比

无论是哪一种艺术创作，对比几乎都是最重要的创作手法之一。利用对比进行构图是一种常用手法，它可以将注意力吸引到主体上，并使其成为画面中压倒性的绝对中心。对比与调和相对，对比是变化原理的应用，调和是统一原理的体现，从对比中求协调、求联系。常用的对比有：内容的对比、形象的对比、线的对比、色彩的对比。

任何一种差异都可以形成对比，如大小、形状、方向、质感以及内容等。通过对比的手法，使画面富有变化，具有美感，同时又突出中心内容，常用的对比有下列一些类型：线条的对比就是粗细、稀密、虚实、长短、开合等；形体的对比就是大小、多少、方圆、主次等；形象特征的对比就是善恶、动静、刚柔等；明暗的对比就是黑白灰、浓淡、节奏等；技法的对比就是枯润、厚薄、收放等；色彩的对比就是冷暖、强弱、色块大小等。

明暗对比是一种十分常见的构图方法。根据画面明暗对比的程度，可分为反差大和反差小的。明暗反差大的影像往往给人跳跃、刚强、激烈、兴奋的视觉感受，而明暗反差小的影像则容易产生恬静、温和、愉悦的感觉。在构图时，如果主体色彩较深，应选择色彩较浅的背景；如果主体色彩较浅，则应选择色彩较深的背景，通过明暗的对比以突出主体，如图4-5所示。

图4-5 应用"剪影"效果，背景天空的亮和主体昆虫的暗形成鲜明的对比

利用颜色之间的对比是形成对比最容易的方式，如黑与白、红与绿等。在构图中通过将形成对比的颜色景物安排在最恰当的位置，以形成画面的视觉重点。如图4-6所示，红色花朵以绿叶作为陪衬，花朵就会显得更加耀眼夺目。

图4-6　颜色对比构图

4.2.3　节奏和韵律

作为形式美的组成部分，节奏在艺术创作尤其是构图中扮演着举足轻重的角色。当画面形象具备条理性和重要性时，就会产生节奏。节奏并非单一的存在，它涵盖了强弱、快慢、松紧、虚实和明暗等多方面的变化，这些变化通过各种各样的方式组合在一起，进而形成了不同的韵律。每一种节奏和韵律都宛如独特的语言，各自反映出特定的情绪、气氛和意境，它们对于增强作品的艺术魅力起着重要的作用。

创作中可以借助一定的技术手段来巧妙安排画面空间。可以设计虚实的交替，让画面有若隐若现的神秘感；可以调整元素之间疏密的变化，使画面既有紧凑的聚焦点，又有舒缓的留白区域；可以让不同元素之间长短、曲直、刚柔的穿插变化，让作品自然而然地拥有节奏与韵律感。

形成节奏的手法丰富多样，其中最为简单的一种，是以相同的间隔重复出现某一对象。这种重复具有奇妙的魔力，它可以根据构思，形成直线、曲线、弧线或是斜线，如图4-7所示，画面中是一组重复排列的波浪形线条，形成优美的曲线，就像海浪的起伏，带来一种灵动且富有韵律的节奏，让人感受到一种柔和的动态美。

画面中的构成元素按照所在的位置差异，也可以形成节奏，这种节奏感比单纯重复所获得的节奏感更具多样性与欣赏性，如图4-8所示。

在画面构图中，当景物大小呈现出类似影视作品里淡入淡出般的递增或递减变化时，便能产生独特的节奏感。这种节奏感能够巧妙地抓住观众的注意力，使观众的目光不自觉地被画面吸引。通过利用构图元素间大小的渐变来营造节奏，不仅让画面富有动感，还赋予了其独特的韵律美。就像一幅风景画作，从前景中矮小的花草，逐渐过渡到中景里稍高的花草，再到远景中高大的树木，景物大小的有序递增，让人沉浸在画面营造的独特氛围之中。

图4-7 利用相同间隔构图

图4-8 按照位置差异形成节奏

4.2.4 平衡

  平衡也称为均衡，是为了使画面在变化、对比中得到统一，使其有稳定完整的感觉。平衡的形式包括对称式的平衡和非对称式的平衡。

  对称式平衡是一种经典的构图手法，其核心特征是在画面的上下左右各个方位，形象的位置分布、大小比例及数量关系都保持高度一致，形成规整的对应关系。这种手法在花边图案设计和装饰性绘画中尤为常见，因其能够营造出强烈的秩序感与稳定性，完美契合装饰艺术对和谐与规整的追求。以传统花边图案为例，图案以中轴线为基准，左右两侧的花纹在形态、大小和位置上精确对应。无论是线条的弯曲弧度，还是装饰元素的排列组合，都呈现出严格的对称性，这种高度协调的布局不仅展现了设计的精致感，更赋予了作品一种典雅、庄重的视觉美感。对称式平衡正是通过这种严谨的对应关系，实现了形式美与功能性的完美结合。

在建筑领域，我国的古建筑对均衡布局尤为讲究，北京故宫建筑群便是一个极具代表性的实例。故宫以中轴线为核心，宫殿建筑沿中轴线有序分布，左右对称，前有端门、午门，后有神武门，太和殿、中和殿、保和殿三大殿在中轴线上依次排列，东西六宫对称分布于中轴线两侧。这种对称式的布局不仅展现出皇家建筑的威严庄重，更体现了中国古代建筑对平衡、秩序美学的极致追求，彰显着深厚的文化底蕴。

然而，在一般的绘画构图中，对称式均衡却较为忌讳。因为这种简单的均衡方式极易导致画面呆板，缺乏生机与活力。过于规整的对称会使观众的视线在画面中缺乏变化和引导，难以产生视觉焦点和探索的欲望。如图4-9所示，画面中采用了对称式构图，山体、树木以及天空与水中的倒影相互呼应，形成了一种完美的对称关系。但为了避免这种绝对对称带来的呆板感，在前景处精心添加了一些绿草。这些看似随意的绿草，打破了画面的绝对对称，为画面增添了一份灵动与自然。它们的存在使画面在保持对称式平衡稳定感的同时，又有了变化和细节。

图4-9　对称式的平衡构图

非对称布局同样能够营造出均衡的视觉感受，这是因为人们对不同视觉形象有着不同的比重感知。在日常生活中，我们潜意识里会认为某些形象在视觉上更具"分量"。比如，人相较于动物，往往会给人更重的感觉，因为人在画面中通常占据更显著的位置，承载更多的关注；动物又比植物显得更重，动物的动态和独特外形容易吸引目光；动的物体比静止的物体更具视觉冲击力，飞驰的汽车比路边静止的电线杆更能抓住人们的视线；深色的物体在视觉上比淡色的更厚重，黑色的巨石会比白色的泡沫看起来沉重许多；粗线条相较于细线条，会给人更强烈的视觉印象，就像粗壮的树干比纤细的树枝更引人注目；体积大的物体比体积小的更具分量感，一座大山远比一块小石头更能吸引眼球；颜色鲜艳的物体比灰暗的更容易引起注意，红色的花朵在一片灰色背景中会格外显眼；近的东西比远的东西看起来更重。这些潜在的认知在不知不觉中影响着我们对画面的感受。

构图时即便画面上下左右的形象不同，形象的大小、数量也各异，但只要巧妙安排，从整体感觉上也能让它们的分量达到一种平衡。在绘画构图中，这种非对称布局的手法应用广泛。它既打破了对称布局可能带来的呆板，使画面充满变化，又能让观众在欣赏时感受到画面整体的统一与稳定。如图4-10所示，画面中河流两旁的树木面积并不相等，一侧树木较为繁茂，占据较大画面空间，而另一侧树木相对稀疏，面积较小。通过巧妙的构图，繁茂的树木在视觉上的"重"与稀疏树木的"轻"相互制衡，形成了一种非对称均衡的效果。这种布局不仅让画面有了变化，还让整个画面看起来更加稳定和谐，展现出独特的艺术美感。

图4-10　非对称式的平衡构图

4.2.5　构图中的线

在几何学上，点向任何方向移动所形成的轨迹就叫作线。线条既是表现物体的基本手法，也是使画面具有形式美感的主要方法。在构图时，要善于运用线条，以产生不同的画面效果，起到深化主题的作用。

垂直线给人一种具有力量的感觉，代表着生命、尊严、永恒。垂直竖线具有透视会聚的效果，可以使主体显得高大、宏伟，如图4-11所示。

图4-11　垂直线的应用

水平的直线可以使画面富有静态美，给人稳定、平静和安定的感觉，常用来展现开阔的视野和壮观的场面。如果把直线放在画面的正中间，形成对等分割，则会让人觉得生硬。

折线也是一种可以使画面呈现动感的线条，并且可以起到引导视线走向的作用。只是在效果上，折线要比斜线回转得含蓄一些。

斜线是一种有上升或下降变化的线条，不仅能使人联想到动感和活力，也能让人感觉到动荡和危险等。通常，动感效果的强烈程度与斜线有关，斜线的长度越长，动感效果越强烈。

相对于直线而言，曲线更富有自然美，其表现出来的情感也更加丰富。如果说直线具有男性刚毅的气质，那么曲线表现的则是女性的柔和、优美。

4.3 构图常见的表现形式

4.3.1 水平式构图

水平线构图具有安静、稳定、辽阔的特点，常用于表现整齐的田野、平静的水面、无边的平川和辽阔的草原等。水平线构图是最为常见的一种形式。在表现自然风光时，可以使景色显得更加浩瀚，给观者以舒适、平静的感受，如图4-12所示。

图4-12　水平式构图

在实际画面中经常会出现单一的水平线，如地平线、海平线等。此时，需要巧妙地安排水平线的位置，如果水平线的位置安排不当，会有割裂画面的感觉。另外，可以在画面中的水平线上设计主体，"破"开线条的单调感，不仅突出了主体，对画面又起到了装饰的作用。

4.3.2 垂直式构图

垂直线象征着坚强、庄严、有力。通常来说，垂直构图比水平线构图更富有变化。利用垂直线构图可以表现其高度、力度和挺拔的气势，让人感觉稳健、威严、高大，如果设置不当则会产生割裂画面的效果。当画面中出现多条垂直线时，其变化要多于水平线构图，如对称排列透视、多排透视等，都能产生意想不到的效果。在设计时要凸显主题，既要表现出景物的气势，又要使画面具有丰富感。如图4-13所示，多条垂直线构图，表现椰树高大的同时，画面也更为丰富。

图4-13　垂直式构图

4.3.3　三角形构图

三角形是所有几何图形中最牢固、最稳定的图形，将这个特点运用到构图中也可以起到较好的效果。三角形在生活中随处可见，在构图时使对象在画面中的形态近似于三角形，可以表现出一种安定、祥和、稳定的画面气氛。构图时可以由三个点构成一个三角形，也可以是线条组合而成的三角形。这种构图有正三角形和倒三角形等不同的表现形式。正三角形构图可以传递安定、均衡的画面情绪，稳重、简洁，同时具有大气感，如图4-14所示。倒三角形构图相对而言更加新颖，虽稳定感没有正三角形构图强烈，但更能表现出一种张力和压迫感，视觉冲击力更强，如图4-15所示。三角形具有一种均衡且稳定的象征，可以为画面带来更多的变化和创新。

图4-14　由建筑本身的造型形成的三角形构图

图4-15　道路两侧建筑的边缘和天空正好形成一个倒三角形

4.3.4　对角线式构图

对角线构图也称斜线构图，构图时有意把主体的线条走向安排在画面的对角线位置上，这种构图有利于表现对象的方向感和动感，增强画面的气势和视觉冲击力。对角线构图常用于桥梁、道路、建筑、水流、瀑布以及人像的创作，使画面充满生机活力，具有更强烈的纵深感。

如图4-16所示，对角线构图有力地增强了画面中大桥的立体感和空间感，使视觉冲击力更强烈。

图4-16　对角线式构图

4.3.5　曲线式构图

曲线构图是使对象在画面中呈现明显的曲线结构，最典型的就是S形构图。曲线构图使画面主体呈现弯曲状，富有变化，形式活泼，显得十分优美、舒缓，在视觉效果上比直线更具动感，能引导视线随着曲线的不断蜿蜒而转移，如图4-17所示。曲线构图适合于道路、河流、湖泊等主题。

图4-17　曲线式构图

4.3.6　黄金分割法构图

  黄金分割起源于古希腊时期。从数学角度来看，它是一种独特的线段分割方式。假设有一条线段，将其分割为两个部分，当其中一部分与整条线段的长度之比，恰好等于另一部分与这一部分的长度之比时，便构成了黄金分割。经过精密计算，这个比值的近似值为0.618。这个看似普通的数字，却蕴含着无尽的美学奥秘。

  由于依据黄金分割比例设计出来的造型，无论是在建筑、绘画领域，还是在雕塑领域，都展现出一种独特的和谐与美感，因此这个比例被人们尊称为"黄金分割"。在漫长的艺术发展历程中，无数艺术家和设计师都发现，按照黄金分割比例来安排作品中的元素，能够极大地提升作品的审美价值。

  如图4-18所示，主体被巧妙地安排在了黄金分割点的位置。当观众的目光落在画面上时，首先会被处于黄金分割点的主体所吸引，随后视线会自然地在画面其他元素之间流动，整个过程流畅而舒适。这种布局方式不仅让主体突出，也使得画面中各个元素之间的关系更加协调，给人带来一种和谐、愉悦的视觉体验。在设计领域，无论是平面设计、产品设计还是室内设计，黄金分割都被广泛应用。

图4-18　黄金分割法构图

人们经常会提到三分法。三分法又叫"井"字构图法、九宫格构图法，实际上就是黄金分割法在实际中的应用。它是把画面以"井"字划分为大小相同的9块，这样会形成4个交点。将主体放在某一个点的位置，可以形成稳定和谐、主体突出、自然亲切、美感十足的画面效果。

4.3.7 对称式构图

对称式构图是一种传统的构图方式，即在构图时安排的画面元素是上下对称或左右对称。这种构图方式给人一种整齐、庄重、平衡、稳定的感觉，可以烘托主体的恢宏气势。对称式构图有时显得缺乏活力，略显呆板，不适合表现优美的画面，但对称式构图可以烘托建筑物庄重恢宏的气势，如图4-19所示。

图4-19　对称式构图

5.1　标志发展历史

5.1.1　原始符号与图腾崇拜

1. 图腾与氏族标识

中国早期氏族社会以图腾（如龙、凤、虎、蛇等）作为部族象征，既是信仰符号，也是身份标识。例如，黄帝部落以"云"为图腾，夏朝以"龙"为象征，这些图腾可视作最早的"集体标志"，承载着凝聚族群的功能。

2. 甲骨文与青铜器纹饰

商周时期的甲骨文和金文（青铜器铭文）中，氏族徽号、家族符号常以简化图形出现。例如，商代青铜器上的"饕餮纹"不仅是装饰，更代表权力与神权，可视为早期"品牌化"的符号。

5.1.2　印章与文字符号

1. 印章的权威标识

秦汉时期，印章（玺、印）成为权力与身份的象征。皇帝玉玺刻有"受命于天，既寿永昌"，官员印章标明职位，私人印章用于文书认证。这种"官方认证"功能与现代标志的信用属性相通。

2. 店铺标识与文字招牌

汉代长安、洛阳等城市商业繁荣，店铺开始悬挂布幡或木牌，书写行业名称（如"酒""茶"等）。北宋的《清明上河图》中可见"幌子"广告，以文字为主，图形为辅，形成了早期商业标识。

5.1.3　商业繁荣与图形化发展

1. 商标雏形："白兔捣药"与工匠印记

北宋济南"刘家功夫针铺"铜版广告以"白兔捣药"图形搭配"认门前白兔儿为记"文字，兼具图形符号与防伪功能，被公认为世界最早的商标之一。

2. 行业符号与吉祥图案

明清时期，行业公会普遍使用图形标识：药铺以葫芦为记，钱庄用铜钱符号，当铺书写"当"字匾额。同时，瓷器、丝绸等外销品常印有

模块5　标志设计

"福""寿"纹样或定制款识，兼具品牌与文化输出功能。

5.1.4 近代转型与西学东渐

1. 洋货商标的本土化融合

鸦片战争后，西方商品涌入中国，商标设计常融入中国元素以迎合市场。例如，英美烟草公司"老刀牌"香烟以中式海盗形象为标志，同时本土品牌如"双妹"化妆品采用传统仕女图案。

2. 民族品牌的崛起

民国时期，上海、天津等地民族企业注重商标设计：商务印书馆以"商"字徽标结合书籍图形，南洋兄弟烟草公司以长城、华表象征民族自强。月份牌广告将传统绘画与商业标志结合，形成独特视觉风格。

5.1.5 现代化标志体系

1. 计划经济时代的符号象征

新中国成立后，国营企业标志强调集体主义与工业化，如"红旗"轿车徽标（红旗与齿轮）、"永久"自行车标志（汉字变形为自行车轮廓）等。这些设计简洁、寓意明确，服务于计划经济下的统一形象。

2. 改革开放与国际接轨

改革开放后，市场经济推动品牌意识觉醒。如，健力宝的"J"字体操人形象、联想的"Legend"英文标等，体现从模仿西方到自主创新的过渡。2000年后，华为、阿里巴巴等企业启用极简国际化标志，同时保留文化内核（如华为的花瓣标志象征开放协作）。

3. 文化复兴与国潮设计

近年来，故宫博物院、敦煌研究院等文化IP的标志设计融合传统纹样与现代美学；国货品牌如李宁、花西子将汉字书法和水墨意境融入标志，呼应"国潮"文化自信。

5.1.6 标志设计的文化基因

1. 汉字艺术

汉字艺术是以汉字为基础，通过多种形式展现其独特美感的艺术门类。首先，书法是汉字艺术的核心，通过毛笔书写，表现汉字的线条美与结构美，主要书体包括篆书、隶书、楷书、行书和草书，每种书体都有其独特的风格与韵味。篆刻则是将文字或图案刻在印章上，兼具实用性与艺术性，风格多样，既有古朴典雅，也有现代创新。现代设计领域，汉字被广泛应用于平面设计、标志设计等，设计师通过将传统汉字与现代元素结合，创造出既具文化底蕴又富有时代感的作品。在装饰艺术中，汉字常被用于建筑、家具、工艺品等物品的装饰，尤其是在传统建筑和手工艺品上，汉字不仅起到美化作用，还传递着吉祥寓意和文化内涵。此外，当代艺术家也通过装置艺术、绘画等形式，探索汉字的文化意义与视觉表现，赋予汉字新的生命力与艺术价值。汉字艺术不仅展现了形式上的美感，更承载着中华民族深厚的历史文化底蕴，成为连接传统与现代的重要桥梁。

2. 吉祥符号

中国的吉祥符号是传统文化中的重要组成部分，通常寓意幸福、长寿、财富和好运。常见的吉祥符号包括：龙（象征权力、尊贵和好运）、凤（代表美丽、和平和吉祥）、麒麟（象征仁慈、祥瑞和长寿）、龟（代表长寿和稳定）、鹤（象征长寿和健康）、蝙蝠（因"蝠"与"福"谐音，象征幸福和好运）、鱼（特别是金鱼和鲤鱼，象征财富和年年有余）、莲花（代表纯洁和高雅）、牡丹（象征富贵和繁荣）以及如意（象征愿望成真和顺利）。这些符号广泛应用于艺术、建筑、服饰和节日装饰中，传递着人们对美好生活的向往和祝福。

3. 哲学寓意

"天人合一""方圆之道"等思想影响标志设计的构图，强调平衡与象征性。

中国标志的发展史，本质是符号从"神权—皇权—商业—文化"的功能演变史。其独特之处在于，即便在全球化浪潮下，仍以传统文化为根基，通过视觉符号传递文明连续性。未来，随着数字技术与中国美学体系的深化，标志设计或将进一步成为讲好"中国故事"的载体。

5.2 标志的类别

5.2.1 标志的类别和表现形式

标志可以根据其用途和功能分为商业性标志、非商业性标志和公共系统标志三类。

1. 商业性标志

商业性标志也称为商标，是企业在商业活动中用于标识自身产品或服务的视觉符号，旨在有别于竞争对手。注册商标享有法律保护，帮助企业维护品牌权益。商业性标志不仅代表企业的产品或服务，还承载着企业的文化、理念和价值观，向消费者传递品牌价值。其应用场景如下。

企业宣传资料：如企业宣传册、名片、网站等，商业性标志作为企业的形象代表，出现在这些资料中。图5-1为小米官网界面。

图5-1　小米官网界面

产品包装：商品包装上的标志是消费者识别品牌的重要途径之一。

线上平台：在企业的官方网站、社交媒体账号等线上平台上，商业性标志也是必不可少的元素，有助于建立和维护企业的品牌形象。

2．非商业性标志

非商业性标志主要用于标识非盈利组织、政府机构、学校和文化活动等特定组织或活动的身份。这些标志通常蕴含丰富的文化内涵和象征意义，能够传达组织或活动的理念和宗旨，有助于塑造良好形象，提升公众知名度和美誉度。其应用场景有以下几种。

活动宣传：在各类文化、公益、教育等活动中，非商业性标志作为活动标识，帮助公众识别和记忆活动信息。

社交媒体：非商业性组织在社交媒体上发布信息时，会使用其标志作为身份标识，增强信息的可信度和传播力，如图5-2所示。

图5-2　公益宣传界面

志愿者活动：在志愿者活动中，非商业性标志作为志愿者身份的象征，传递出无私奉献和积极向上的精神风貌。

3．公共系统标志

公共系统标志主要用于公共场所，为公众提供指示、警示或信息服务，以确保公共秩

模块5　标志设计

序和安全。这类标志通常采用标准化设计，具有高度的易识别性，能够在短时间内向公众传达明确的信息。其应用场景如下。

道路交通：道路交通指示标志、交通警示标志等，用于指导交通参与者的行为，确保道路交通的安全和顺畅。

公共设施：医院、机场、火车站等公共场所的指示标志和警示标志，为公众提供便利的导航和安全提醒。

安全防护：消防栓、灭火器、应急避难场所等安全设施的标志，提醒公众注意安全防护并采取相应的应急措施，如图5-3所示。

图5-3　应急指示标志

5.2.2　标志的表现形式

标志的表现形式多种多样，根据不同的设计理念和需求，可以划分为多个类别。以下是几种常见的标志表现形式。

1. 具象表现形式

具象表现的标志是遵循于客观图形元素存在的一种形式，它通过具体的图形元素直观地表达品牌形象或理念。具体包括以下几种形式。

人物造型图形元素：运用人物或其部分（如头像、手势等）展现品牌亲和力与情感联系。例如，老干妈、十三香、李先生的标志等，如图5-4所示。

图5-4　人物造型

动物造型图形元素：借助动物形象象征力量、速度、智慧等特质，增强品牌识别度和吸引力。例如，京东、天猫、始祖鸟的标志等，如图5-5所示。

植物造型图形元素：利用花卉、树木等植物元素传达自然、健康、环保理念，提升品牌形象。例如，茶叶品牌、城市绿化或环保机构标志等。

器物造型图形元素：展示传统或现代器物，凸显产品特点、功能或品牌历史文化。例如，各类博物馆、银行或酒类品牌的标志等，如图5-6所示。

图5-5　动物造型 　　　　图5-6　器物造型

自然造型图形元素：运用自然景观或自然现象元素，传达自然和谐之感，促进环保理念传播。例如，环保/公益组织的标志、旅游品牌或户外运动品牌的标志等。

2. 抽象表现形式

抽象表现形式则是以完全抽象的几何图形元素表达标志的含义，具有抽象含义和象征意味。具体形式包括以下几点。

几何图形：使用圆形、方形、三角形等基本几何形状或它们的组合，通过形状本身或其排列方式传达抽象概念。例如，工商银行、美菱电器的标志等，如图5-7所示。

线条艺术：利用线条的粗细、长短、曲直等变化，创造出富有动感和表现力的图形。例如，耐克、可口可乐、奔驰的标志等。

符号化图形：将复杂信息简化为具有高度识别性的图形符号，快速传达品牌核心理念。例如，中国联通、国家电网的标志等，如图5-8所示。

图5-7　几何图形　　　　　图5-8　符号化图形

色块组合：通过不同颜色、形状和大小的色块搭配，创造视觉冲击力和层次感，强化品牌形象。例如，华为、微软、Google的标志等，如图5-9所示。

负空间：利用图形周围的空白区域，创造视觉平衡和独特构图，增强标志的简洁感和深度。例如，FedEx的标志。

象征性图形：通过隐喻和联想，将抽象概念具象化为图形，传达品牌的精神内涵和价值观。例如，中国铁路、中国石油、中国红十字会的标志等，如图5-10所示。

图5-9　符号化图形　　　　　图5-10　象征性图形

3. 文字表现形式

文字表现形式是直接利用品牌名称或简称的字体设计呈现品牌的名称。它具有易读、易记的特点，能够在短时间内让受众了解品牌名称。根据使用的文字类型，可以进一步细分为以下几类。

纯文本：这是最直接的一种形式，纯文本标志直接使用品牌的完整名称作为视觉标识。它能够清晰无误地传达品牌信息，便于消费者记忆与识别。例如，小红书、OPPO的标志等，如图5-11所示。

首字母缩写标志：该类标志既保留了品牌的核心识别元素，又简化了视觉表达，使标志更加简洁明了。首字母缩写标志在国际化品牌中尤为常见，因为它们能够跨越语言障碍，实现全球范围内的统一识别。例如，大疆、比亚迪的标志等，如图5-12所示。

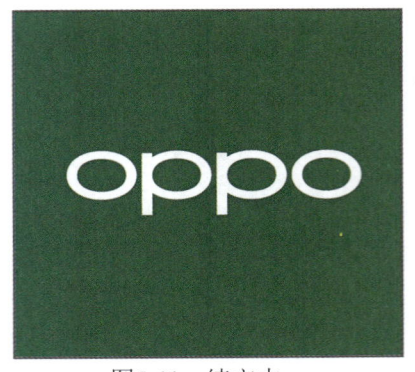

图5-11 纯文本　　　　　　　　　　　　图5-12 首字母缩写

手写体标志：手写体标志采用手写风格的字体设计，赋予品牌以亲切、温暖或个性化的形象。手写体标志往往具有独特的韵味和情感色彩，能够拉近品牌与消费者之间的距离。例如，红旗、网易的标志等，如图5-13所示。

图5-13 手写体

除了上述主要形式外，标志设计还可以采用图文结合、徽章式、动态等多种形式。这些形式各有特点，适用于不同的品牌定位和设计需求。

5.3 标志的组成元素

标志即标志，一般都具有抽象的、象征性的表达效果，不需要过于复杂的组合。标志最好的表达方式就是简单，简单即意味着美。

1. 标志设计的组成元素

标志设计的基本组成元素包括图形、数字、字母、人物和其他器物等。

（1）图形

点、线、面、体可帮助人们有效地刻画错综复杂的世界。常用的图形有圆形、矩形、三角形、十字形、心形、点形、线形、旋转形和方向形等。图形标记如图5-14所示。

（2）数字

通过对数字的变形和重组，进而展现出需要表达的内容，以简明扼要的内容向人们展现标志的意义等，起到简单说明的作用。数字构成的标志如图5-15所示。

图5-14　图形标志　　　　　图5-15　数字构成的标志

（3）字母

字母设计在标志设计中很常见，具有普遍性，它能对品牌起到很好的强调作用，加深人们对品牌名称的记忆，同时体现出商业品味。字母设计以简单而直观的方式达到对品牌宣传的目的，利用不同字母的不同视觉特点展现个性，给人简约、时尚、凝练的视觉印象。字母组成的标志如图5-16所示。

图5-16　字母组成的标志

（4）人物

标志中的人物形象包括男性、女性和卡通人物。男性的外在往往显得高大强健，符合人们审美上对"强者"的定义。带有女性特点的标志往往显得娇媚、柔美、阳光、温婉，给人舒适的印象。卡通人物往往是对人物或动物的夸张或写实的绘制，可以加深人们的印象。另外，人体的一部分也经常出现在标志中，如手、脚、眼睛等。包含男性形象的标志如图5-17所示。

（5）其他类型的标志

标志中还经常出现动物、植物、建筑、自然景观和人类制造的器物。这些元素的出现，可以直接表示主题，或者反映主题个性。鸟类常被运用于航空企业的商标设计之中。建筑类标志具有庄重深沉的意味，能够给人稳固坚实的印象，让人产生信赖感。包含建筑的标志如图5-18所示。

5-17　包含男性形象的标志　　　　　图5-18　包含建筑的标志图

2. 标志元素构成的设计手法

构成标志的各元素要遵循一定的表现手法，主要分为五种形式。

（1）秩序化手法

根据均衡、均齐、对称、放射、旋转、放大或缩小、平行或上下移动、错位等手法，有秩序、有规律、有韵律地构成图形，给人以规整感。秩序化手法标志如图5-19所示。

均衡式　　　　　对称式　　　　　放射式　　　　　旋转式

图5-19　秩序化手法标志

（2）对比手法

色与色的对比，如黑白灰、红黄蓝等；形与形的对比，如大与小、粗与细、方与圆、曲与直、横与竖等。这种手法给人以鲜明的感觉。对比手法标志如图5-20所示。

色与色对比　　　　形与形对比

图5-20　对比手法标志

（3）点、线、面手法

可全用大、中、小点构成，达到阴阳调配变化；也可全用线条构成，达到粗细、方圆、曲直的错落变化；也可纯粹用块面构成；也可用点、线、面组合交织构成，给人以个性和丰富之感。点、线、面手法标志如图5-21所示。

图5-21　点、线、面手法标志

（4）矛盾空间手法

将图形位置上下、左右、正反颠倒或错位后构成特殊空间，可以给人以新颖感。矛盾空间手法标志如图5-22所示。

图5-22　矛盾空间手法标志

（5）共用形手法

两个图形合并在一起时，其边缘线是共用的，仿佛你中有我、我中有你，从而组成一个完整的图形，如太极图的阴阳边缘线共用，这种手法的标志给人奇异感。共用形手法标志如图5-23所示。

图5-23　共用形手法标志

以上五种标志仅为常见表现手法，设计中还需不断发现和创造新的手法。如果有了好的构思，好的表现形式和手法，却忽略了整体的美感，也是不完美的。一个成功的标志，既要有独创性，又要有强烈的艺术美感。

5.4　标志的设计原则

标志设计时遵循一些基本原则，可以取得突出且富有创意的效果，主要包括以下几个原则。

（1）图形化原则。人类进行视觉识别时，对图形的识别敏锐度要强于对文字的识别敏锐度，因此，大部分成功的标志设计都是以图形为主的，即使有些是由文字组成的，也要进行某种图形化的处理，使之具有图形化的特点，才具有可辨识度。图形化的识别速度要远远高于对文字内容的识别，因为后者需要大脑进行一系列的处理才能最终理解，而对图形则基本上是一种感性识别，这两种差异是非常显著的。

（2）单纯化原则。标志设计不应具有歧义，不能使人产生误解。设计时并非所包含的含义"越多越好"，过多的内容会使它所表达的核心内涵模糊。

(3)个性化原则。个性化是标志具有可识别性的一个重要的指标。标志设计如果失去了个性，就失去了存在的意义。那些千人一面、似曾相识的设计，在大脑皮层上基本留不下任何印象。

(4)定位原则。标志设计的定位源于品牌定位，标志设计一定要符合品牌定位。只有恰当地体现了品牌理念及形象的标志才是好的标志。

(5)原创性原则。缺乏原创性的标志，容易和其他标志混淆，不具备良好的标识性。如果抄袭了其他标志，还将引起法律纠纷。

(6)易用原则。如果标志在其他方面都很出色，但在使用时却难以制作或者制作成本很高，则会使品牌的发展受到一定影响。

(7)抽象性原则。从某种意义上说，抽象的图形因其不确定性而具有更宽广的想象空间。如果过于具象，则极大地限制了观众的想象，而无法丰富品牌的内涵。

(8)美感原则。一个设计得好看的标志，容易使人产生好感，进而让人对所代言的品牌产生好感；反之，一个缺乏美感的标志容易使人产生厌恶感。

(9)稳定性原则。设计应该避免过于"时髦"的设计。因为越是"时髦"，其生命周期也越短。一个耐用且不过时的标志，会对品牌的稳定发展起到良好的推动作用。

(10)可延展原则。 具有较强的可延展性标志，可以在品牌发展的各个阶段均具有良好的适用性。

5.5 标志的设计流程

标志的设计流程通常包括多个步骤，以确保最终的标志能够有效传达品牌的核心价值和个性。以下是常见的标志设计流程。

(1)了解客户需求：与客户深入沟通，了解其企业或品牌背景、定位、行业特点以及对标志的期望和要求。

(2)创意构思：根据客户需求进行创意构思，挖掘设计元素，形成初步的设计方案。这一阶段需要运用抽象形象、象征性图案等元素进行创意设计。

(3)画面设计：在创意构思的基础上进行详细的画面设计，包括标志的文字、图形、色彩、字体等方面的设计。这一阶段需要注重设计的细节和整体效果的协调。

(4)修改完善：根据客户反馈对标志进行修改和完善，直至客户满意为止。在修改过程中，需要与客户保持密切沟通，确保设计方案符合其要求和期望。

(5)打印输出：确定标志设计完成后，将其打印出来并应用于企业的各种宣传材料中。同时，也需要准备好标志的电子文件，以便在不同媒介和场合下使用。

5.6 标志在UI设计中的运用

标志设计是一项独立且需要独特构思的设计活动,在设计过程中应遵循其自身的规律和设计原则,力求在方寸之间传达出多维的设计理念。成功的标志设计在构思时通常可以归纳为以下几个关键因素。

(1)视觉冲击力:标志应具备强烈的视觉表现力,能够形成视觉冲击和"团块"效应,迅速吸引观者的注意力。

(2)美感与寓意:标志的造型应优美且符合审美规律,同时蕴含深刻的寓意,使人在视觉享受的同时感受到设计的深意。

(3)独特性:标志设计应具有独一无二的创意,避免雷同,确保其举世无双,能够在众多设计中脱颖而出。

(4)象征性:标志应简洁明了地传达象征意义,避免牵强附会,确保其寓意自然流畅,易于理解和记忆。

较之其他艺术形式,标志应该更具集中表达主题的功能。造型因素和表现方法单纯,但一定要使标志的图案像闪电般强烈、诗句般凝练和信号灯般醒目。

标志作为一种凝聚企业形象和产品特性的图形符号,要求设计者必须要有极强的设计灵感和规范的表现形式。在组合方面,标志要有自己独特的组合规范和形式,既要突出组合形式,又要突出标志本身所特有的艺术语言和规律。标志的组合形式大致有以下几种。

1. 图形组合

用具体对象的视觉图形作为标志的主体要素,该图形一般是商品品牌或活动主题的形象化。它最大的特色是力求图形简洁、概括能力强,有较强视觉冲击力的装饰风格。图形组合标志如图5-24所示。

图5-24 图形组合标志

2. 汉字组合

以汉字作为标志设计的主体已有悠久的历史。汉字的组合需要选择适当的字体与字形,书法艺术中的楷、草、隶、篆和美术字中的各类字体都可作为标志设计的素材。汉字组合标志要遵循易识、易记的原则,并使这种特殊形式的表现更加丰富多彩、千变万化,视觉效果要强烈。汉字组合标志如图5-25所示。

图5-25　汉字组合标志

3. 汉字与图形组合

此类形式的组合有图文并茂的艺术效果。有的以图形为主，将汉字变化成特定的图形进行装饰；有的以文字为主，辅以适当的图形进行装饰。设计这种标志组合时，应注意整体风格的协调统一、自然天成，切忌生拼硬凑，以免造成视觉形象模糊。汉字与图形组合标志如图5-26所示。

图5-26　汉字与图形组合标志

4. 外文与图形组合

外文与图形的组合要注意字母与图形的完整性和统一性，结构要严谨，图形特点要鲜明、集中，视觉性要强烈。外文与图形组合标志如图5-27所示。

图5-27　外文与图形组合标志

5. 汉字与外文字母组合

中西合璧形式的标志组合有机地体现了东、西方的审美情趣与情调。注重汉字与外文字的协调统一，汉字的笔画可巧妙地用外文字取代，也可以将表音与表意相结合，组成新的单字或字组。另外，还可用外文字母包容汉字，把汉字嵌入图形中，构成完整且紧凑的标志图形。这类组合在造型上有较大的差异，设计时要避免由于"硬性搭配"而破坏图形的视觉效果。汉字与外文字母组合标志如图5-28所示。

图5-28　汉字与外文字母组合标志

6. 数字组合

数字组合可分为汉字数字与阿拉伯数字组合，前者类似于汉字组合，阿拉伯数字则因其本身的形式美和可塑性，常常作为标志设计的素材。它多为独立使用，有时也与其他图形相结合，成为一种形象鲜明的综合形象标志。汉字数字与阿拉伯数字组合如图5-29所示。

图5-29　汉字数字与阿拉伯数字组合

7. 抽象图形组合

抽象图形组合是利用几何图形组成标志的，它能体现出一定的严谨性和律动感，能够拓展出更为广阔的联想空间。抽象组合标志用相对抽象的符号来表达事物的本质特征，有的表义较为含蓄，有的则含糊不明，但都具有特定的象征意义。抽象图形组合标志如图5-30所示。

图5-30　抽象图形组合标志

5.7 标志设计注意事项

在设计标志时,需要注意多个方面以确保标志的有效性和吸引力。

(1)简洁性:标志应该简洁明了,避免过多的细节和复杂的图形。简单的标志更易于记忆和识别,能够集中表现品牌的核心特征或识别元素,使观众一眼就能理解其意义。

(2)可识别性:确保标志在视觉上与众不同,避免与其他品牌标志相似,以减少混淆。无论大小或颜色如何变化,标志都应保持清晰可辨。

(3)适应性:标志需要在不同的尺寸和媒介上都能有效展示,包括印刷品、数字屏幕、社交媒体等。要考虑标志在不同色彩背景下的表现,确保单色或反色版本也具有良好的可读性。

(4)时间性:设计应具有前瞻性,考虑品牌未来的发展方向和市场需求,确保标志不会迅速过时。虽然追求持久性,但也应考虑到未来可能需要进行的小幅调整或更新。

(5)文化敏感性:如果品牌具有国际性,标志应避免使用可能引起文化误解或负面联想的元素。确保标志尊重所有文化和受众,避免使用具有冒犯性的符号或图像。

(6)色彩选择:了解不同色彩在心理学中的含义,选择能够传达品牌特性和情感的色彩。确保标志中的色彩对比度足够高,以便在各种背景下都能清晰可见。

(7)字体选择:选择易于阅读的字体,避免过于花哨或难以辨认的字体。如果标志中包含文字,确保字体与品牌的其他视觉元素保持一致。

(8)反馈与测试:在设计过程中不断收集客户的反馈,并根据需要进行调整。在最终确定之前,让目标受众对标志进行测试,以了解他们的反应和偏好。

(9)法律合规性:确保标志不侵犯任何现有的版权或商标权。了解并遵守所在行业的规范和标准。

6.1 版式入门

6.1.1 版式设计的概念

版式设计是指设计人员依据设计主题和视觉需求，在预先设定的有限版面内进行设计，运用造型要素和形式原则，根据特定主题与内容的要求，对文字、图片（图形）及色彩等视觉传达信息要素进行有组织、有目的的组合排列。

6.1.2 版式设计的流程

版式设计的主要流程：首先，在收集原创设计所需信息后，对这些信息进行分析和比较，进入项目的草拟大纲阶段。其次，对设计方案和概念进行发展和完善，形成初步设计草图。再次，对设计草图进行细化和调整，生成初步设计方案。最后，通过比较提炼出最优方案，并将其应用到版面上，直至完成成品并付印。

（1）拟定设计大纲

设计师在项目初期必须设定目标，以满足客户需求，并从客户的角度进行设计。这要求设计师了解客户对设计的想法和建议，这些信息能为设计师提供宝贵的参考，帮助找到最有效和恰当的设计解决方案。无论最初的设计大纲多么复杂，设计师都应力求以简洁和生动的方式表达出来。

（2）绘制设计草图

设计师需要具体了解大纲中提出的要求，并广泛研究市场、媒体以及其他可能影响设计的因素。设计师应对版面各元素的大小和比例有清晰的理解，才能开始创意构思并绘制初步设计草图。

（3）形成初步方案

设计师可以先画出按比例缩小的图形作为草稿，在各个设计区域内尝试放置主体元素，尝试不同的字体，选择不同的颜色，然后逐步添加其他设计元素。这样便能在草稿上形成设计构思的基本方案。

（4）提炼优选方案

设计师需整合各种编排方法和方案，提炼出最优方案。通常，客户和设计师会比较多个方案，从而选出最有效、最有趣和最实用的设计。通过这种方式，设计师能够确保最终的设计既符合客户的期望，又具备实际应用价值。

6.2 版式构成元素

6.2.1 点

点在造型要素中是最基本的形态，也是最小的单位。一个较小的形态可以称为点，一条线的起始或终结处也是点，两条或多条线的交叉处同样可以称为点。点在形象设计中不是孤立存在的，它必然依附在某个形体上，其形状不固定，可以是任意的形象。例如，在一套形象设计中，服装上的蝴蝶结、特殊的装饰扣、头发或帽子都可以视为点。

点的性质由空间环境决定。点在空间环境中只占据极小的面积，具有张力作用和紧张性，在空间衬托下，点很容易吸引并聚集视线，如图6-1所示。

图6-1　视线吸引和聚集

在版面设计中，一组文字、一个标志或几个符号的位置、数量、大小及排列方式不同，给人的感觉也不同。这主要表现在以下几个方面。

（1）平等配置

大、小均等的点以等距排列，效果平稳均衡，但容易显得单调，缺乏变化。

（2）不均等配置

大小不同、距离不等的分配方式排列，设计效果有强弱对比，配置效果活泼且富于变化。

（3）强调配置

一个点在整体形象中常常起到强调的作用。同样的点，由于位置不同，强调的效果也不同。例如，头饰作为点，配置在人体上部，不仅装饰头部或脸部，还能通过强调整体形象上部的一"点"，达到某种整体效果。

设计师在构思时首先要确定用点的目的，再决定点的位置，以全局中的强调配置起到画龙点睛的作用。

点的设计表现通常需要色彩配合，因此点的位置、大小与色彩配置至关重要。点的面积相对较小，设计时需注重位置安排。在整体构图中，恰当地安排点的位置，才能真正发挥出点的魅力。

点位于中心会产生平静感；点向上移动会有提升感；点向斜侧移动则会产生动感和活力。一个点可以使人们的视点更为集中，两个或多个点能显示方向，引导视线。两点暗示无形的线，三点形成节奏感和流动感。

点在一定的面中具有静态感觉，而规律排列时会产生节奏旋律感，比线条更柔和自然。不规则排列的点则更具生动活泼的感觉。

点的性格会随排列方式改变，当点聚集成直线时，只起到直线效果；当点密集成片时，效果即成为面。可见，点在设计中有广阔的表现空间。理解点的原理和作用，并在版式设计中熟练运用，可以对版面中的文字、符号或小图形进行合理组合，使版面形象更突出、醒目。

6.2.2 线

线与点有着截然不同的形态，具有长度、位置和方向感，相比点更具情感和性格特征。线主要分为直线和曲线两种基本类型，不同类型的线具有不同的性格，这些性格在心理上引发的感觉也各不相同。总体来说，直线表示静止，具有男性化的特质；曲线表示动感，具有女性化的特质；折线表示不安定，常用于表达紧张或不稳定的情感。从生理和心理角度来看，直线通常给人一种稳定、坚定的感觉，而曲线则带来柔和、流动的感觉。

线条的魅力在于其能够显著影响设计的整体效果，不仅改变形象的风格，还直接影响到形象的美感。在形象设计中，线条的作用尤为重要。平淡的形象可以通过线条来增添风采；体型有缺陷的人可以利用线条的变化来掩饰不足，优化视觉效果。

各种不同的线具有不同的性格特点。

- 垂直线：富有生命力、力度感和伸展感。
- 水平线：带来稳定感和平静感，但有时显得呆板。
- 斜线：具有强烈的运动感和方向感，能够引导视觉流动。
- 折线：方向变化丰富，容易形成空间感，适合表现复杂或多变的设计需求。
- 曲线：随意且丰富柔软，具有女性化的特质，适用于柔和、优雅的设计。
- 细线：精致、挺拔且锐利，适合用于细节处理和强调。
- 粗线：壮实、敦厚，适合用于突出重点或增加设计的厚重感。

线在版面构成中除了在心理上起作用外，还有一些其他的重要功能。

- 形状构成：封闭后的线条可以构成各种不同的形状。
- 引导和指示作用：在版面设计中，常用线条来引导读者的视线，帮助他们更好地理解和阅读内容。
- 分割作用：当内容较多时，常使用线条进行分割，使版面更加有条理，便于阅读。

线条的种类包括垂直线、水平线、斜线、曲线以及各种线条的组合。理解和掌握不同类型的线条及其特性，可以帮助设计师更好地利用它们来增强设计的表现力，提升整体视觉效果。

1. 垂直线

垂直线具有引导人们视觉上下滑动的特性，能够产生向上或向下拉长的效果。当两根垂直线靠近时，它们比单独一根线更具力量感。然而，在一个面上设置相互接近的多根垂直线时，线条数量的增加会减弱每根线条本身的特性。当垂直线条数量增多时，它们原本引导视觉上下滑动的特性会逐渐丧失；相反，这些密集排列的线条会诱导视觉向左右移动。最终，这种布局会产生一种宽阔的感觉，而不是单纯的上下延伸。

虽然少量的垂直线可以有效地引导视线并增强高度感，但过多的垂直线聚集在一起反而会使视觉效果变得复杂，导致设计失去原有的方向感和力度感。

2. 水平线

水平线具有诱导人们视觉向两侧滑动的特性。与垂直线相似，如果在同一面上增加平行线的数量，其性格和效果也会随之改变。当等间隔的水平线数量增加时，它们会逐渐引导人们的视觉向上或下方移动，最终丧失原有的横向引导特性。如果横条纹的粗细和间隔大小应用得当，可以产生苗条的效果。因此，"胖人穿竖条纹服装，瘦人穿横条纹服装"的说法并不完全准确，具体情况应视设计而定。

斜线与垂直线和水平线不同，它具有流动和活跃的感觉。在形象设计中应用斜线，能够为平板的效果增添活力。斜线可以构成各种角度，不同的角度会产生不同的效果。斜线越接近垂直线，越显得高挑；反之，斜线越接近水平线，越显得宽阔。斜线的长度对装饰效果也有重要影响，适当的长度能增强设计的动感和张力。

3. 曲线

曲线的种类繁多，可以形成圆形、半圆形、弧线、波形线、螺旋线等多种形态。在形象设计中，曲线被广泛应用，因为它具有温和、女性化、优美、温暖和富有立体感等特性。

曲线的恰当应用能够为设计增添动感和活力，使整体效果更加柔和与优雅。如果使用不当，曲线可能会显得不安定，缺乏稳定感，从而影响整体设计的协调性。

不同的曲线具有不同的特性，圆形和半圆形通常传达完整性和包容性，适合用于营造和谐、稳定的视觉效果；弧线能带来流畅和连续的感觉，常用于增强设计的柔美特质；波形线具有动态和节奏感，适用于需要表现活力和变化的设计场景；螺旋线则传递出一种旋转和扩展的感觉，适合用于强调深度和层次感的设计。

6.2.3 面

凡不具备"点"或"线"特征的形象，均可称为面。面具有长和宽两度空间，但没有厚度，也称为"形"，是设计中的重要构成元素。与点和线相比，面在视觉上更具冲击力和实体感，能够传达出更强烈的情感与个性特征。例如，竖直的面往往给人以崇高、雄伟之感；

宽阔的面则呈现出开阔、宽敞的品格；纵长的面蕴含着深远与神秘的意味；不规则的面则可能带来诡异或动态的视觉效果。

在版式设计中，面的表现形式比线更加丰富多样，主要以图形和图片为主。面可以通过几何形状、有机形态或抽象图案等多种方式呈现，其应用形态也极为广泛。例如，面可以作为背景色块来划分版面空间，也可以通过图片的剪裁与组合来增强视觉层次感。此外，面的虚实对比、大小变化以及色彩搭配，都能为版面设计增添独特的艺术表现力。

1. 面的分类与表现

（1）几何形

几何形也称无机形，是数学的构成方式，指由直线或曲线结合形成的面，如正方形、三角形、梯形等。其特点是具有数理性的简洁、冷静和秩序感，常用于表现现代感和科技感的设计中。

（2）有机形

有机形具有生命韵律，富有自然法则的形态，如树叶、水滴等。其特点是充满生命力和淳朴的视觉特征，常用于表现自然、生态或柔和的主题。

（3）偶然形

偶然形是自然或人为偶然形成的形态，其结果难以预料，无法被控制。例如，墨迹、泼溅效果等，具有独特的随机性和艺术感。

（4）不规则形

不规则形是指人为创造的自由构成形态，可随意运用各种自由线徒手构成。其特点是具有很强的造型特征和鲜明的个性，常用于表现创意和个性化的设计。

2. 面的多样性与层次感

在各种形态中，面是最富于变化的视觉要素，具有丰富空间层次、烘托和深化主题的作用。在版面设计中，面的表现形式比线更丰富、更多样，包容了各种色彩、图形、文字、肌理等方面的变化。因此，面在视觉强度上要比点、线更强烈。但是，面并非单纯的形体，其多样性决定了它可以是点的面化、线的面化等多种形式构成的面。

面的虚实也会产生层次的美感。面积大的面给人扩张感，面积小的面则给人向心感。实的面可以称为积极的面，如大色块、图片、各种视觉符号等；版面的背景、空白的面可以称为消极的面。这种虚实对比不仅能够产生视觉上的层次美感，还能营造心理上的体量感，从而增强版面的表现力和感染力。通过巧妙运用面的虚实、大小和形态变化，设计师能够创造出更具深度和吸引力的版面效果，如图6-2所示。

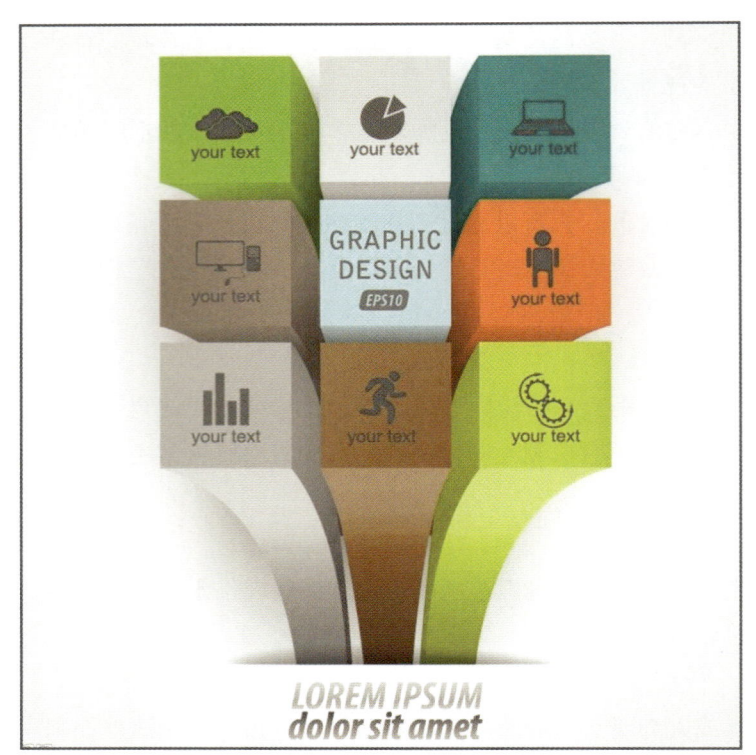

图6-2 画面虚实应用效果

6.3 版式设计原则

思想性与单一性、艺术性与装饰性、趣味性与独创性、整体性与协调性,是版面构成的基本原则。

1. 思想性与单一性

版面设计本身并不是目的,而是一种更好地传播客户信息的手段。设计师如果过于陶醉于个人风格以及与主题不相符的字体和图形中,往往会导致设计平庸甚至失败。一个成功的版面构成,首先要明确客户的目的,并深入去了解、观察和研究与设计相关的各个方面。简要的咨询是设计良好的开端。

版面设计离不开内容,更要体现内容的主题思想,以增强读者的注意力和理解力。只有做到主题鲜明突出、一目了然,才能达到版面构成的最终目标,如图6-3所示。主题鲜明突出是设计思想的最佳体现。

平面艺术只能在有限的篇幅内与读者接触,因此要求版面表现必须单纯、简洁。过去填鸭式、含意复杂的版面形式早已不受欢迎。实际上,强调单纯和简洁,并不是单调和简单,而是信息的浓缩处理和内容的精炼表达,这是基于新颖独特的艺术构思之上的。因此,版面的单纯化既包括诉求内容的规划与提炼,也涉及版面形式的构成技巧。

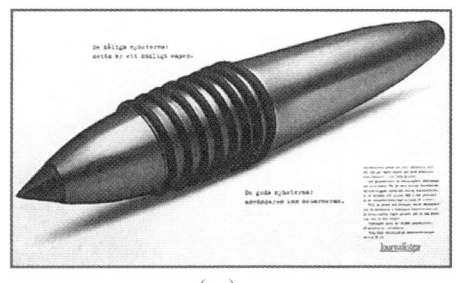

（a）

（b）　　　　　　　　　　（c）

（a）以产品本身作诉求重点，充斥整个版面，显得突出醒目；

（b）将图片处理成前明后暗的效果，加强主体形象的注视率；

（c）版面构成简洁、主体诉求单一，使观众瞬间过目不忘，达到了产品宣传的最佳境界。

图6-3　思想性与单一性

2. 艺术性与装饰性

为了使版面设计更好地服务于内容，寻求合乎情理的视觉语言显得尤为重要，这是达到最佳信息传达的关键，也是体现艺术性的关键。构思立意是设计的第一步，也是设计过程中最重要的思维活动。主题明确后，版面布局和表现形式成为版面设计艺术的核心，这是一个需要精心创作的过程。

设计师必须具备深厚的文化涵养和敏锐的审美能力，才能通过独特的构思和创新的设计手法，使作品具有新意；通过合理的排版和美学原则，提升设计的视觉效果；在变化中保持整体的和谐统一，增强设计的艺术性和可读性。因此，版面构成的艺术性是对设计师思想境界、艺术修养和技术知识的全面检验。

版面的装饰性是通过文字、图形、色彩等元素的点、线、面组合与排列来实现，并采用夸张、比喻、象征等手法来增强视觉效果，如图6-4所示。这些装饰不仅美化了版面，还提升了信息传达的功能。不同类型的版面信息应当运用不同的装饰形式，设计师应根据具体需求灵活运用。通过装饰手段排除其他干扰，突出关键信息，使读者更容易聚焦于重要内容。装饰不仅提升了版面的视觉效果，还能让读者从中获得美的享受。

（a）
（b）
（c）

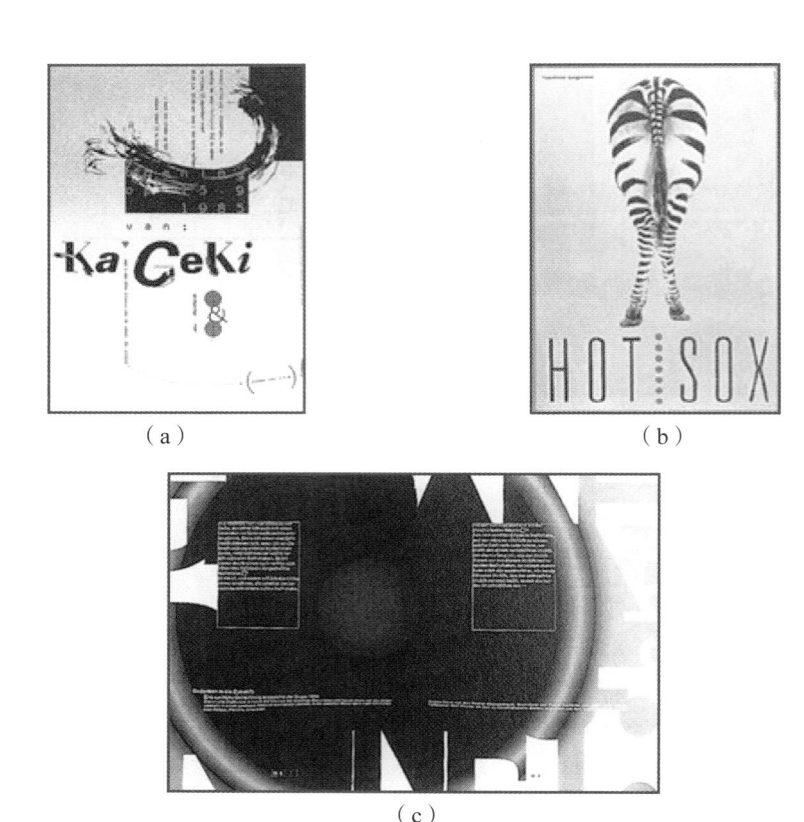

（a）版面中富有艺术趣味的构成，具有浓烈的设计意识；

（b）取斑马背部富有特征的纹理，来增强版面的装饰味；

（c）产品与文字的完美结合，显示其独特的装饰魅力。

图6-4　艺术性与装饰性

3. 趣味性与独创性

　　版面构成中的趣味性，主要体现在形式美的情境营造上。它是一种生动活泼的视觉语言表达方式，能够为版面注入活力与吸引力。当版面内容本身缺乏足够的亮点时，趣味性的设计便成为关键，这需要借助艺术手法来增强版面的感染力。通过趣味性的设计，版面不仅能够更高效地传递信息，还能起到画龙点睛的作用，从而更吸引人、打动人，如图6-5所示。趣味性可以通过寓言、幽默、抒情等多种表现手法来实现。通过巧妙的图形组合、色彩搭配或文字编排，营造出轻松愉悦的阅读氛围，让读者在获取信息的同时感受到视觉的愉悦。

　　独创性是突出个性化特征的核心，是版面设计的灵魂所在。鲜明的个性能够使版面在众多同类设计中脱颖而出，给人留下深刻印象。试想，如果版面设计千篇一律、缺乏新意，又怎能让人印象深刻？更不能在激烈的竞争中占据一席之地。因此，设计师应勇于突破常规，敢于创新，在版面构成中注入更多个性元素，减少雷同，突出独创性。无论是通过独特的排版方式、新颖的视觉元素，还是别具一格的色彩运用，都能为版面增添独特的魅力，从而赢得受众的青睐。只有在设计中不断追求个性与创新，才能创造出真正打动人心的作品。

图6-5　趣味性与独创性

4. 整体性与协调性

版面构成是传递信息的桥梁，其完美的表现形式必须与主题思想内容相契合，这种整体性是版面设计的根基。如果只注重表现形式而忽略内容，或者只追求内容而缺乏艺术表现，版面都难以达到理想的效果。只有将形式与内容合理地统一起来，强化整体布局，才能使版面构成具备独特的社会和艺术价值，从而解决"说什么、对谁说、怎么说"的设计核心问题。

协调性原则强调版面中各编排要素在结构和色彩上的关联性。通过对文字、图片等元素的整体组合与协调编排，版面能够呈现出秩序美与条理美，进而获得更佳的视觉效果。协调性不仅提升了版面的美感，还使读者在阅读过程中感受到流畅与舒适，从而更好地理解并接受版面所传递的信息。

只有在整体性与协调性的双重作用下，版面设计才能真正实现形式与内容的完美统一，达到艺术性与功能性的平衡，如图6-6所示。

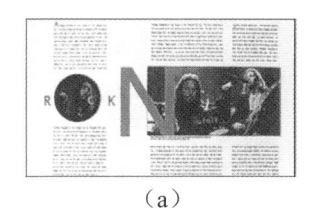

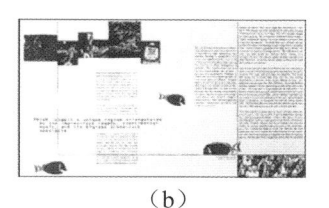

（a）　　　　　　　　（b）

图6-6　整体性与协调性

（c）

（d）

（e）

（a）（b）版面图片的秩序化构成，具有一种韵律的节奏感；

（c）主体与文字的穿插，既产生前后的空间层次变化，而又不失为一个整体；

（d）文字沿着视觉流程很顺利地流畅下来，形成不可分割的整体；

（e）版面图形运用同一因素不同形状，具有理性色彩，从而达到版面的整体感与协调感。

图6-6　整体性与协调性（续）

6.4　版式字体设计

6.4.1　字体设计基础

　　文字的发展历史悠久，在人类文化生活中扮演着信息识别与交流的重要角色。它不仅是传递信息的工具，也是一种视觉形象，能够传达丰富的情感。在视觉设计领域，无论是环境艺术设计、家居设计、工业设计、服装设计、包装设计还是展示设计，文字都与之密切相关，成为设计中不可或缺的元素。

字体设计是依据图形设计规律对文字进行精心安排，或通过装饰手法美化文字的一种艺术形式。它基于特定的视觉传达需求和审美目标，对文字的形、意、音等要素进行系统分析，进而创造出独特的文字形态。通过字体设计，文字不仅能够更高效地传递信息，还能赋予设计作品独特的视觉魅力和艺术价值。

1. 字体设计的基本要求

字体设计作为视觉传达的重要表现手段之一，既是商业文化的信息载体，也是时代精神的体现。它不仅追求形式上的美感，更注重使每个字体形态富有个性、清晰简练、易于识别，并能准确表达词句的内涵与象征意义。

为了达到信息传达与视觉审美的双重目标，字体设计需满足以下基本要求。

（1）规范可读

文字的可读性是字体设计的基本要求之一。每种文字都有其规范的字形结构和特征，若设计导致文字难以识别，便失去了其存在的意义。字体设计应在追求美观与个性的同时，始终以可读性为核心，确保文字能够清晰、高效地传递信息。

过粗或过细的笔画都会影响识别性。过粗的文字容易让人视觉疲劳，识别速度变慢；过细的文字则可能显得模糊不清。因此，适当的笔画粗细是设计中不可忽视的关键因素。笔画过于密集或过于稀疏都会导致文字难以辨认。合理的黑白分布和适当的间距不仅能提升阅读的舒适性，还能增强文字的易读性。在设计具有明显个性特征的文字时，需确保其识别性不受影响。过度追求独特性可能使文字偏离其本质，变成难以辨认的图案，从而破坏文字的功能性。

（2）独特新颖、内涵丰富

内涵是设计的灵魂，字体的内涵即通过设计传达的语义与主题信息。创意新颖、内涵丰富的文字设计能够使主题更加明确，同时赋予作品鲜明的个性风格。设计师需根据主题需求，突出文字的个性色彩，创造出与众不同、寓意深远且独具特色的字体，给人耳目一新的视觉感受。

在设计特定字体时，需从字形特征与组合编排入手，不断探索与调整，反复推敲细节。只有通过精心打磨，才能创造出富有个性的文字，使其外部形态与设计格调既能准确传递信息，又能唤起观者的审美愉悦感。这种兼具功能性与艺术性的设计，才能真正实现字体设计的价值与意义。

（3）造型美观

在视觉传达中，文字作为重要的形象要素之一，不仅承担着传递信息的功能，还能传达情感。因此，文字必须具备视觉上的美感，能够给人以美的享受。无论笔形和字形如何变化，其最终目标都是使文字美观，给人以审美愉悦感，并通过合理而巧妙的设计变化，给人留下深刻的印象。

字体设计应以文字的可读性为前提，确保信息传达的机能，同时注重自身的节奏、韵律与美感。通过恰当表现文字的内涵与意向，提炼个性化特征，最终实现创新设计的最高目标。字体设计既要体现时代的风貌，又要适应人们的审美需求，从而在功能性与艺术性之间达到平衡，创造出既实用又富有感染力的作品。

2. 字体类型

中文字体设计种类繁多，大致可分为基本字体和创意字体两大类。基本字体常用的有楷体、宋体、仿宋、黑体等，它们在结构与规律上基本一致，主要区别在于笔形。基本字体是字体设计的基础，掌握规律是设计的关键。创意字体是基于基本字体变化而来，通过对字形、笔画的创新设计，赋予文字独特的风格与个性。掌握基本字体后，创意字体的设计便水到渠成。

（1）书法字体的分类

在中国文化中，书法是一门重要的艺术形式。中国书法从字体类型上主要分为篆、隶、楷、草、行5类，如图6-7所示。篆书古朴典雅，具有浓厚的历史感。隶书端庄稳重，笔画方正有力。楷书规范工整，易于识别，是日常书写的基础。草书自由奔放，富有动感与艺术性。行书介于楷书与草书之间，兼具规范性与流畅性。书法不仅反映自然之象，还体现结构之美，与中国文化紧密相连。

图6-7 篆、隶、楷、草、行书

（2）字体类型的选择

字体的选择直接影响设计作品的最终效果，因此选择合适的字体至关重要。每种字体都有其独特的性格与特点，宋体端庄典雅，适合正式场合；黑体简洁有力，常用于标题设计；楷体传统优雅，适合文化类设计。根据主题需求合理运用造型合适的字体，能够为设计作品锦上添花，增强视觉表现力与感染力。

3. 字体大小和笔画粗细的选择

在进行字体设计时，准确把握字体大小和笔画粗细的选择，能够更有效地表达设计理念，提升作品的视觉效果。

在同一幅作品中，字体大小和笔画粗细的差异直接影响视觉冲击力。例如，在版面设计中，标题字体通常最大、最突出、最醒目，可选择笔画较粗的字体，以增强视觉冲击力，吸引观者的注意力。副标题字体大小介于标题与正文之间，起到承上启下的作用。正文字体需适当减小字号，笔画粗细应根据文字量和版面大小进行调整，以确保阅读的舒适性与易读性。

通过合理运用字体大小与笔画粗细的对比，可以使画面更加生动、活跃，增强版面的层次感与视觉吸引力。标题与正文的字体大小差异能够明确信息的主次关系，引导观者的阅读顺序。粗笔画字体用于标题或重点信息，细笔画字体用于正文或次要信息，能够突出重点，提升版面的节奏感。

6.4.2 文字排版法则

1. 理解

在进行文字的编排之前，首先要理解文字的内容。理解是整个编排过程中最为基础且关键的一步。通过深入阅读和分析文本，设计师能够更好地把握文章的核心思想、主题以及各个部分的重要性。明确设计的目标和受众，了解文本的主要信息和情感表达。识别文本的结构，包括标题、副标题、正文、引言、结论等部分。找出需要突出的关键信息或段落，以便在后续的设计中加以强调。

2. 分类

分类是指将我们理解的文字段落分成几个层级，并为其分配相应的占用空间和大致的视觉位置。这一过程有助于建立清晰的层次结构，使读者更容易理解和消化信息。从层级划分上，要区别主标题、副标题、正文、引用和注释、图例和图表说明等。从空间分配上，要处理好标题区域、正文区域、边距和留白。从视觉位置关系方面，要处理对齐方式、图文结合。

3. 粗排

经历了理解与分类的过程后，设计师心中应该已经有了一个初步的构想。粗排的过程就是将这些构想视觉化，形成一个基本的编排风格。这个过程仍然是一个创作的过程，是对前面提出的编排构想进行实践和检验的过程，主要是检验各个文本元素占用空间的情况是否合理。

粗排的工作主要包括以下几个方面的内容。

（1）内文分栏

如果内文篇幅过长，应该考虑将其分栏。可以将整个篇幅平均分成几个相同容量的段块。也可以根据文本内容的结构，以自然段为基础进行分栏，即每一段分为一栏。这种方式能产生灵活自由、错落有致的视觉风格，但只适合于自然段明显均衡、段落数量不多且各段之间文本容积相差不大的情况。分栏时需注意栏宽的确定。一般来说，15~25个字的栏宽视觉效果较为舒适，超长或超短都会影响阅读体验。

（2）字体设置

字体设置直接影响设计的可读性和美观性。需要根据主题内容，确定字体的性格与气质，以匹配设计的主题和情感表达。通常选择两到三种字体进行搭配，确保整体风格统一且不显杂乱。另外，选择合适的字体类型，衬线字体适合长篇文字，无衬线字体适合标题和短文。

（3）字号大小

在粗排过程中，每个层级的文本字号应基本确定，这对于画册、书籍装帧设计尤为重要，因为这类多页设计需要统一的文字视觉风格。字号大小的确定要考虑层级对比关系，明确不同层级之间的对比关系，确保层级之间的轻重关系清晰；也要考虑版面整体比例，使文字既突出又不过于突兀，弱化但依然可见。

最重要的考虑因素是成品视觉效果，确保实现良好的可读性。例如，报纸广告中的内文通常只需8～10号字，但在海报招贴上则需要24号字以上才能看清楚；在形象画册上，6～8号字已经足够，10号字可能会显得偏大。

（4）字距和行距的再设计

字距和行距的设计是很多设计师容易忽略的部分，因此需要特别强调。称之为"再设计"而非"调整"，是因为字距和行距的变化如同中国书法作品的布局，复杂多变，不同的设定会产生完全不同的视觉风格。

（5）对齐

在版式设计中，对齐是一个至关重要的原则，它直接影响到设计的可读性、美观性和整体协调性。通过对齐，可以使页面上的元素有序排列，增强视觉层次感和专业性。

（6）留白

在版式设计中，留白（负空间）是提升设计美感和可读性的关键元素。适当的留白不仅能减少视觉疲劳，还能引导读者的视线，突出重要内容。通过设置合理的页面边距、段落间距和行距，可以使文本更加清晰易读。元素间的留白则避免了页面的杂乱，增强了整体协调性。外围留空为内容提供了缓冲，提升了阅读的舒适度。留白不仅仅是空白，它是设计中的呼吸空间，赋予作品更多的层次感和优雅感，使信息传达更为高效。

4. 精确细排

精修细排是指在完成初步布局和粗排之后，对各个细节进行细致调整和优化的过程。通过微调对齐、字距和行距等细节，可以显著提升设计的可读性和美观性。精确的对齐使文本和图像整齐有序，避免视觉上的混乱，适当的字距和行距则保证了文字的流畅阅读，减少读者的视觉疲劳。此外，合理调整段落间距和首行缩进，有助于区分不同内容，增强层次感。这些细致的调整不仅提升了设计的专业性，还能更好地传达信息。

5. 校对

校对工作是确保设计成果专业性的重要环节。校对需从多维度核查：首先确认文字符合要求，不得出现违反法律法规的内容，检查错别字、标点规范、段落衔接及语法逻辑，确保信息传达准确；其次核对排版细节，如字体字号、行距字距、对齐方式、层级关系是否统一，避免视觉割裂；同时需验证图文配合的精准度，确认图片位置、裁剪比例、图注对应无误，色彩模式与分辨率符合输出要求。

针对版面设计特性，还需关注视觉动线是否流畅、留白比例是否合理、装饰元素是否干扰阅读。通过多次校对，最终力求实现内容零误差与视觉表现力的双重保障，使设计作品兼具专业性与艺术性。

6.5 版式设计的分割布局类型

6.5.1 版面的分割类型

1. 骨骼型

骨骼型是一种规范、理性的分割方法。常见的骨骼有竖向通栏、双栏、三栏、四栏和横向通栏、双栏、三栏和四栏等。一般以竖向分栏为多。在图片和文字的编排上则严格按照骨骼比例进行编排配置，给人以严谨、和谐、理性的美。骨骼经过相互混合后的版式，既理性、条理，又活泼而具弹性，如图6-8所示。

图6-8　骨骼型

2. 满版型

版面以图像充满整版，主要以图像为诉求，视觉传达直观而强烈。文字的配置压置在上下、左右或中部的图像上。满版型给人大方、舒展的感觉，是商品广告常用的形式，如图6-9所示。

图6-9　满版型

3. 上下分割型

将整个版面分为上下两个部分，在上半部或下半部配置图片，另一部分则配置文案。配置有图片的部分感性而有活力，文案部分则理性而静止。上下部分配置的图片可以是一幅或多幅，如图6-10所示。

图6-10 上下分割型

4. 左右分割型

将整个版面分割为左右两个部分，分别在左或右配置文案。当左右两个部分形成强弱对比时，则造成视觉心理的不平衡。这仅仅是视觉习惯上的问题，也自然不如上下分割的视觉自然。倘若将分割线虚化处理，或用文字进行左右重复或穿插，左右图文则会变得自然和谐，如图6-11所示。

图6-11 左右分割型

5. 中轴型

将图形进行水平或垂直方向排列，文案以上下或左右配置。水平排列的版面给人稳定、安静、和平与含蓄之感；垂直排列的版面给人强烈的动感，如图6-12所示。

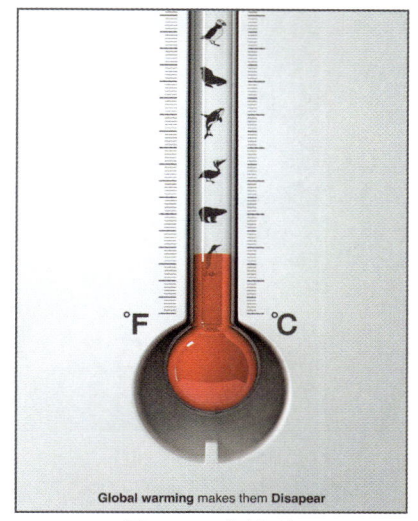

图6-12　中轴型

6. 曲线型

图片或文字在版面结构上进行曲线的编排构成，产生节奏和韵律，如图6-13所示。

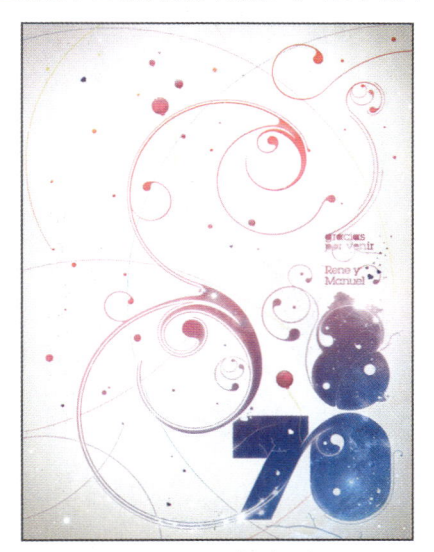

图6-13　曲线型

7. 倾斜型

版面主体形象或多幅图采用倾斜编排，营造版面强烈的动感和不稳定感，从而引人注意，如图6-14所示。

图6-14　倾斜型

8. 对称型

对称的版式给人稳定、庄重、理性的感觉。对称有绝对对称和相对对称。一般多采用相对对称，以避免过于严谨，如图6-15所示。

图6-15　对称型

9. 中心型

中心型有三种概念。第一种是直接以独立而轮廓分明的形象占据版面中心。第二种是向心，视觉元素向版面中心聚拢的运动。第三种是离心，犹如将石子投入水中，产生一圈圈向外扩散的弧线运动。中心型版式产生视觉焦点，强烈而突出，如图6-16所示。

图6-16 中心型

10. 三角型

在圆形、四方形、三角形等基本形态中，正三角形（金字塔形）是最具安全稳定因素的形态，而圆形和倒三角形则给人以动感和不稳定感，如图6-17所示。

图6-17 三角型

11. 并置型

将相同或不同的图片进行大小相同而位置不同的重复排列。并置型的版面有比较、说解的表达意图，给予原本复杂喧嚣的版面以次序、安静、调和与节奏感，如图6-18所示。

图6-18　并置型

12. 自由型

自由型结构是无规律的、随意的编排构成，给人活泼、轻松之感，如图6-19所示。

图6-19　自由型

13. 四角型

四角型是在版面四角以及连接四角的对角线结构上编排的图形。这种结构的版面，给人严谨和规范的感觉，如图6-20所示。

图6-20　四角型

6.5.2　版面设计的运用

版面设计又称为版式设计，是平面设计中的一大分支。它主要运用造型要素及形式原理，对版面内的文字字体、图像图形、线条、表格、色块等要素按照一定的要求进行编排，并以视觉方式艺术地表达出来。通过对这些要素的编排，使人直观地感受到要传递的信息。

版面设计并非只用于书刊的排版当中，网页、广告、海报等涉及平面及影像的众多领域都会用到版面设计。好的版面设计可以更好地传达作者想要传达的信息，或者加强信息传达的效果，并能增强可读性，使经过版面设计的内容更加醒目、美观。版面设计是艺术构思与编排技术相结合的工作，是艺术与技术的统一体。

在版式设计中，通过创意进行设计的图片可以改变整个版面给人留下的印象。画面可以根据想要表现的主题有目的地进行创意制作，从而表现出宣传主题，并具有强烈的针对性。

图6-21将不同风格的两张图片拼合而成，极具创意，给人以新奇的印象。文字部分丰富了画面，并令人印象深刻。这种创意十足的版面设计具有极强的视觉吸引力，同时使版面具有高度的灵活性。

图6-21　图片拼合创意应用

图6-22突出主题，形成了强烈的视觉效应，增强了版面的个性化及可识别性，具有很强的传播力。产品与叶子营造出舒适温和的氛围，强烈的视觉效果突出了画面的个性。通过树叶来吸引人们的视线，引导人们关注画面中心的产品部分，并使人的视线在产品上长久停留。干净统一的画面，更容易让人注意到产品，大面积运用绿色又会给人以轻松舒适的印象。

图6-22　强调主题，形成强烈的视觉效应

7.1　认识移动UI设计

在数字化时代，UI（用户界面）设计成为连接用户与数字产品的重要桥梁。移动UI设计，作为UI设计的一个重要分支，更是随着智能手机的普及而迅速发展。

7.1.1　什么是移动UI设计

移动UI设计是指在移动设备上进行的用户界面设计。这些设备包括但不限于智能手机、平板电脑等便携式智能终端。下面这些是移动UI设计的主要组成部分。

（1）布局设计

移动设备的屏幕尺寸和分辨率各异，因此布局设计至关重要。设计师需要确保界面元素在不同设备上都能清晰、有序地展示，同时保持良好的可读性和操作便捷性。

（2）图形元素

图形元素包括图标、按钮、图片等，这些元素不仅具有装饰作用，还能引导用户进行交互。图7-1和图7-2所示分别为移动UI界面中的图标和图片元素。设计师需要精心挑选和设计这些元素，确保它们与整体视觉风格保持一致，并符合用户的认知习惯。

图7-1　图标元素

图7-2　图片元素

模块7　移动UI设计

（3）色彩和视觉风格

色彩搭配和视觉风格对于界面的吸引力至关重要。设计师需要运用色彩心理学原理，选择适合目标用户群体的色彩方案，并创造具有辨识度和吸引力的视觉风格。

（4）交互设计

设计师需要确保用户能够轻松、流畅地完成各种操作，如点击、滑动、缩放等。图7-3和图7-4所示分别为原图和滑动交互前后的效果。同时，还需要考虑用户反馈机制，如动画效果、声音提示等，以增强用户的沉浸感和满意度。

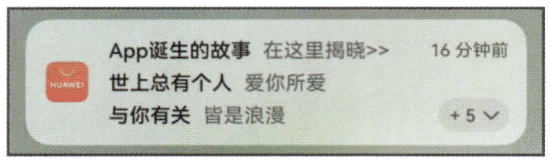

图7-3　原图

图7-4　滑动交互后的效果

（5）可访问性

移动UI设计需要考虑不同用户的需求，包括视力、听力等障碍用户。设计师需要采用无障碍设计原则，确保界面元素易于识别和操作，为所有用户提供平等的使用机会。

（6）响应式设计

随着移动设备的普及和多样化，响应式设计成为移动UI设计的重要趋势。设计师需要确保界面能够自适应不同屏幕尺寸和分辨率，同时保持一致的视觉和交互体验。

7.1.2　移动UI设计和UI设计的区别

UI设计全称为用户界面设计（User Interface Design），是指对软件的人机交互、操作逻辑、界面美观的整体设计。图7-5所示为PC端小米官方界面。

图7-5　PC端小米官方界面

UI设计是一个综合性过程，它融合了多个关键要素，这些要素相互交织，共同塑造了用户界面的整体体验。以下是UI设计中不可或缺的要素。

布局：合理组织信息和功能，使用户能够轻松找到所需内容，从而提升用户的浏览效率和满意度。

图形元素：按钮、图标、图片等视觉元素的设计至关重要。它们需兼具美观与易识别性，确保用户能快速理解界面功能，提升体验的直观与便捷。

色彩和字体：选择合适的色彩和字体，能够显著增强界面的视觉吸引力，同时准确传达品牌形象和风格，营造独特的视觉氛围。

交互设计：定义用户与界面之间的互动方式，包括点击、滑动、拖拽等操作。良好的设计应流畅自然，即时反馈，使用户能够轻松上手并享受使用过程。

可访问性：确保界面对所有用户友好，包括有特殊需求的用户。通过考虑无障碍设计，使界面更加包容和易用，提升整体的用户满意度和忠诚度。

移动UI设计在继承UI设计基本原则的基础上，更加注重界面在移动设备上的适配性、操作便捷性以及用户体验的优化，其区别如表7-1所示。

表7-1 UI设计与移动UI设计的区别

区别项	UI设计	移动UI设计
设备类型	通常针对桌面应用和网站，使用较大屏幕	专注于智能手机、平板电脑等便携式设备，屏幕较小
交互方式	主要通过鼠标和键盘进行交互，支持复杂的操作和快捷键	依赖触摸手势（如点击、滑动、捏合等），操作简单直观
布局设计	可以利用更多空间，布局相对复杂，支持多窗口和并排显示	需在有限空间内有效组织信息，通常采用简洁的垂直布局
响应性和适应性	设计相对固定，主要关注不同分辨率的适配	需自适应不同屏幕尺寸和方向（横屏/竖屏），设计更灵活
用户环境	用户通常在相对稳定的环境中使用，注意力集中	用户可能在移动中使用，环境多变，注意力分散
功能优先级	可以展示更多功能和信息，设计较为复杂	需优先考虑核心功能和关键信息，避免界面复杂
视觉设计	允许使用更复杂的视觉元素和细致的设计	使用更大的按钮和简洁的图标，适应小屏幕操作

7.1.3 移动UI设计的特点

移动UI设计不仅关乎界面的美观与实用性，更直接影响到用户的使用体验和满意度。其特点主要体现在以下几个方面。

1. 高便捷性

移动设备因其小巧轻便，成为用户随身携带的理想选择。这种高便携性使得用户能够在任何时间和地点轻松访问并使用各种应用程序。因此，移动UI设计需要充分考虑用户在不同场景下的使用需求，确保应用界面简洁明了、易于操作，以便用户在各种环境中都能快速上手并享受流畅的使用体验。

2. 应用轻便

移动应用程序安装包通常体积小、启动速度快，能满足用户对高效便捷的追求。轻量级的应用不仅减少了用户的下载时间，还降低了设备的存储压力。移动UI设计可通过精简界面元素、优化资源加载等方式，进一步提升应用的轻便性，使用户迅速访问所需功能，提升使用效率。

3. 交互丰富

移动UI设计充分利用触摸屏技术，支持多种手势操作和触摸反馈，使用户与应用程序的互动更加直观和丰富。设计师需深入理解用户的习惯和期望，通过合理的布局、动画效果和音效反馈等手段创造引人入胜的交互体验。同时，考虑不同用户的偏好和能力，提供多种交互方式。

4. 响应式设计

移动设备市场的多样性和用户需求的个性化要求移动UI设计具备良好的响应性。界面需自适应不同的屏幕尺寸、分辨率和方向，确保在各种设备上呈现一致且优质的显示效果。响应式设计不仅关乎界面的美观性，更关乎用户体验的连贯性和一致性，可以通过灵活布局、自适应字体大小和图片缩放等技术手段实现。

7.1.4 移动UI设计的原则

移动UI设计的原则是确保移动应用程序的用户界面既美观又实用，能提供良好的用户体验。以下是一些关键的移动UI设计原则。

（1）简洁性：界面精简，去除不必要的元素和功能，专注于核心内容。采用简洁明了的布局和直观易懂的符号，确保用户能够迅速上手并轻松使用。

（2）一致性：保持界面元素的一致性有助于用户熟悉UI并减少适应成本。采用相同的颜色、风格和排版规则，并保持统一的交互模式。图7-6所示为风格统一的美团金刚区图标。

（3）可点击性：确保可点击元素的大小和空隙适当，避免用户误触或难以点击。按钮和链接应显眼且易于点击。

（4）可读性：选用清晰的字体和适当的字号，避免文本内容过多导致阅读困难。同时，确保图标和符号清晰易懂，便于用户快速理解其含义。

（5）反馈和指导：提供及时的反馈和指导，以指导用户在应用程序中的操作和导航。通过弹出消息、动画效果等方式传达操作的状态和结果。图7-7所示为操作弹出的反馈信息。

模块7 移动UI设计

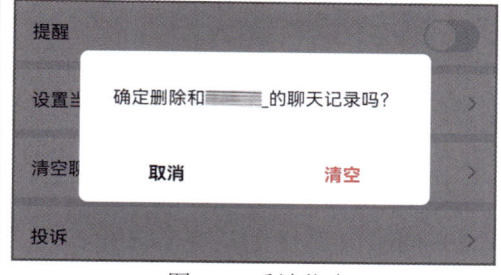

图7-6 一致性图标　　　　图7-7 反馈信息

（6）轻量级：减少页面和图形的复杂度，使用简单的动画效果等，以提高应用程序的性能和响应速度。

（7）可访问性：关注无障碍设计，为用户提供可调节的字体大小、辅助功能等，确保所有用户都能轻松使用应用程序。图7-8和图7-9所示为微信的长辈关怀模式开启前后的效果。

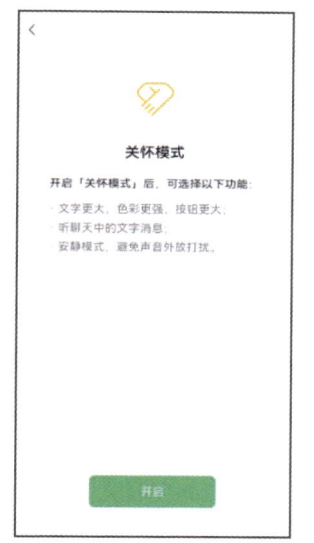

图7-8　"长辈关怀模式"开启界面　　　图7-9　开启"长辈关怀模式"

7.2 移动UI设计流程

移动UI设计流程是一个从用户需求出发，经过多次迭代和优化，最终交付并实施设计方案的过程。图7-10所示为移动UI设计流程示意图。

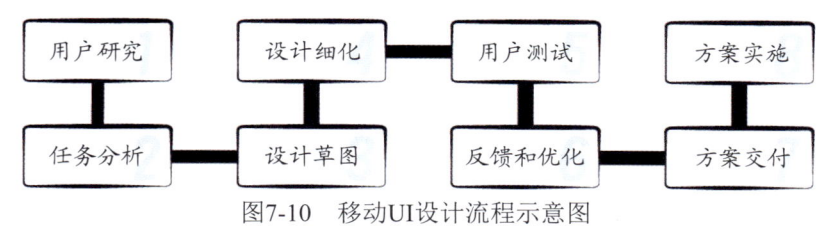

图7-10 移动UI设计流程示意图

7.2.1 用户研究

用户研究是移动UI设计流程的第一步，目的是深入了解目标用户的需求、偏好和行为。用户研究的方法包括市场调研、用户访谈、问卷调查、竞品分析等，以收集关于用户的信息。具体方法解析如下所述。

1. 市场调研

市场调研涉及对行业趋势、用户需求和竞争环境的全面分析。其主要包括行业分析、目标用户群体、市场规模与潜力。

（1）行业分析：研究当前市场的整体趋势、发展方向和潜在机会，了解行业内的新技术和用户行为的变化。

（2）目标用户群体：识别并细分目标用户群体，了解他们的特征、需求和痛点。

（3）市场规模与潜力：评估市场规模，分析潜在用户的数量和购买力，为设计决策提供依据。

2. 用户访谈

用户访谈是一种定性研究方法，通过与目标用户进行一对一的深入交流，获取更深入的见解。其主要包括开放式问题、情境模拟和深度挖掘。

（1）开放式问题：设计开放式问题，鼓励用户分享他们的使用体验、需求和期望。

（2）情境模拟：通过情境模拟，了解用户在特定场景下的行为和决策过程。

（3）深度挖掘：关注用户的情感和动机，深入挖掘他们的真实需求和潜在问题。

3. 问卷调查

问卷调查是一种定量研究方法，通过结构化的问卷收集大量用户数据。其主要包括问卷设计、样本选择和数据分析。

（1）问卷设计：设计简洁明了的问题，涵盖用户的基本信息、使用习惯、偏好和满意度等。

（2）样本选择：选择具有代表性的样本群体，确保调查结果能够反映目标用户的整体特征。

（3）数据分析：对收集的数据进行统计分析，识别用户需求的趋势和模式，为设计提供量化依据。

4. 竞品分析

竞品分析是对市场上同类产品进行评估，以识别其优缺点和用户反馈。其主要包括功能比较、用户评价和市场定位。

（1）功能比较：分析竞品的核心功能、用户界面和交互设计，了解其优劣势。

（2）用户评价：研究用户对竞品的评价和反馈，识别用户满意和不满意的方面。

（3）市场定位：了解竞品的市场定位和目标用户群体，为产品的设计和市场策略提供参考。

通过用户研究，设计师可以建立用户画像，明确设计方向，确保设计满足用户的真实需求。

7.2.2 任务分析

任务分析是在用户研究的基础上，对用户在移动设备上的操作流程进行分解和细化。其主要包括确定主要任务、识别次要任务、确定任务优先级和逻辑关系。

（1）确定主要任务：识别用户在使用移动设备时的核心任务，这些任务通常是用户实现目标的关键步骤。

（2）识别次要任务：分析与主要任务相关的辅助性任务，这些任务虽然重要，但相较于主要任务优先级较低。

（3）任务优先级：根据用户的需求和使用场景，为各项任务设定优先级，以便在设计中聚焦于最重要的功能。

（4）逻辑关系：明确任务之间的逻辑关系，了解用户在完成任务时的顺序和依赖性。

通过任务分析，设计师可以明确用户在使用移动设备时可能遇到的困难和障碍，为后续设计提供有针对性的解决方案。

7.2.3 设计草图

设计草图是设计师将任务分析的结果转化为初步视觉形式的过程。在这一阶段，设计师会快速捕捉和记录设计想法，形成初步的设计构思和布局。手绘草图和数字草图等形式都可以被采用，关键在于快速、自由地表达设计创意。以下是绘制草图的关键步骤。

（1）确定设计目标：明确设计的目的和期望达成的效果，包括界面的功能需求、用户体验目标、品牌调性以及与整体产品战略的契合度。设计目标应具体、可测量，并能指导后续的设计决策。

（2）收集参考资料：收集与设计相关的参考资料，包括竞品分析、行业最佳案例、用户反馈和趋势研究。这些资料不仅能激发创意，还能帮助设计师了解市场需求和用户期望，为草图提供灵感和依据。

（3）手绘草图：使用纸和笔进行手绘，快速记录初步的设计想法和布局，图7-11所示为手绘草图。这一阶段注重创意表达，设计师可以自由地探索不同的设计构思和布局方案，注重创意表达和构思的多样性，而不必过于关注细节和完美度。

（4）数字草图：在手绘草图的基础上，设计师可以利用设计软件创建数字草图，图7-12所示为电子草图。数字草图便于调整和修改设计，同时也方便与团队成员进行共享和讨论。

（5）反馈和调整：在草图完成后，设计师应与团队成员和利益相关者分享草图，收集和反馈信息并进行必要的调整。这一过程有助于确保设计方向的正确性和有效性。

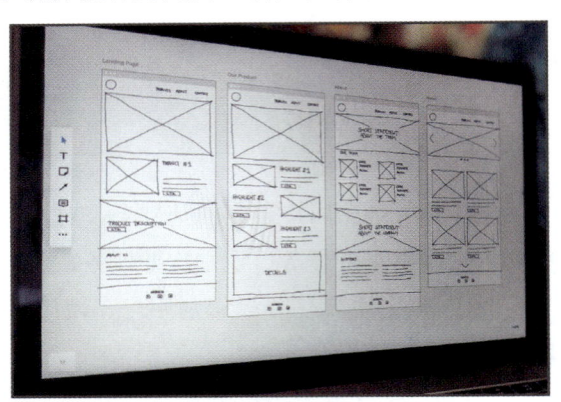

图7-11　手绘草图

图7-12　电子草图

7.2.4　设计细化

设计细化是在设计草图的基础上进行的进一步工作。在这一阶段，设计师会对界面元素、交互逻辑、视觉效果等方面进行详细的优化和完善。以下是设计细化的几个关键步骤。

1. 界面设计优化

界面设计优化是设计细化阶段的首要任务。根据用户的使用习惯和视觉习惯，调整界面元素的布局，使其更加直观和易于操作。优化界面元素的尺寸和间距，确保在不同设备和屏幕尺寸上都能保持良好的可读性和美观性。确保界面能够适配各种设备和屏幕尺寸，提供一致且流畅的用户体验。

2. 交互设计优化

交互设计优化是设计细化阶段的核心任务之一。明确用户在使用产品时的操作流程，减少不必要的步骤，提高操作效率。设计清晰的反馈机制（如加载提示、操作确认等）能帮助用户了解当前状态和操作结果。考虑可能出现的错误情况，并设计相应的错误处理流程，确保用户能够轻松解决问题。

3. 视觉效果调整

视觉效果调整是为了提升产品的视觉吸引力和美观度。根据品牌调性和用户偏好，选择合适的色彩搭配，确保界面既美观又易于阅读。选择适合的字体和排版方式，确保文字信息的清晰度和可读性。设计适当的动画和过渡效果能增强界面的动态感和趣味性，同时确保它们不会干扰用户的操作。

4. 设计规范文档

设计规范文档是设计细化阶段的重要输出之一。明确界面设计、交互设计和视觉效果等方面的标准和规范。整理并归纳设计元素（如按钮、图标、色彩等），方便后续的开发和测试工作。编写清晰、详细的设计规范文档能确保团队成员理解和遵循这些规范和标准。

7.2.5 用户测试

用户测试是移动UI设计流程中至关重要的一环。在这一阶段，设计师会将设计原型提供给目标用户进行测试，以收集用户对设计的反馈。测试形式包括可用性测试、满意度调查和任务完成时间等。通过用户测试，设计师能深入了解用户对设计的看法，发现设计中的问题，并为后续的优化提供依据。用户测试的关键步骤如下所述。

（1）确定测试目标：在进行用户测试之前，设计师需要明确测试的目标，如评估界面的易用性、功能的有效性或用户的整体满意度。

（2）选择目标用户：确定测试的目标用户群体，确保参与者能够代表实际的用户群体。这有助于获取更具有针对性的反馈。

（3）设计测试方案：制定详细的测试方案，包括测试任务、测试环境和时间安排等。确保测试过程能够有效评估设计的各个方面。

（4）执行测试：在实际测试中，观察用户的操作过程，记录他们的反馈和行为。可以通过录音、录像或观察记录等方式收集数据。

（5）分析反馈：收集测试结果后，设计师需要分析用户的反馈，识别出设计中的问题和不足之处。可以使用定量和定性的方法进行分析，以便全面理解用户体验。

（6）优化设计：根据用户测试的结果，对设计进行相应的优化。针对发现的问题进行调整，以提升用户体验。

（7）迭代测试：在优化设计后，进行后续的用户测试，以验证修改的有效性，并持续改进设计，确保最终产品能够满足用户需求。

7.2.6 反馈和优化

在用户测试阶段结束后，设计师会深入分析用户在测试中提出的意见和建议，以及观察到的用户行为和测试结果数据。这一反馈与优化流程包含以下几个关键步骤。

（1）整合反馈：将用户的反馈进行分类和整理，识别出最常见的问题、用户最关注的问题以及具体的意见和建议。

（2）优先级排序：根据问题的严重性和对用户体验的影响程度，对识别出的问题进行评估，以确定优化的优先级。

（3）设计迭代：在原有设计基础上进行迭代，尝试不同的解决方案，确保这些方案能够有效解决用户反馈中提到的问题。

（4）再次测试：在完成设计优化后，进行新的用户测试，以验证改进的有效性，并收集用户的进一步反馈。

（5）持续改进：用户测试是一个循环的过程，设计师应持续关注用户反馈，定期进行测试和优化，以确保产品始终满足用户的需求。

7.2.7 方案交付

当设计经过多次迭代和优化后,设计师会将最终的设计方案交付给开发团队。这一流程主要包括以下几个步骤。

1. 准备交付材料

(1)设计文档:提供详尽的设计文档,涵盖设计理念、设计原则、界面布局、色彩搭配、字体选择、交互逻辑等关键信息。

(2)设计稿:提供高分辨率的设计稿,包括各个页面、组件和功能的详细设计。

(3)交互原型:如果可能,可提供交互原型,展示设计的整体效果和交互流程。

2. 与开发团队沟通

(1)设计评审会议:组织一次设计评审会议,邀请开发团队的主要成员参加。在会议上,设计师应详细介绍设计方案,包括设计目标、设计亮点和关键交互等。同时,也要听取开发团队的意见和建议,以便在设计实现过程中进行必要的调整。

(2)技术可行性讨论:与开发团队讨论设计的技术可行性,确保设计方案能够在现有的技术框架内实现。如果设计方案中存在技术难题,设计师和开发人员应共同寻找解决方案。

3. 交付材料审核

在材料正式交付之前,设计师应仔细审核交付材料,确保设计文档的准确性、设计稿的清晰度和交互原型的完整性。同时,可以邀请开发团队对交付材料进行预览,以便提前发现并解决可能存在的问题。

4. 正式交付

将审核通过的材料正式交付给开发团队,包括设计文档、设计稿和交互原型等。交付时,设计师应提供清晰的交付清单,确保开发团队能够方便地获取所需的材料。

5. 后续沟通与协调

在开发过程中,设计师应与开发团队保持密切沟通,及时解答开发团队在实现设计过程中遇到的问题。如果开发团队需要对设计进行微调或优化,设计师应积极响应并提供必要的支持。

7.2.8 方案实施

方案实施是移动UI设计流程的最后一步。在这一阶段,开发团队会根据设计方案进行开发,将设计转化为实际的移动应用。以下是关于方案实施阶段的详细阐述。

1. 开发实施

开发团队根据设计文档和交互原型开始实际编码工作。这一过程包括功能开发和界面构建。

（1）功能开发：实现应用的各个功能模块，确保按照设计要求进行编码。

（2）界面构建：将设计稿转化为用户界面，确保视觉效果和交互逻辑与设计方案一致。

2. 协作调整

在开发过程中，设计师与开发团队保持紧密的沟通与协作。这一过程包括设计支持和问题解决。

（1）设计支持：设计师随时提供必要的设计指导，解答开发人员对设计的疑问。

（2）问题解决：共同解决在实现过程中遇到的设计和技术问题，确保设计意图得到准确实现。

3. 初步测试

在开发的各个阶段，团队应进行初步测试，以确保功能正常。这一过程包括功能测试和用户体验评估。

（1）功能测试：验证各个功能模块是否按预期工作。

（2）用户体验评估：初步检查用户界面的可用性和友好性，确保用户能够顺利地进行操作。

4. 最终测试与发布

一旦完成开发，设计师和开发团队将进行最终的测试和发布准备。这一过程包括全面测试、设计复核、上线准备和正式发布。

（1）全面测试：进行全面的功能测试和用户体验测试，确保应用符合设计要求。

（2）设计复核：确认应用的视觉效果和交互逻辑与原始设计保持一致。

（3）上线准备：准备上线文档、用户手册等，确保用户能够顺利使用新应用。

（4）正式发布：将应用发布到各大应用商店，供用户下载和使用。

7.3 移动设备的主流平台

移动设备的主流平台主要包括iOS系统、Android系统和HarmonyOS系统。下面对这些系统进行详细的介绍。

7.3.1 iOS系统

iOS是苹果公司专为iPhone、iPad等设备设计的专有移动操作系统，以其流畅的用户体验、高度优化的性能和强大的生态系统而著称。图7-13所示为iOS系统的移动设备，其特点如下所述。

图 7-13 iOS 系统的移动设备

1. 封闭的生态系统

iOS采用了一个高度封闭的生态系统，苹果严格控制着硬件和软件的开发与分发。这种封闭性确保了应用程序的高质量和与硬件的完美兼容，为用户提供了稳定、安全和流畅的体验。

2. 流畅的用户界面

iOS的界面设计简洁而直观，图标清晰、布局合理，使用户能够轻松上手并快速找到所需的功能。同时，系统融入丰富的动画效果和精准的触控反馈，进一步提升了用户的交互体验。

3. 丰富的应用资源

App Store作为iOS的核心应用商店，提供了数百万款高质量的应用程序，涵盖了游戏、社交、教育、商务、健康等各个领域，满足了用户多样化的需求。此外，App Store严格的审核机制确保了应用程序的安全性和稳定性。

4. 强大的安全性

iOS以其严格的隐私保护功能而著称，用户数据的安全性得到高度重视。苹果在系统级别提供了多种隐私保护措施，如应用权限管理、数据加密等。

5. 无缝的集成体验

iOS与苹果的其他服务（如iCloud、Apple Music、Apple Pay）及硬件产品（如Mac、Apple Watch、Apple TV）紧密集成，为用户提供了一体化的生态系统体验。用户可轻松在不同设备间切换任务、共享数据，享受无缝衔接的便捷。

6. 高效的性能优化

iOS在性能方面进行了深入的优化。系统采用了先进的图形处理技术、高效的内存管理和多任务处理能力，确保了设备在运行复杂应用程序和大型游戏时依然能够保持流畅和稳定。

7.3.2 Android系统

Android是谷歌开发并维护的开源移动操作系统，广泛应用于各种品牌的智能手机和平板电脑。Android以其高度的可定制性、广泛的设备支持和庞大的应用生态系统而闻名，其特点如下所述。

1. 开源的生态系统

Android的开源性质促进了技术创新和生态系统的发展，使制造商、开发者和用户都能从中受益，图7-14所示为基于Android深度定制的MIUI系统界面。

图7-14　MIUI系统界面

2. 灵活的用户界面

Android允许用户和制造商对界面进行高度自定义，包括更换启动器、主题和小部件等，使每个设备都可以有独特的外观和操作方式，提供了个性化的视觉和功能体验。

3. 丰富的应用资源

应用商店提供了海量的应用程序和游戏，涵盖各种类别和需求。用户还可以从第三方应用商店下载和安装应用程序，增加了应用资源的多样性。

4. 强大的兼容性

Android支持多种硬件配置，从高端旗舰设备到入门级设备，甚至是智能电视和可穿戴设备，都可以运行Android系统。

5. 强大的集成服务

Android与Google的各种服务无缝集成，通过Google账号，用户可以在不同的Android设备以及其他平台（如Chrome OS）之间实现数据同步和协同工作。

6. 高效的性能优化

Google不断对Android进行优化和更新，提升系统性能和稳定性，同时引入新功能和改进用户体验。

7.3.3 HarmonyOS系统

HarmonyOS系统是华为公司自主研发的分布式操作系统，它为不同设备的智能化、互联与协同提供统一的语言，带来简捷、流畅、连续、安全可靠的全场景交互体验。图7-15所示为HarmonyOS系统的设备展示，其特点如下所述。

图7-15 HarmonyOS系统的设备展示

1. 分布式架构

HarmonyOS采用分布式架构，允许多个设备之间无缝连接和通信，实现资源共享和协同工作，为用户带来一致且流畅的使用体验。

2. 微内核设计

HarmonyOS采用了微内核架构，将核心功能进行模块化拆分，不仅增强了系统的灵活性与可扩展性，还显著提升了系统的安全性与运行效率。

3. 统一的开发环境

开发者可以使用相同的代码库来开发不同类型设备上运行的应用程序，减少了开发成本和时间，实现了跨设备应用的一次开发，多端部署。

4. 强大的生态系统

华为通过与众多硬件制造商和软件开发者合作，构建了一个庞大的生态系统。HarmonyOS支持多种应用和服务，涵盖娱乐、办公、健康、智能家居等多个领域。

5. 智能化体验

HarmonyOS集成了华为的人工智能技术，提供智能助手、精准推荐等个性化服务，同时支持语音控制、手势识别等先进交互方式，让用户体验更加智能和便捷。

6. 高度安全性

HarmonyOS内置多层次安全机制，包括可信执行环境（TEE）与分布式安全架构，确保用户数据与隐私在传输与存储过程中处于绝对安全状态。华为持续进行安全更新与漏洞修复，保障系统安全稳定运行。

7. 多终端适配

HarmonyOS不仅支持智能手机和平板电脑，更广泛支持智能手表、智能电视、车载系统、智能家居设备等多种终端，真正实现了"一云多端"的理念，让用户可以在不同的设备上享受到一致的操作体验。

7.4 常用的移动UI设计软件

常用的移动UI设计软件可以根据其主要功能分为3类：界面设计、动效设计和交互设计。

7.4.1 界面设计类软件

界面设计软件主要用于创建和优化移动应用的视觉界面，包括布局、颜色、字体、图标等元素。常见的软件包括Photoshop、Illustrator、XD等。

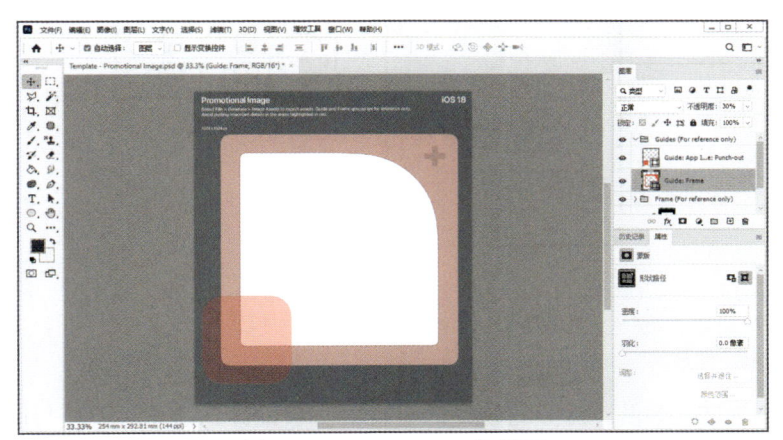

1. Photoshop

Photoshop简称PS，是一款功能强大的图像处理软件，它不仅在摄影、广告等领域有着广泛的应用，同时在UI设计中也扮演着重要角色。设计师可以使用Photoshop创建和编辑界面元素，如按钮、图标、背景等，并对其进行精细的调整和优化。此外，Photoshop还支持多种图像格式和色彩管理功能，确保设计作品的高质量输出。图7-16所示为Photoshop工作界面。

图7-16 Photoshop工作界面

2. Illustrator

Illustrator简称AI，是一款矢量图形设计软件，它非常适合用于创建UI设计中的图形元素，如图标、插图和标志等。Illustrator提供了丰富的绘图工具和形状工具，设计师可以轻松地绘制出各种形状和图案，并对其进行编辑和调整。此外，Illustrator还支持导出多种图像格式，方便设计师在不同平台上进行使用。图7-17所示为Illustrator工作界面。

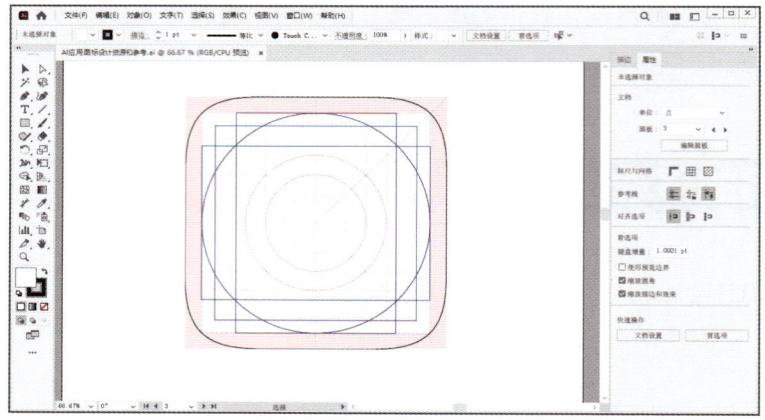

图7-17　Illustrator工作界面

3. CorelDRAW

CorelDRAW是一款专业的矢量图形设计软件，广泛应用于商标设计、标志创作、模型绘制、插图制作、排版设计以及印刷制版等多个领域。它提供了丰富的工具和功能，让用户能够进行复杂的图形设计和编辑工作。CorelDRAW不仅支持矢量图形的设计，还具备处理位图图像的能力，并且集成了色彩管理技术，确保了颜色的一致性和精确度。此外，通过其广泛的文件兼容性，用户可以轻松与其他软件进行协作。图7-18所示为CorelDRAW工作界面。

图7-18　CorelDRAW工作界面

4. XD

XD是一款专为UI/UX设计而生的软件，它提供了从设计到原型再到交付的一站式解决方案。设计师可以使用XD创建应用程序和网站的用户界面，并添加交互效果以模拟真实的使用体验。此外，XD还支持与Adobe其他软件的集成，如Photoshop和Illustrator等，方便设计师在不同的软件之间进行切换和协作。图7-19所示为XD工作界面。

模块7　移动UI设计

图7-19　XD工作界面

7.4.2　动效设计类软件

动效设计软件用于创建移动应用中的动态效果和过渡动画，增强用户体验。常见的软件包括：After Effects和Premiere Pro。

1. Adobe After Effects

After Effects是一款专业动效设计软件，具有出色的兼容性，可以轻松导入Photoshop和Illustrator等软件的文件，并能完整保留图层信息，从而实现对图像层的精确控制。After Effects提供多层剪辑、关键帧动画、蒙版、遮罩和滤镜等强大功能，帮助创作者实现各种创意效果。该软件广泛应用于移动应用的动态效果设计，包括页面切换动画、按钮点击效果和弹窗动画等。图7-20所示为After Effects工作界面。

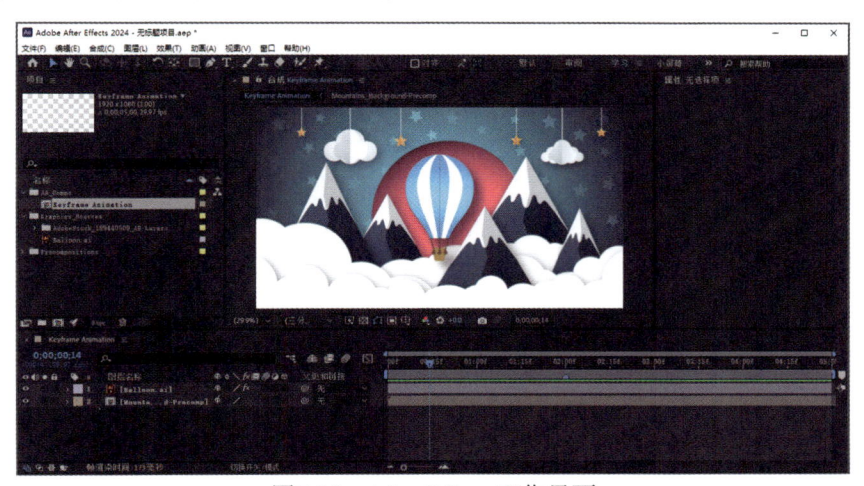

图7-20　After Effects工作界面

2. Premiere Pro

Premiere Pro是一款专业视频编辑软件，同样可以用于创建简单的动效和过渡动画。

Premiere Pro提供了强大的视频编辑和音频处理功能，支持多种视频和音频格式，并提供了丰富的过渡效果和动画预设。图7-21所示为Premiere Pro工作界面。

图7-21　Premiere Pro工作界面

7.4.3　交互设计类软件

交互设计软件用于设计和模拟移动应用中的用户交互流程，包括按钮点击、页面切换、表单填写等操作。常见的软件包括Axure RP、墨刀和Mastergo。

1. Axure RP

Axure RP是一款功能强大的原型设计和交互设计软件，专为创建高保真度的交互式原型和文档而设计。它提供了丰富的组件库和交互功能，使设计师能够迅速构建互动界面，模拟用户操作流程和反馈。同时，Axure RP支持条件逻辑和变量，设计师可以创建复杂的交互流程和状态，以满足不同项目的需求。图7-22所示为Axure RP工作界面。

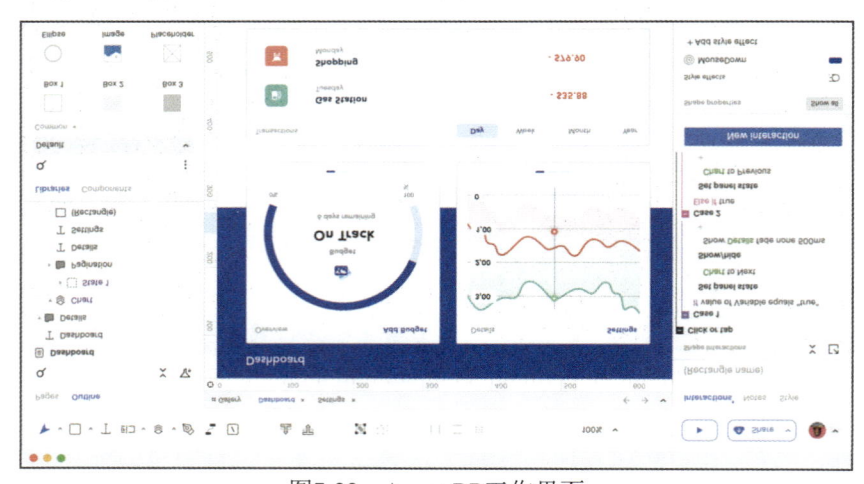

图7-22　Axure RP工作界面

2. 墨刀

墨刀是一款基于浏览器的在线设计工具，主要用于创建交互式原型，并支持思维导图和流程图的绘制。墨刀提供丰富的界面元素库，设计师可以轻松创建页面布局和交互效果。同时，它支持实时协作，团队成员可以实时编辑和评论原型。此外，墨刀还具备自动化标注和图形切割功能，方便开发者获取设计元素的信息，并快速应用到开发中。图7-23所示为墨刀工作界面。

3. Mastergo

Mastergo是一款新兴的跨平台UI设计工具，支持在线多人协作，并提供一站式的产品设计解决方案。它兼容macOS和Windows，方便用户随时随地进行设计。Mastergo支持产品设计、切图、标注和开发交付，帮助设计师与开发人员无缝协作，缩短产品开发周期。图7-24所示为Mastergo工作界面。

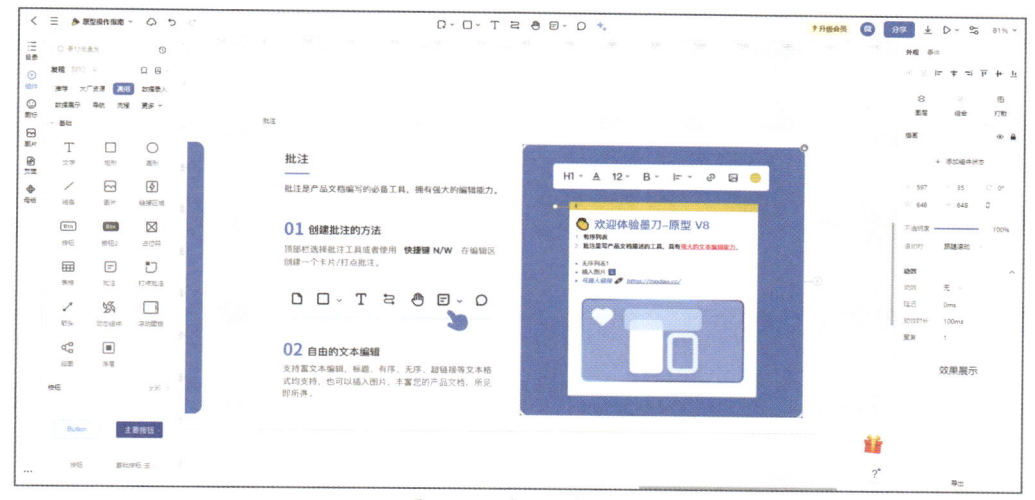

图 7-23 墨刀工作界面

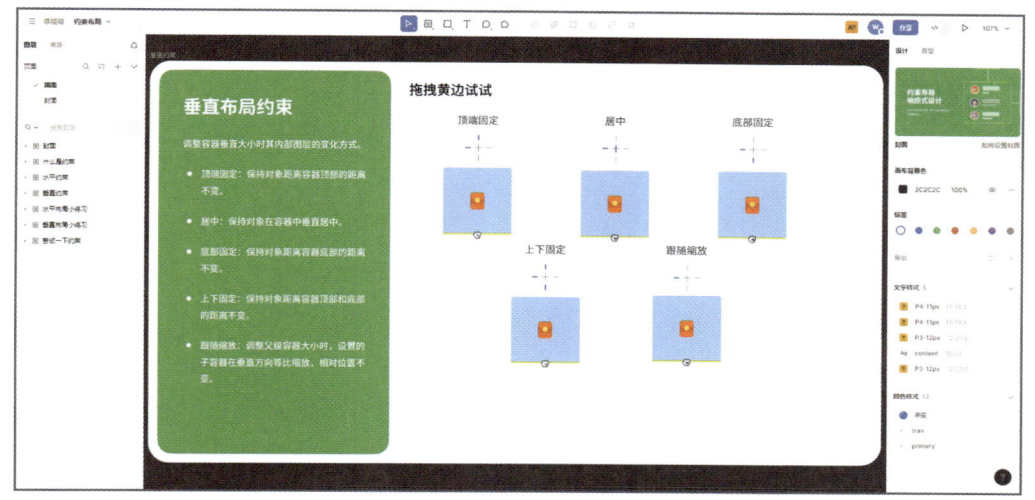

图 7-24 Mastergo 工作界面

8.1 初识Photoshop

启动Photoshop，打开文件夹中的任意图像，进入操作界面，Photoshop的操作界面主要包括菜单栏、工具箱、选项栏、状态栏、工作区、图像编辑窗口和浮动面板等，如图8-1所示。

图8-1　Photoshop操作界面

1. 菜单栏

菜单栏由"文件""编辑""图像""图层""文字""选择"等12类菜单组合而成，将鼠标指针移至菜单中有▶图标的命令上，将显示相应的子菜单，在子菜单中选择要使用的命令，即可执行此命令。

2. 工具箱

在默认情况下，工具箱位于编辑区的左侧，用鼠标单击工具箱中的按钮，即可调用相应工具。部分工具图标的右下角有一个黑色小三角形，表示该工具还包含多个子工具。使用鼠标右键单击工具图标或按住工具图标不放，则会显示工具组中隐藏的子工具。

3. 选项栏

选项栏一般位于菜单栏的下方，它是各种工具的参数控制中心。根据选择工具的不同，其选项栏的选项也有所不同。在使用工具栏中的某个工具时，选项栏会变成当前工具的属性设置选项。图8-2所示为矩形选框工具的选项栏。

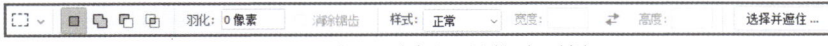

图8-2　矩形选框工具的选项栏

4. 状态栏

状态栏位于文档窗口的底部，用于显示当前操作提示和当前文档的相

模块8　Photoshop基础知识

关信息。用户可以自行选择需要在状态栏中显示的信息，单击状态栏右端的按钮，在弹出的快捷菜单中选择需显示的信息即可，如图8-3所示。

5. 工作区和图像编辑窗口

在Photoshop操作界面中，灰色区域就是工作区，图像编辑窗口在工作区内。图像编辑窗口的顶部为标题栏，标题中将显示文件的名称、格式、大小、显示比例和颜色模式等，如图8-4所示。

图8-3　状态栏 　　　　　　　　　　　图8-4　工作区和图像编辑窗口

6. 浮动面板

浮动面板浮动在窗口的上方，可以随时切换以访问不同的面板内容。它们主要用于配合图像的编辑，对操作进行控制和参数设置。常见的面板有"属性"面板、"图层"面板、"导航器"面板、"通道"面板、"路径"面板、"历史记录"面板、"颜色"面板等，如图8-5～图8-7所示。在面板上右击按钮，即可打开菜单，针对不同的面板功能进行相应操作。

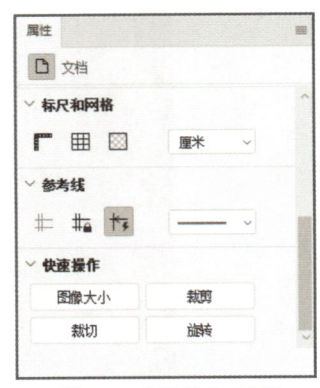

图8-5　"属性"面板 　　　图8-6　"图层"面板 　　　图8-7　"导航器"面板

8.1.1　调整图像尺寸

调整图像尺寸是指在保留原有图像的基础上，通过改变图像的比例来实现图像大小的

调整。

1. 使用"图像大小"命令调整图像尺寸

图像质量的好坏与图像大小、分辨率有很大的关系，分辨率越高，图像就越清晰，文件所占用的空间也就越大。

执行"图像"→"图像大小"命令，弹出"图像大小"对话框，从中可对图像参数进行相应设置，完成后单击"确定"按钮即可，如图8-8所示。

图8-8 "图像大小"对话框

该对话框中各选项的功能介绍如下所述。

图像大小：单击 按钮，可以设置是否应用"缩放样式"功能。当文档中的某些图层包含图层样式时，应启用"缩放样式"功能，在调整图像大小时，图层样式效果将自动进行缩放以保持比例协调。

尺寸：显示图像当前尺寸。单击尺寸右边的 按钮可以从尺寸列表中选择尺寸单位，如百分比、像素、英寸、厘米、毫米、点、派卡。

调整为：在下拉列表框中选择Photoshop的预设尺寸。

宽度/高度/分辨率：设置文档的高度、宽度和分辨率，以确定图像的大小。如需保持最初的宽、高比例，应启用"约束比例" 功能，再次单击"约束比例"按钮 将取消对宽、高比的限制。

重新采样：在下拉列表框中选择采样插值方法。

2. 使用裁剪工具调整图像尺寸

裁剪工具主要用来调整画布的尺寸与图像中对象的尺寸。裁剪图像是指使用裁剪工具将部分图像剪去，从而实现图像尺寸的改变或者获取设计者需要的图像部分。

选择"裁剪工具"，在图像中拖动，得到矩形区域，矩形外的图像会变暗，以便显示出被裁剪的区域。矩形区域的内部代表裁剪后图像保留的部分。裁剪框的周围有8个控制点，通过控制点可以对这个裁剪框做移动、缩小、放大和旋转等调整，如图8-9和图8-10所示。

图8-9 选择裁剪区域

图8-10 裁剪的效果

8.1.2 调整画布大小

画布是显示、绘制和编辑图像的工作区域。对画布尺寸进行调整会在一定程度上影响图像尺寸的大小。放大画布时，会在图像四周增加空白区域，而不会影响原有的图像；缩小画布时，会裁剪掉不需要的图像边缘。

执行"图像"→"画布大小"命令，弹出"画布大小"对话框，如图8-11所示。在该对话框中，可以设置扩展画布大小。输入正数增大画布，增大的部分可填充选定的颜色；输入负数则缩小画布，图像会被裁掉一部分。

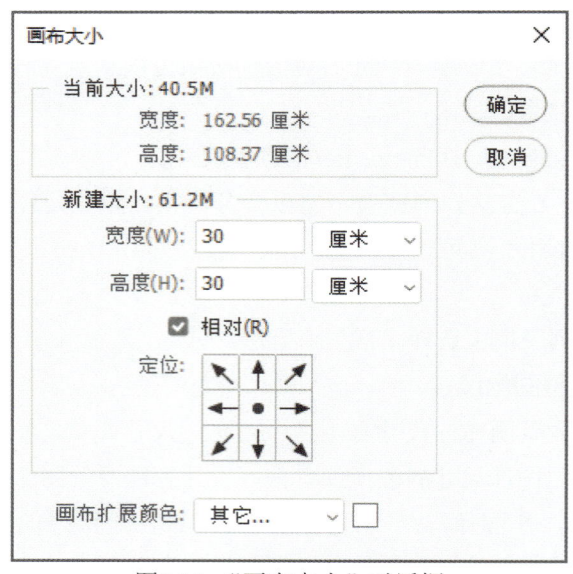

图8-11 "画布大小"对话框

在"画布扩展颜色"下拉列表中可选择自定义或系统自带的扩展画布的颜色，设置完成后单击"确定"按钮即可。图8-12和图8-13所示为扩展画布前后的对比效果。

图8-12 扩展画布前　　　　　　　　　图8-13 扩展画布后

8.1.3 图像的还原或重做

在处理图像的过程中，若对效果不满意或出现误操作，可使用恢复功能解决。

1. 退出操作

退出操作是指在执行某一操作的过程中，在完成该操作之前可中途退出该操作，从而取消当前操作对图像的影响。退出操作只须在执行该操作时按Esc键即可。

2. 还原/重做

执行"编辑"→"还原状态更改"命令，或按Ctrl+Z组合键可将图像恢复到上一步编辑操作之前的状态；执行"编辑"→"重做新建锚点"命令，或按Shift+Ctrl+Z组合键向前执行一个步骤，如图8-14所示。

3. 恢复到任意步骤的操作

如果需要恢复的步骤较多，可执行"窗口"→"历史记录"命令，弹出"历史记录"面板，在历史记录列表中找到需要恢复到的操作步骤，在要返回的相应步骤上单击鼠标即可，如图8-15所示。

图8-14 还原/重做命令　　　　　　　图8-15 "历史记录"面板

8.2 基础工具的应用

Photoshop提供了关于选区、绘图、修图等多种工具，每种工具都有其独到之处，只有扎实地掌握它们的使用方法和技巧，才能在设计时大展身手。

8.2.1 选框工具组

规则选框工具组包括矩形选框工具、椭圆选框工具、单行选框工具和单列选框工具等。下面分别介绍这些工具的具体运用。

1. 矩形和正方形选区的创建

在工具箱中选择"矩形选框工具"，在图像中单击并拖动光标，绘制出矩形的选框，框内的区域就是选择区域，即为选区。若要绘制正方形选区，可以按住Shift键的同时在图像中单击并拖动光标即可。

选择矩形选框工具后，可显示该工具的选项栏，如图8-16所示。

图8-16 "矩形选框工具"选项栏

该选项栏中主要选项的功能如下所述。

选区编辑按钮组：该按钮组又被称为"布尔运算"按钮组，各按钮的名称从左至右分别是新选区、添加到选区、从选区中减去、与选区交叉。

羽化：羽化是指通过创建选区边框内外像素的过渡来使选区边缘模糊。羽化值越大，选区的边缘越模糊，选区的直角处也将变得圆滑。

样式：在该下拉列表中有"正常""固定比例""固定大小"3种选项，用于设置选区的形状。

选择并遮住：单击该按钮或执行"选择"→"选择并遮住"命令，在弹出的对话框中可以对选区进行平滑、羽化、对比度等处理。

2. 椭圆和正圆形选区的创建

选择"椭圆选框工具"，在图像中单击并拖动光标，即可绘制出椭圆形的选区，如图8-17所示。若要绘制正圆形的选区，可以按住Shift键的同时在图像中单击并拖动光标，绘制出的选区即为正圆形，如图8-18所示。

在实际应用中，应用环形选区比较多，创建环形选区需要借助选区编辑按钮组的按钮。创建一个圆形选区，在选项栏中单击"从选区中减去"按钮，再次绘制选区，此时绘制的部分比原来的选区略小，中间的部分被减去，只留下环形的圆环区域，如图8-19所示。切换至"新选区"状态，拖动圆环部分可自由移动选区，如图8-20所示。

图8-17 椭圆形选区

图8-18 正圆形选区

图8-19 创建环形选区

图8-20 自由移动选区

3. 单行/单列选区的创建

选择"单行选框工具" 并在图像中单击，可绘制出单行选区，保持"添加到选区" 按钮为选中的状态，继续单击"单列选框工具" ，在图像中单击并拖动光标绘制出单列选区，即可绘制出十字选区，如图8-21所示。放大图像，可看到绘制宽度为1像素的单行或单列选区，如图8-22所示。

图8-21 十字选区

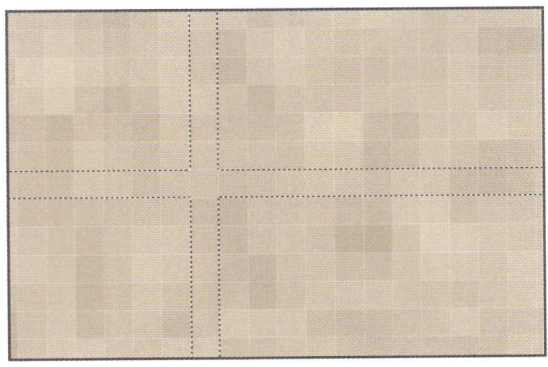

图8-22 放大的十字选区

8.2.2 套索工具组

不规则选区从字面上理解是随意、自由、不受具体某个形状制约的选区，在实际应用中比较常见。Photoshop软件提供了套索工具组和魔棒工具组，以便能更自由地创建选区。

1. 套索工具

选择"套索工具"可以创建任意形状的选区，操作时只须在图像窗口中按住鼠标进行绘制，释放鼠标后即可创建选区，如图8-23和图8-24所示。按住Shift键可增加选区，按住Alt键可减去选区。

图8-23　绘制轨迹　　　　　　　　　　图8-24　闭合生成选区

2. 多边形套索工具

使用多边形套索工具可以创建具有直线轮廓的不规则选区。选择"多边形套索工具"，单击创建出选区的起始点，沿需要创建选区的轨迹上单击鼠标，创建出选区的其他端点，最后将光标移动到起始点处，当光标变成形状时单击，即可创建出需要的选区。若不回到起点，在任意位置双击鼠标，也会自动在起点和终点间生成一条连线作为多边形选区的最后一条边。

3. 磁性套索工具

使用磁性套索工具可以为图像中颜色交界处反差较大的区域创建精确选区。

选择磁性套索工具，单击创建选区的起始点，沿选区的轨迹拖动鼠标，系统将自动在鼠标移动的轨迹上选择对比度较大的边缘产生节点，将光标移动到起始点，当光标变为形状时单击，即可创建出精确的不规则选区，如图8-25和图8-26所示。

图8-25　沿边缘绘制　　　　　　　　　图8-26　闭合生成选区

8.2.3 魔棒工具组

魔棒工具组包括对象选择工具、快速选择工具和魔棒工具，是灵活性很强的选区工具，通常用于选取图像中颜色相同或相近的区域，不必跟踪其轮廓。

1. 对象选择工具

使用对象选择工具可简化在图像中选择单个对象或对象的某个部分（如人物、汽车、家具、宠物、衣服等）的过程。只须在对象周围绘制矩形区域或套索，对象选择工具就会自动选择已定义区域内的对象。该工具适用于处理有明确对象的区域。

选择"对象选择工具"，在选项栏中勾选"对象查找程序"复选框，将鼠标悬停在要选择的对象上，系统会自动选择该对象，单击即可创建选区，如图8-27所示。若不想自动选择，可取消勾选"对象查找程序"复选框，使用"矩形"或"套索"模式手动创建选区，如图8-28所示。

图8-27 系统选择对象　　图8-28 手动绘制选区

2. 快速选择工具

根据颜色差异，使用快速选择工具可快速绘制出选区。选择"快速选择工具"创建选区时，选取范围会随光标移动而自动向外扩展并自动查找和跟随图像中定义的边缘，按住Shift键时单击，可增加选区，按住Alt键时单击，可缩减选区，如图8-29和图8-30所示。

图8-29 拖动创建选区　　图8-30 增减选区

3. 魔棒工具

魔棒工具是根据颜色的色彩范围来确定选区的工具，能够快速选择色彩差异大的图像区域。

选择"魔棒工具"，在选项栏中设置"容差"，在一般情况下容差值设置为30 px即可。将光标移动到需要创建选区的图像中，当其变为形状时单击即可快速创建选区，按住Shift键或Alt键的同时单击可增加或减少选区大小，如图8-31所示。按Delete键则可删除所选选区，如图8-32所示。

图8-31　创建选区　　　　　　　　　图8-32　删除所选选区

8.2.4　画笔工具组

在Photoshop中，可以使用画笔工具、铅笔工具、历史记录画笔工具来绘制图像。只有了解并掌握各种绘图工具的功能与操作方法，才能绘制出想要的图像效果，同时也增加了处理图像的灵活空间。

1. 画笔工具

在Photoshop中，画笔工具的应用比较广泛，使用画笔工具可以绘制出多种图形。在"画笔预设"选取器上选择的画笔决定了绘制效果。选择画笔工具，可显示该工具的选项栏，如图8-33所示。

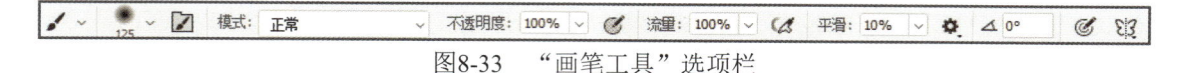

图8-33　"画笔工具"选项栏

该选项栏中主要选项的功能如下所述。

工具预设：实现新建工具预设和载入工具预设等操作。

"画笔预设"选取器：单击按钮，弹出"画笔预设"选取器，从中可选择画笔笔尖，设置画笔大小和硬度。

切换"画笔设置"面板：单击此按钮，可弹出"画笔设置"面板。

模式：设置画笔的绘画模式，即绘画时的颜色与当前颜色的混合模式。

不透明度：设置在使用画笔绘图时所绘颜色的不透明度。数值越小，所绘出的颜色越浅，反之则越深。

流量：设置使用画笔绘图时所绘颜色的深浅。若设置的流量较小，其绘制效果如同降低透明度一样，但经过反复涂抹，颜色会逐渐饱和。

启用喷枪样式的建立效果：单击该按钮即可启动喷枪功能，可将渐变色调应用于图像，同时也可模拟传统的喷枪技术，Photoshop会根据单击程度确定画笔线条的填充数量。

平滑：用于控制绘画时图像的平滑度，数值越大，平滑度越高。单击按钮，可启用一个或多个模式，有"拉绳模式""描边补齐""补齐描边末端""调整缩放"4种模式。

设置画笔角度：在文本框中输入所需数值即可设置画笔角度。

绘板压力控制大小：使用压感笔的笔压大小可以覆盖"画笔"面板中"不透明度""大小"的设置。

设置绘画的对称选项：单击该按钮，在弹出的菜单中可选择多种对称类型，有"垂直""水平""双轴""对角""波纹""圆形""螺旋线""平行线""径向""曼陀罗"等。

2. 铅笔工具

铅笔工具在功能及运用上与画笔工具较为类似。用铅笔工具可以绘制出硬边缘的效果，特别是绘制斜线，锯齿效果会非常明显，并且所有定义的外形光滑的笔刷也会有锯齿感。单击"铅笔工具"，将显示该工具的选项栏，如图8-34所示。

图8-34 "铅笔工具"选项栏

在该选项栏中除了"自动抹除"选项外，其他选项均与画笔工具相同。勾选"自动抹除"复选框，在图像上拖动时，若光标的中心在前景色上，则该区域将抹成背景色。若开始拖动时，光标的中心在不包含前景色的区域上，则该区域将被绘制成前景色，如图8-35所示。按住Shift键的同时拖动鼠标则可以绘制出直线效果，如图8-36所示。

图8-35 绘制曲线　　图8-36 绘制直线

3. 混合器画笔工具

使用混合器画笔工具可以像传统绘画中混合颜料一样，将像素混合，轻松模拟真实的绘画效果。选择"混合器画笔工具"，可显示该工具的选项栏，如图8-37所示。

图8-37　"混合器画笔工具"选项栏

该选项栏中主要选项的功能如下所述。

当前画笔载入：单击色块可调整画笔颜色，单击右侧的三角符号，可以选择"载入画笔""清理画笔""只载入纯色"选项。"每次描边后载入画笔"和"每次描边后清理画笔"两个按钮用于控制每一笔涂抹结束后对画笔是否更新和清理。

潮湿：控制画笔从画布拾取的油彩量，参数设置过高会生成较长的绘画条痕。

载入：指定储槽中载入的油彩量，载入速率较低时，绘画描边干燥的速度会更快。

混合：控制画布油彩量同储槽油彩量的比例。比例为100%时，所有油彩将从画布中拾取；比例为0%时，所有油彩都来自储槽。

流量：控制混合画笔的流量大小。

描边平滑度：用于控制画笔抖动。

对所有图层取样：勾选此复选框，将拾取所有可见图层中的画布颜色。

8.2.5　橡皮擦工具组

在Photoshop中，擦除工具包括橡皮擦工具、背景橡皮擦工具和魔术橡皮擦工具3种。擦除图像是指对整幅图像中的部分区域进行擦除，之后还可以使用渐变工具将某种颜色或渐变效果以指定的样式进行填充。

1. 橡皮擦工具

使用橡皮擦工具可以将像素更改为背景颜色或使其透明。单击橡皮擦工具，可显示该工具的选项栏，如图8-38所示。

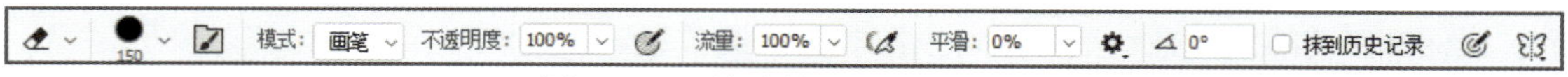

图8-38　"橡皮擦工具"选项栏

该选项栏中主要选项的功能如下所述。

模式：可选择"画笔""铅笔""块"3种模式。若选择"画笔"或"铅笔"模式，可以使用画笔工具或铅笔工具的参数，包括笔刷样式、大小等。若选择"块"模式，则使用方块笔刷。

不透明度：若不想完全擦除图像，可以降低不透明度。

抹到历史记录：使用这一功能擦除图像时，可以使图像恢复到任意一个历史状态。该方法常用于恢复图像的局部到前一个状态。

使用橡皮擦工具在图像窗口中拖动鼠标，可用背景色的颜色来覆盖鼠标拖动处的图像颜色。若是对背景图层或是已锁定透明像素的图层使用橡皮擦工具，则会将像素更改为背景色，如图8-39所示；若是对普通图层使用橡皮擦工具，则会将像素更改为透明效果，如图8-40所示。

图8-39　背景图层擦除　　　　　　　　　图8-40　普通图层擦除

2. 背景橡皮擦工具

背景橡皮擦工具用于擦除指定颜色，并将被擦除的区域以透明色填充。单击"背景橡皮擦"工具，将显示该工具的选项栏，如图8-41所示。

图8-41　"背景橡皮擦工具"选项栏

该选项栏中主要选项的功能绍如下所述。

限制：在该下拉列表中包含3个选项。若选择"不连续"选项，则擦除图像中所有具有取样颜色的像素；若选择"连续"选项，则擦除图像中与光标相连的具有取样颜色的像素；若选择"查找边缘"选项，则在擦除与光标相连区域的同时保留图像中物体锐利的边缘效果。

容差：用于设置被擦除的图像颜色与取样颜色之间差异的大小，取值范围为0%~100%。数值越小，被擦除的图像颜色与取样颜色越接近，擦除的范围越小；数值越大，则擦除的范围越大。

保护前景色：勾选该复选框可防止具有前景色的图像区域被擦除。

使用吸管工具分别吸取背景色和前景色，前景色为保留的部分，背景色为擦除的部分；使用背景橡皮擦工具在图像中涂抹，效果对比如图8-42和图8-43所示。

图8-42　擦除背景前　　　　　　　　　图8-43　擦除背景后

3. 魔术橡皮擦工具

魔术橡皮擦工具是魔术棒工具和背景橡皮擦工具的结合，它是一种根据像素颜色来擦除图像的工具。单击魔术橡皮擦工具 ，将显示该工具的选项栏，如图8-44所示。

图8-44 "魔术橡皮擦工具"选项栏

该选项栏中主要选项的功能如下所述。

消除锯齿：勾选该复选框，将得到较平滑的图像边缘。

连续：勾选该复选框，可使擦除工具仅擦除与单击处相连接的区域。

对所有图层取样：勾选该复选框，将利用所有可见图层中的组合数据来采集色样，否则只对当前图层的颜色信息进行取样。

使用魔术橡皮擦工具可以一次性擦除图像或选区中颜色相同或相近的区域，让擦除部分的图像呈透明效果，擦除背景前后的效果如图8-45和图8-46所示。

图8-45 擦除背景前　　　　　　　图8-46 擦除背景后

8.2.6 渐变工具组

在Photoshop中，渐变工具组包括"渐变工具""油漆桶工具"等。使用渐变工具组里的渐变工具可以在图像中填充渐变色。如果图像中没有选区，渐变色会填充到当前图层上；如果有选区，渐变色则会填充到选区中。

1. 渐变工具

在填充颜色时，使用渐变工具可以将颜色从一种颜色变化到另一种颜色，如由浅到深、由深到浅的变化。单击"渐变工具" ，将显示该工具的选项栏，如图8-47所示。

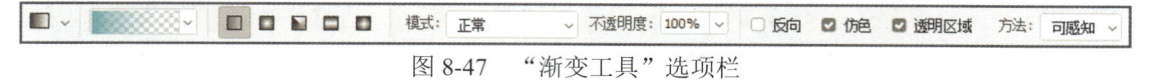

图8-47 "渐变工具"选项栏

该选项栏中主要选项的功能如下所述。

渐变颜色条　　　　：用于显示当前渐变颜色，单击右侧的下拉按钮 ，可以打开"渐变"拾色器，如图8-48所示。单击"渐变颜色条"，在弹出的"渐变编辑器"对话框中可编辑渐变颜色条，如图8-49所示。

模块8　Photoshop基础知识

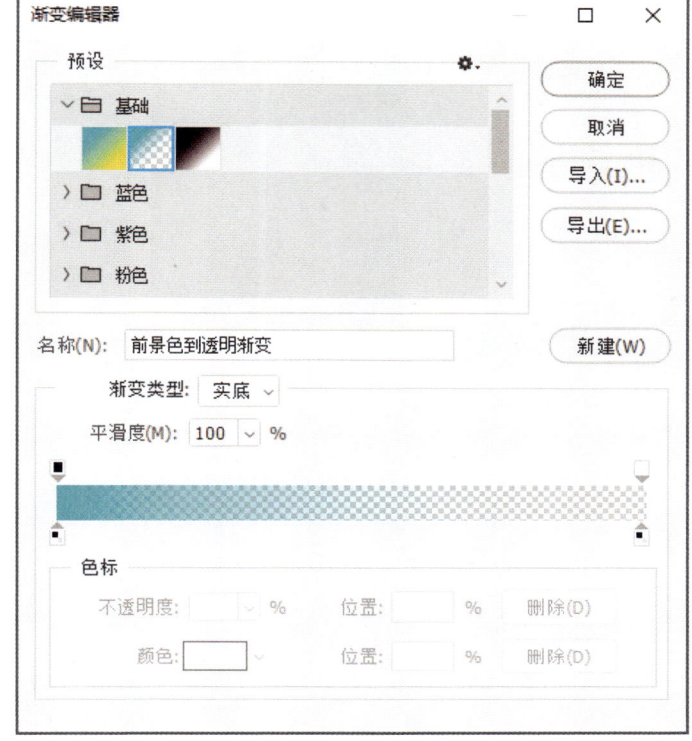

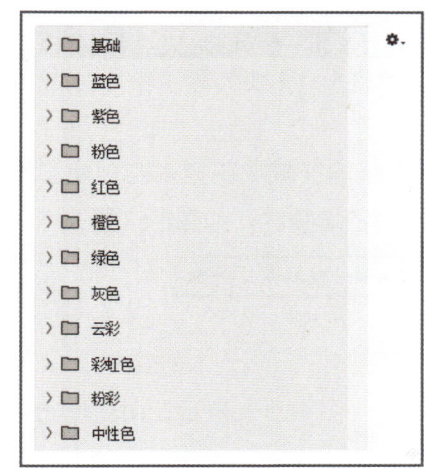

图8-48　"渐变"拾色器　　　　　图8-49　"渐变编辑器"对话框

线性渐变：以直线方式从不同方向创建起点到终点的渐变。

径向渐变：以圆形的方式创建起点到终点的渐变。

角度渐变：以起点为中心，沿逆时针方向扫描创建的渐变效果。

对称渐变：使用均衡的线性渐变在起点的任意一侧创建渐变。

菱形渐变：以菱形方式从起点向外产生渐变，终点定义菱形的一个角。

模式：设置应用渐变时的混合模式。

不透明度：设置应用渐变时的不透明度。

反向：勾选该复选框，得到反方向的渐变效果。

仿色：勾选该复选框，可以使渐变效果更加平滑，防止打印时出现条带化现象，但在显示屏上不能明显地显示出来。

透明区域：勾选该复选框，可以创建包含透明像素的渐变。

选择"渐变工具"，在选项栏中选择相应的渐变样式，然后将鼠标定位在图像中要设置为渐变起点的位置，拖动以定义终点，如图8-50所示，然后自动填充渐变，渐变效果如图8-51所示。

169

图8-50　拖动确定渐变位置　　　　　　图8-51　渐变效果

2. 油漆桶工具

使用油漆桶工具可以直接在图像中填充与前景色相近颜色的区域或图案，若创建了选区，则直接填充选区。单击"油漆桶工具"，将显示该工具的选项栏，如图8-52所示。

图8-52　"油漆桶工具"选项栏

该选项栏中主要选项的功能如下所述。

填充：选择"前景"，表示在图中填充的是前景色；选择"图案"，表示在图中填充的是连续的图案。

模式：用于设置渐变的混合模式。

不透明度：用于设置填充颜色的不透明度。

容差：用于控制油漆桶工具每次填充的范围，数值越大，允许填充的范围也就越大。

消除锯齿：勾选该复选框，可使填充的边缘保持平滑。

连续的：勾选该复选框，填充的区域适合鼠标单击相似并连续的部分；若不勾选，填充的区域是所有和鼠标单击点相似的像素，不管是否和鼠标单击点连续。

所有图层：勾选该复选框后，不管当前在哪个图层上操作，所使用的工具对所有图层都起作用，而不只针对当前操作的图层。

8.2.7　图章工具组

图章工具是常用的修饰工具，主要包括"仿制图章工具""图案图章工具"两种，常用于对图像内容的复制和修复。

1. 仿制图章工具

仿制图章工具的作用是将取样图像应用到其他图像或同一图像的其他位置。仿制图章工具在操作前需要从图像中取样，然后将样本应用到其他图像或同一图像的其他部分。

选择"仿制图章工具"，可显示该工具的选项栏，如图8-53所示。

模块8 Photoshop基础知识

图8-53 "仿制图章工具"选项栏

选择"仿制图章工具",在选项栏中设置参数,按住Alt键在图像中单击,取样(图8-54),释放Alt键后在需要修复的图像区域中单击,即可仿制出取样处的图像,如图8-55所示。

图8-54 取样　　　　　　　　　　　图8-55 仿制取样图像

2. 图案图章工具

图案图章工具的作用是复制系统自带的或用户自定义的图案,并应用到图像中。图案可以用来创建特殊效果、背景网纹或壁纸设计等。选择"图案图章工具" ,将显示该工具的选项栏,如图8-56所示。

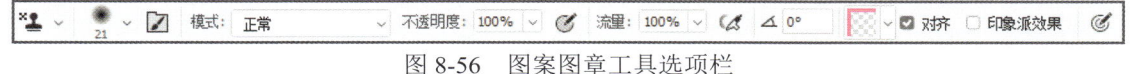

图 8-56 图案图章工具选项栏

在该选项栏中,若勾选"对齐"复选框,每次单击拖动得到的图像效果是图案重复衔接拼贴;若取消勾选"对齐"复选框,多次复制时会得到图像的重叠效果。

选择"图案图章工具",在选项栏中选择所需图案,将鼠标移到图像窗口中,按住鼠标左键并拖动,即可使用选择的图案覆盖当前区域的图像,应用图案图章前后的效果如图8-57和图8-58所示。

图8-57 应用图案图章前　　　　　　　图8-58 应用图案图章后

171

8.2.8 污点修复工具组

污点修复工具组主要用于对照片进行修复工作，包括"污点修复画笔工具""修复画笔工具""修补工具""内容感知移动工具""红眼工具"。

1. 污点修复画笔工具

污点修复画笔工具的作用是将图像的纹理、光照和阴影等与所修复的图像进行自动匹配。该工具不需要取样定义样本，只要确定需要修补的图像位置，然后在需要修补的位置单击并拖动鼠标，释放鼠标后即可修复图像中的污点，快速除去图像中的瑕疵。

选择污点修复画笔工具，将显示该工具的选项栏，如图8-59所示。

图8-59 "污点修复画笔工具"选项栏

该选项栏中主要选项的功能介绍如下。

类型按钮组：选中"内容识别"选项，将利用选区周围的像素进行修复，不留痕迹地填充选区，同时保留图像的关键细节，如阴影和对象边缘等，确保图像自然生动；选中"创建纹理"选项，会基于选区中的所有像素生成一个纹理，用于修复该区域；选中"近似匹配"选项，将依据选区边缘周围的像素来寻找最适合作为修补部分的图像区域，以实现最佳匹配效果。

对所有图层取样：勾选该复选框，可将取样范围扩展到图像中所有的可见图层。

2. 修复画笔工具

修复画笔工具与污点修复画笔工具的功能相似，最根本的区别在于在使用修复画笔工具前需要指定样本，即在无污点位置进行取样，再用取样点的样本图像来修复图像。此工具与仿制图章工具相似，用于修补瑕疵，可以从图像中取样或用图案填充图像。修复画笔工具在修复时，在颜色上会与周围颜色进行一次运算，使其更好地与周围融合。

选择"修复画笔工具"，可显示该工具的选项栏，如图8-60所示。

图8-60 "修复画笔工具"选项栏

在该选项栏中，选中"取样"按钮表示修复画笔工具对图像进行修复时以图像区域中某处颜色作为基点；选中"图案"按钮可在其右侧的列表中选择已有的图案用于修复。

3. 修补工具

修补工具和修复画笔工具的功能类似，是使用图像中其他区域或图案中的像素来修复选中的区域。修补工具会将样本像素的纹理、光照和阴影与源像素进行匹配。

单击"修补工具"，将显示该工具的选项栏，如图8-61所示。在该选项栏中，若选择"源"选项，则修补工具将从目标选区修补源选区；若选择"目标"选项，则修补工具将从源选区修补目标选区。

图8-61 "修补工具"选项栏

4. 内容感知移动工具

内容感知移动工具是一种智能修复工具。

选择"内容感知移动工具" ，可显示该工具的选项栏，如图8-62所示。

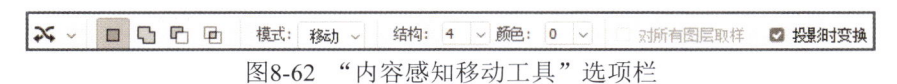

图8-62 "内容感知移动工具"选项栏

在该选项栏中，若选择"移动"模式则实现感知移动功能，若选择"扩展"模式则实现快速复制功能。

感知移动功能： 主要是用来移动图片中的主体，并放置到合适的位置。移动后的空隙位置，软件会智能修复。

快速复制功能： 选取想要复制的部分，移到其他需要的位置就可以实现复制，复制后的边缘会自动柔化处理，跟周围环境融合。

5. 红眼工具

在使用闪光灯或在光线昏暗处拍摄人物时，照片中人物的眼睛容易发红，这种现象即常说的红眼现象。Photoshop提供的红眼工具可以去除照片中人物眼睛中的红点，恢复眼睛光感。

8.3 文字的处理与应用

在Photoshop中进行设计创作时，除了可绘制色彩缤纷的图像，还可创建各种效果的文字。文字不仅可以帮助受众快速了解作品所呈现的主题，还可在整个作品中充当非常重要的角色。本节将讲述文字工具的使用方法。

8.3.1 创建文字

在Photoshop中，文字工具包括"横排文字工具""直排文字工具""横排文字蒙版工具""直排文字蒙版工具"等。选择"横排文字工具" ，可显示该工具的选项栏，如图8-63所示。

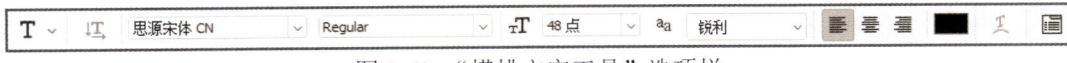

图 8-63 "横排文字工具"选项栏

1. 输入水平与垂直文字

选择文字工具，在选项栏中设置文字的字体和字号，在图像中单击，图像中会出现相应的文本插入点，输入文字即可。文本的排列方式包含横排文字和直排文字两种。

选择"横排文字工具" T，可以在图像中从左到右输入水平方向的文字，如图8-64所示。

选择"直排文字工具" IT，可以在图像中输入垂直方向的文字，如图8-65所示。输入文字后，按Ctrl+Enter组合键或者单击文字图层即可。

图8-64　横排文字效果 　　　　　　　　　　图8-65　直排文字效果

2. 输入段落文字

若需要输入的文字内容较多，可通过创建段落文字的方式来输入文字，以便对文字进行管理和设置格式。

选择文字工具，将鼠标指针移动到图像窗口中，当鼠标变成插入符号时，按住鼠标左键不放，拖动鼠标，此时在图像窗口中拉出一个文本框，如图8-66所示。文本插入点会自动插入到文本框前端，在文本框中输入文字，当文字到达文本框的边界时会自动换行。如果文字需要分段，按Enter键即可。

若开始绘制的文本框过大或较小，会导致文字内容不能完全显示在文本框中，此时将鼠标指针移动到文本框四周的控制点上，拖动鼠标调整文本框大小，即可使文字全部显示在文本框中，如图8-67所示。

图8-66　创建文本框 　　　　　　　　　　图8-67　调整文本框

3. 输入文字型选区

文字型选区需选择"直排文字蒙版工具" 或 "横排文字蒙版工具" 创建文字选区，即沿文字边缘创建的选区。

使用文字蒙版工具创建选区时,在"图层"面板中不会生成文字图层,因此输入文字后,不能再编辑该文字内容。

4. 沿路径输入文字

沿路径绕排文字的字面理解就是让文字跟随某一条路径的轮廓形状进行排列,有效地将文字和路径结合,在很大程度上提升了文字带来的视觉效果。

选择"钢笔工具"或"形状工具",在选项栏中选择"路径"选项,在图像中绘制路径;选择文字工具,将鼠标指针移至路径上方,当鼠标指针变为形状时,在路径上单击鼠标左键,此时光标会自动吸附到路径上,即可输入文字,如图8-68所示。按Ctrl+Enter组合键完成输入,如图8-69所示。

图8-68 输入路径文字　　　　图8-69 完成输入

8.3.2 "字符"面板和"段落"面板

在Photoshop中有两个关于文字的面板,一个是"字符"面板,一个是"段落"面板,在这两个面板中可以设置文字的字体、大小、字距、基线移动、颜色等属性,让文字更贴近用户想要表达的主题,并使整个画面变得更加完整。

在文字工具的选项栏中单击"切换字符和段落面板"按钮,即可弹出"字符"面板和"段落"面板,如图8-70和图8-71所示。

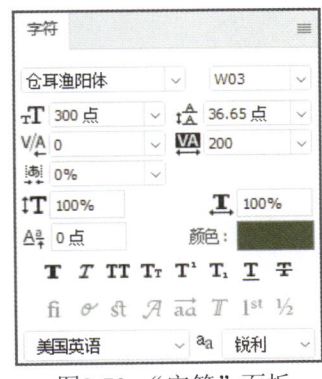

图8-70 "字符"面板　　　　图8-71 "段落"面板

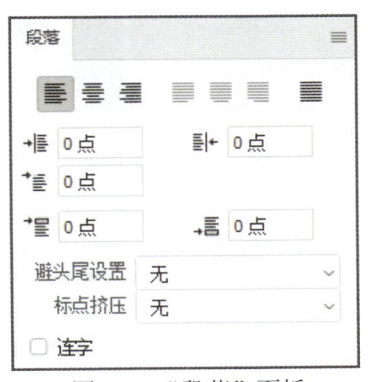

8.3.3 将文字转换为工作路径

在图像中输入文字后，选择文字图层，单击鼠标右键，在弹出的菜单中选择"创建工作路径"选项或执行"文字"→"创建工作路径"命令，即可将文字转换为矢量图形，如图8-72所示。转换为工作路径后，可以使用路径选择工具对文字路径进行移动，调整工作路径的位置，如图8-73所示。按Ctrl+Enter组合键创建选区，按Shift+F5组合键填充颜色或使用油漆桶工具填充前景色。

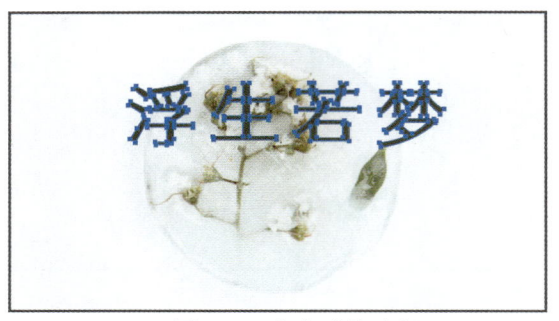

图8-72　文字形状路径　　　　　　　图8-73　调整工作路径

8.3.4 变形文字

变形文字是指对文字的水平形状和垂直形状做出调整，让文字效果更加多样化。需要说明的是，变形文字工具只针对整个文字图层而不能单独针对图层中的一种字体或者某些文字。

在文字工具状态下单击选项栏中的"创建文字变形"按钮，或执行"文字"→"文字变形"命令，弹出"变形文字"对话框，如图8-74所示。

该对话框中主要选项的功能如下所述。

水平/垂直：用于调整变形文字的方向。

弯曲：用于指定对图层应用的变形程度。

水平扭曲/垂直扭曲：用于对文字应用透视变形。结合"水平""垂直"方向上的控制以及弯曲度的协助，可以为图像中的文字增加多种效果。

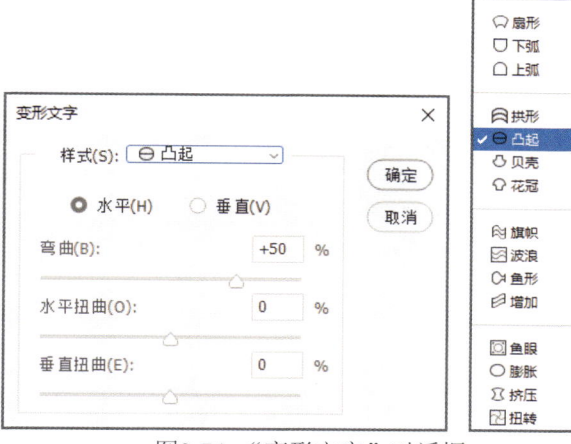

图8-74 "变形文字"对话框

8.4 图层的应用

图层在Photoshop中起着至关重要的作用，通过图层可以对图形、图像、文字等元素进行有效的管理和归整，为创作过程提供有利条件。图层的应用非常灵活，希望通过对本节的学习，读者可以充分掌握图层的相关知识，并且熟练地进行图层的相关操作。

8.4.1 认识图层

图层相当于是一张胶片，里面包含文字或图形等元素。一个用Photoshop创作的图像可以看成是由若干张包含有各个不同部分的图像、具有不同透明度的胶片叠加而成的，每张胶片称之为一个"图层"。一个个图层按顺序叠放在一起，组合起来形成平面设计的最终效果。图层具有以下3个特性。

独立性：图像中的每个图层都是独立的，当移动、调整或删除某个图层时，其他的图层不受任何影响。

透明性：图层可以看作是透明的胶片，未绘制图像的区域可查看下方图层的内容，将众多的图层按一定顺序叠加在一起，便可得到复杂的图像。

叠加性：图层是由上至下叠加在一起的，但并不是简单的堆积，而是通过控制各图层的混合模式和选项之后叠加在一起的，可以得到千变万化的图像效果。

在Photoshop中，几乎所有应用都是基于图层的，很多复杂、强劲的图像处理功能也是由图层提供的。执行"窗口"→"图层"命令或按F7键，即可弹出"图层"面板，如图8-75所示。

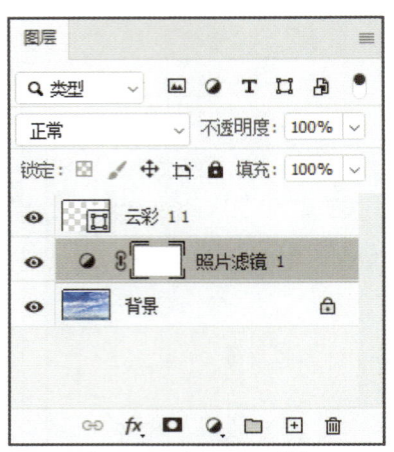

图8-75 "图层"面板

该面板中各主要选项的功能如下所述。

图层滤镜：位于"图层"面板的顶部，显示基于名称、种类、效果、模式、属性或颜色标签来筛选并显示特定的图层的子集，即使用这个过滤工具快速定位到需要编辑的图层。

图层的混合模式：用于选择图层的混合模式。

图层不透明度：用于设置当前图层的不透明度。

图层锁定：包括锁定透明像素、锁定图像像素、锁定位置、防止在画板和画框内外自动嵌套和锁定全部。

图层填充透明度：可以在当前图层中调整某个区域的不透明度。

指示图层可见性：用于控制图层显示或者隐藏，隐藏状态下的图层不能编辑。

图层缩览图：指图层图像的缩小图，方便确定需要调整的图层。在缩小图上右击将弹出列表，在其中可以选择缩小图的大小、颜色、像素等。

图层名称：用于定义图层的名称，若想要更改图层名称，只需双击要重命名的图层，输入名称即可。

图层按钮组：在"图层"面板底端的7个按钮分别是链接图层、添加图层样式、添加图层蒙版、创建新的填充或调整图层、创建新组、创建新图层和删除图层，它们是图层操作中常用的命令。

8.4.2 管理图层

图像的创作和编辑离不开图层，因此对图层的基本操作必须熟练掌握。在Photoshop中，图层的操作包括新建、删除、复制、合并、重命名和调整图层叠放顺序等。

1. 新建图层

在默认状态下，打开或新建的文件只有背景图层。如需新建图层，可以执行"图层"→"新建"→"图层"命令，弹出"新建图层"对话框，如图8-76所示，设置完成后单击"确定"按钮即可。或者在"图层"面板中单击"创建新图层"按钮，可在当前图层上新建一个透明图层，新建的图层会自动成为当前图层。

图8-76 "新建图层"对话框

除此之外，还应该掌握创建其他图层类型的方法。

文字图层：选择文字工具，在图像中单击鼠标，出现闪烁光标后输入文字，按Ctrl+Enter组合键即可创建文字图层。

形状图层：选择形状工具，绘制的形状即可自动生成形状图层。

填充或调整图层：在"图层"中单击"创建新的填充或调整图层"按钮，在弹出的菜单中选择相应的命令，设置适当调整参数后单击"确定"按钮即可。

图层样式：双击某图层，在打开的"图层样式"对话框中按需添加图层样式即可。

蒙版图层：在"图层"面板中单击"添加图层蒙版"按钮即可添加图层蒙版，按Ctrl+Alt+G组合键也可创建剪贴蒙版。

2. 复制与删除图层

在对图像进行编辑之前，要选择相应图层作为当前工作图层，此时将光标移动到"图层"面板上，当其变为形状时单击需要选择的图层即可，如图8-77所示。或者，在图像上单击鼠标右键，在弹出的菜单中选择相应的图层名称也可选择该图层。

选择需要复制的图层，将其拖动到"创建新图层"按钮上，即可复制出一个拷贝图层，如图8-78所示。复制图层可以避免因操作失误而损坏图像效果。

图8-77 选择图层　　　　　图8-78 复制图层

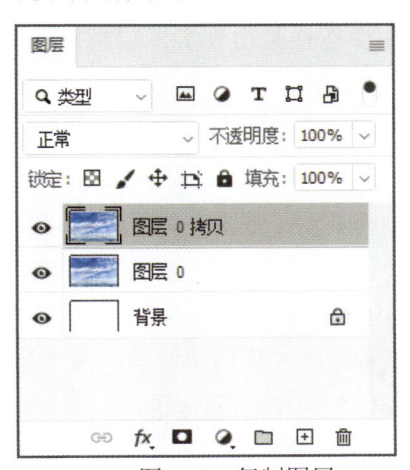

为了减少图像文件占用的磁盘空间，在编辑图像时，通常会删除不需要的图层。具体的操作方法是：右击需要删除的图层，在弹出的菜单中选择"删除图层"选项；或将要删除的图层拖到"删除图层"按钮上，释放鼠标即可删除。

3. 重命名图层

如果需要修改图层的名称，在图层名称上双击鼠标，图层名称将变为蓝色呈可编辑状态，此时输入新的图层名称，再按Enter键即可。

4. 调整图层顺序

一幅图像会有多个图层，而图层的叠放顺序直接影响着图像的合成结果，因此需要调整图层的叠放顺序，来达到设计的要求。

在"图层"面板中单击需要调整位置的图层，将其直接拖到目标位置，出现蓝色双线时释放鼠标即可，如图8-79所示。或者，在"图层"面板上选择要移动的图层，执行"图层"→"排列"命令，在子菜单中执行相应的命令，即可将选定的图层移动到指定位置上，如图8-80所示。

图8-79　调整图层顺序　　　　　　　　图8-80　"排列"子菜单

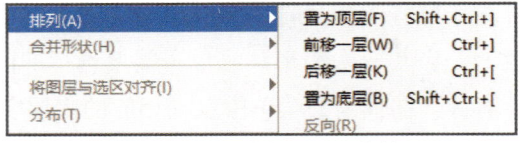

5. 合并图层

一幅图像往往是由许多图层组成的，图层越多，文件越大。在最终确定了图像的内容后，为了缩减文件，可以合并图层。简单来说，合并图层就是将两个或两个以上图层中的图像合并到一个图层上。用户可根据需要对图层进行合并，从而减少图层的数量以便操作。

（1）合并多个图层

当需要合并两个或多个图层时，有以下几种方法。

执行"图层"→"合并图层"命令。

按Ctrl+E组合键合并图层。

右击鼠标，在弹出的菜单中选择"合并图层"选项。

单击面板右上角的按钮，在弹出的菜单中选择"合并图层"选项。

（2）合并可见图层

将图层中可见的图层合并到一个图层中，而隐藏的图层则保持不动。

执行"图层"→"合并可见图层"命令。

按Ctrl+Shift+E组合键合并可见图层。

右击鼠标，在弹出的菜单中选择"合并可见图层"选项。

单击面板右上角的 按钮，在弹出的菜单中选择"合并可见图层"选项。

（3）拼合图像

将所有可见图层进行拼合，丢弃隐藏的图层。

执行"图层"→"拼合图像"命令，Photoshop会将所有处于显示状态的图层合并到背景图层中。若有隐藏的图层，在拼合图像时会弹出提示对话框，询问是否要扔掉隐藏的图层，单击"确定"按钮即可，如图8-81所示。

（4）盖印图层

盖印图层是指将多个图层的内容合并到一个新的图层中，同时保持原始图层的内容不变，按Ctrl+Alt+Shift+E组合键即可盖印图层，如图8-82所示。

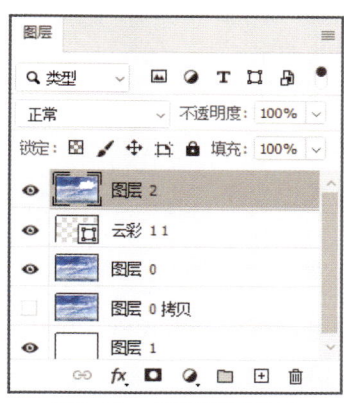

图8-81　提示对话框　　　　图8-82　盖印图层显示

8.4.3　图层样式

为图层添加图层样式是指为图层上的图像添加一些特殊的效果，如投影、内阴影、内发光、外发光、斜面和浮雕、光泽、颜色叠加、渐变叠加等。下面详细介绍图层样式的应用。

1. 调整图层不透明度

图层的不透明度直接影响图层上图像的透明效果，对其进行调整可淡化当前图层中的图像，使图像产生虚实结合的透明感。在"图层"面板的"不透明度"数值框中输入相应的数值或直接拖动滑块均可，如图8-83和图8-84所示。数值的取值范围在0%～100%之间：当值为100%时，图层完全不透明；当值为0%时，图层完全透明。

图8-83　不透明度100%　　　　　　　图8-84　不透明度60%

2. 设置图层混合模式

混合模式的应用非常广泛，在"图层"面板中，可以设置各图层的混合模式，选择不同的混合模式会得到不同的效果。

默认情况为"正常"模式。除"正常"模式外，Photoshop中还提供了6组27种混合模式，如图8-85所示。

组合模式：正常、溶解。
加深模式：变暗、正片叠底、颜色加深、线性加深、深色。
减淡模式：变亮、滤色、颜色减淡、线性减淡（添加）、浅色。
对比模式：叠加、柔光、强光、亮光、线性光、点光、实色混合。
比较模式：差值、排除、减去、划分。
色彩模式：色相、饱和度、颜色、明度。

3. 应用图层样式

双击需要添加图层样式的图层，弹出"图层样式"对话框，勾选相应的复选框并设置参数以调整效果，完成后单击"确定"按钮即可，如图8-86所示。

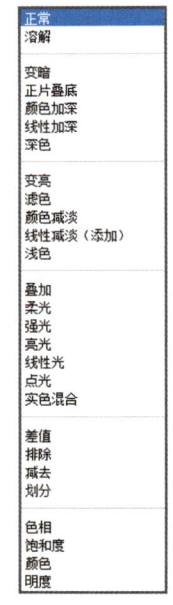

图8-85　图层混合模式

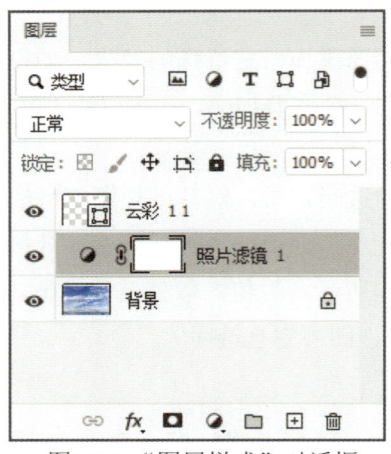

图8-86　"图层样式"对话框

此外，还可以单击"图层"面板底部的"添加图层样式" fx 按钮，从弹出的下拉菜单中选择任意一种样式，弹出"图层样式"对话框，勾选相应的复选框并设置参数即可。若选中多个复选框，则可同时为图层添加多种样式效果。

4. 管理图层样式

图层的样式是可以编辑和管理的，合理使用这些操作将有效增加工作效率。

（1）复制图层样式

如果要重复使用一个已经设置好的样式，可以将该图层样式复制应用到其他图层上。具体操作为：选中已添加图层样式的图层，右击鼠标，在弹出的菜单中选择"拷贝图层样式"选项，再选中需要粘贴图层样式的图层，右击鼠标，在弹出的菜单中选择"粘贴图层样式"选项即可。

（2）删除图层样式

删除图层样式可分为两种形式，一种是删除图层中运用的所有图层样式；另一种是删除图层中运用的部分图层样式。

删除图层中运用的所有图层样式：将要删除的图层中的图层效果图标 fx 拖到"删除图层"按钮上，释放鼠标即可删除所有图层样式。

删除图层中运用的部分图层样式：展开图层样式，选择要删除的其中一种图层样式，将其拖到"删除图层"按钮上，释放鼠标即可删除该图层样式，而其他的图层样式依然保留，如图8-87和图8-88所示。

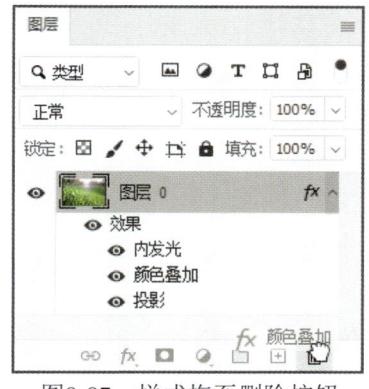

图8-87　样式拖至删除按钮　　　　图8-88　删除样式

（3）隐藏图层样式

当图层的效果太过复杂时，会扰乱画面，这时可以隐藏图层效果。选择任意图层，执行"图层"→"图层样式"→"隐藏所有效果"命令，此时该图像文件中所有图层的图层样式都将被隐藏起来。

单击当前图层中已添加的图层样式前的图标，也可将当前层的图层样式隐藏。此外，还可以单击其中某一种图层样式前的图标，只隐藏该图层样式。

8.5 路径的创建

路径工具是Photoshop矢量设计功能的充分体现,用户可以利用路径功能绘制线条或者曲线,并对绘制后的线条进行填充等,从而完成一些选区工具无法完成的工作。因此,必须熟练掌握路径工具的使用。使用钢笔工具和自由钢笔工具都可以创建路径,也可以使用钢笔工具组中的其他工具,如添加锚点工具、删除锚点工具等,对路径进行修改和调整,使其更符合用户的要求。

8.5.1 路径和"路径"面板

路径是指在屏幕上表现为一些不可打印、不能活动的矢量形状,它由锚点和连接锚点的线段或曲线构成。每个锚点还包含两个控制柄,用于精确调整锚点及前后线段的曲度,从而匹配想要选择的边界。

执行"窗口"→"路径"命令,弹出"路径"面板,从中可以进行路径的新建、保存、复制、填充和描边等操作,如图8-89所示。

图8-89 "路径"面板

该面板中各主要选项的功能如下所述。

路径缩览图和路径层名:用于显示路径的大致形状和路径名称,双击名称后可为该路径重命名。

用前景色填充路径:单击该按钮可使用前景色填充当前路径。

用画笔描边路径:单击该按钮可用画笔工具和前景色为当前路径描边。

将路径作为选区载入:单击该按钮可将当前路径转换成选区,此时还可对选区进行其他编辑操作。

从选区生成工作路径:单击该按钮可将选区转换为工作路径。

添加图层蒙版:单击该按钮可为路径添加图层蒙版。

创建新路径:单击该按钮可创建新的路径图层。

删除当前路径:单击该按钮可删除当前路径图层。

8.5.2 钢笔工具组

Photoshop软件中提供了一组用于创建、编辑路径的工具,位于Photoshop软件的工具箱中。在默认情况下,其图标显示呈现为钢笔图标。

1. 钢笔工具

钢笔工具是一种矢量绘图工具,使用它可以精确绘制出直线或平滑的曲线。

选择"钢笔工具" ,在图像中单击,创建路径起点,此时在图像中会出现一个锚点,沿图像中需要创建路径的图案轮廓方向单击并按住鼠标向外拖动,让曲线贴合图像边缘,直到光标与创建的路径起点相连接时,路径才会自动闭合,如图8-90和图8-91所示。

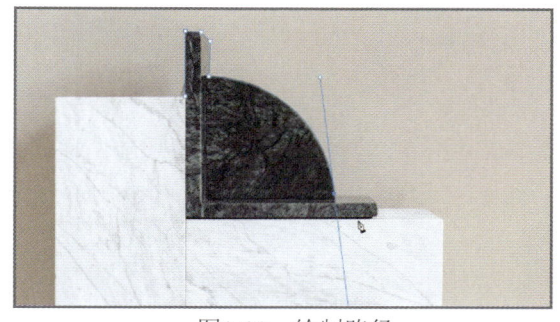

图8-90 绘制路径   图8-91 闭合路径

2. 自由钢笔工具

使用自由钢笔工具可以在图像窗口中绘制任意形状的路径。在绘画时,将自动添加锚点,无须确定锚点的位置,完成路径后还可进一步对其进行调整。

选择"自由钢笔工具" ,在选项栏中勾选"磁性的"复选框后将创建连续的路径,同时会随着鼠标的移动产生一系列的锚点,如图8-92所示;若取消勾选该复选框,则会像铅笔在纸上绘制不连续路径,如图8-93所示。

图8-92 绘制连续路径   图8-93 绘制不连续路径

8.5.3 路径形状的调整

路径可以是平滑的直线或曲线,也可以是由多个锚点组成的闭合形状。在路径中添加锚点或删除锚点都能改变路径的形状。

1. 添加锚点

选择"添加锚点工具" ,将鼠标移到要添加锚点的路径上,当鼠标变为 形状时单击鼠标即可添加一个锚点。添加的锚点以实心显示,拖动该锚点可以改变路径的形状。

2. 删除锚点

选择"删除锚点工具" ,将鼠标移到要删除的锚点上,当鼠标变为 形状时,单击鼠标即可删除该锚点。删除锚点后路径的形状也会发生相应变化。

3. 转换锚点

使用转换点工具 能将路径在尖角和平滑之间进行转换,具体有以下几种方式。

在需要转换为平滑点的锚点上按住鼠标左键不放并拖动,会出现锚点的控制柄,拖动控制柄即可调整曲线的形状,如图8-94所示。

若要将平滑点转换成没有方向线的角点,只要单击平滑锚点即可,如图8-95所示。

若要将平滑点转换为带有方向线的角点,要使方向线出现,然后拖动方向点,使方向线断开,如图8-96所示。

图8-94　调整曲线形状　　　　图8-95　平滑点转角点　　　　图8-96　断开方向线

8.6 通道和蒙版

对图像的编辑实质上是对通道的编辑。通道是真正记录图像信息的地方,无论色彩的改变、选区的增减、渐变的产生,都可以追溯到通道中去。通道的编辑包括通道的复制、删除、分离和合并,以及通道的计算和与选区及蒙版的转换等。

8.6.1 创建通道

在一般情况下,在Photoshop中新建的通道是保存选择区域信息的Alpha通道,可以更方便地对图像进行编辑。创建通道分为创建空白通道和创建带选区的通道两种。

1. 创建空白通道

空白通道是指创建的通道属于选区通道，但选区中没有图像等信息。

在"通道"面板中单击右上角的■按钮，在弹出的菜单中选择"新建通道"选项，如图8-97所示，弹出"新建通道"对话框（图8-98），在该对话框中设置新通道的名称等参数，单击"确定"按钮即可。在"通道"面板中单击底部的"创建新通道"◻按钮也可以新建一个空白通道。

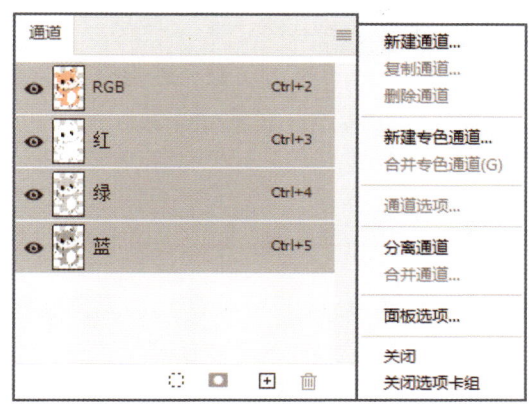

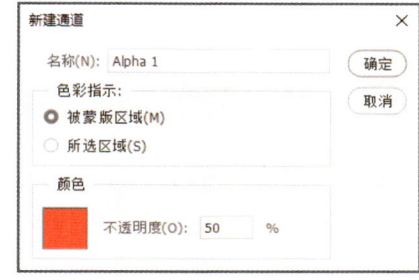

图8-97 "通道"面板　　图8-98 "新建通道"对话框

2. 通过选区创建选区通道

选区通道是用来存放选区信息的，一般由用户保存选区，用户可以在图像中将需要保留的图像创建选区，然后在"通道"面板中单击"创建新通道"◻按钮即可。将选区创建为新通道后能方便用户在后面的重复操作中快速载入选区。若用户是在背景图层上创建选区，可直接单击"通道"面板中的"将选区存储为通道"◻按钮，快速创建带有选区的Alpha通道。在将选区保存为Alpha通道时，选择区域被保存为白色，非选择区域被保存为黑色。如果选择区域具有羽化值，则此类选择区域被保存为由灰色柔和过渡的通道。

8.6.2　复制和删除通道

如果要对通道中的选区进行编辑，一般都要将该通道的内容复制后再进行编辑，以免编辑后不能还原图像。图像编辑完成后，存储含有Alpha通道的图像会占用一定的磁盘空间，因此在存储含有Alpha通道的图像前，可以删除不需要的Alpha通道。

复制或删除通道的方法非常简单，只需拖动需要复制或删除的通道到"创建新通道"◻按钮或"删除当前通道"◻按钮上释放鼠标即可。也可以在需要复制或删除的通道上单击鼠标右键，在弹出的菜单中选择"复制通道"或"删除通道"选项即可。复制通道效果如图8-99和图8-100所示。

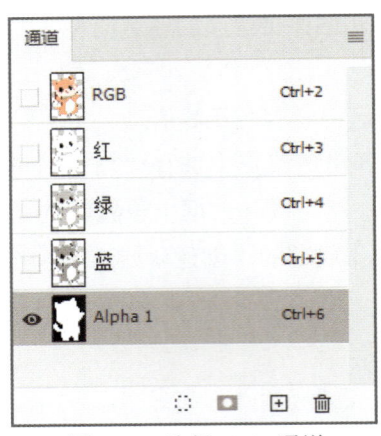

图8-99　选择Alpha通道 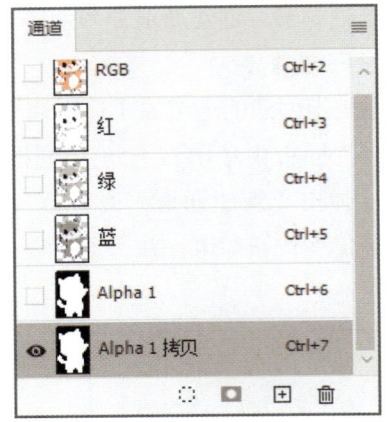　　　　　图8-100　复制Alpha通道

8.6.3　分离和合并通道

在Photoshop中，可以将通道进行分离或者合并。分离通道可将一个图像文件中的各个通道以单个独立文件的形式进行存储，而合并通道可以将分离的通道合并在一个图像文件中。

1. 分离通道

分离通道是指将通道中的颜色或选区信息分别存放在不同的独立灰度模式的图像中。分离通道后也可对单个通道中的图像进行操作，常用于无须保留通道的文件格式而保存单个通道信息等情况。

在Photoshop中打开一张需要分离通道的图像，在"通道"面板中单击 ≡ 按钮，在弹出的菜单中选择"分离通道"选项，如图8-101和图8-102所示。

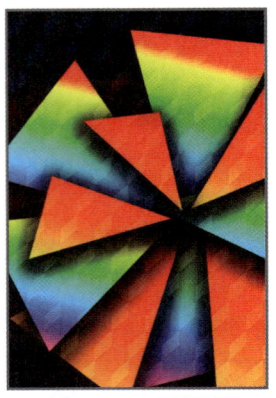

图8-101　原图像 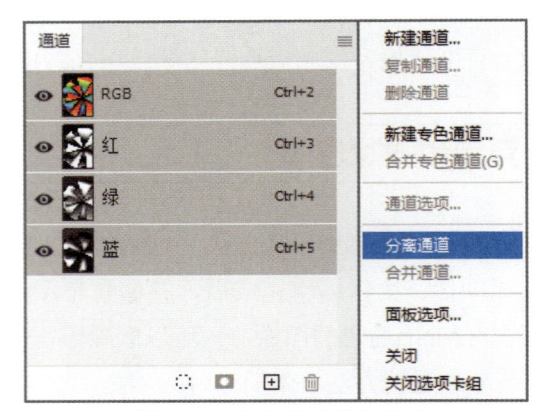　　　　　图8-102　"分离通道"选项

此时软件自动将图像分离为3个灰度图像，如图8-103～图8-105所示。

模块8　Photoshop基础知识

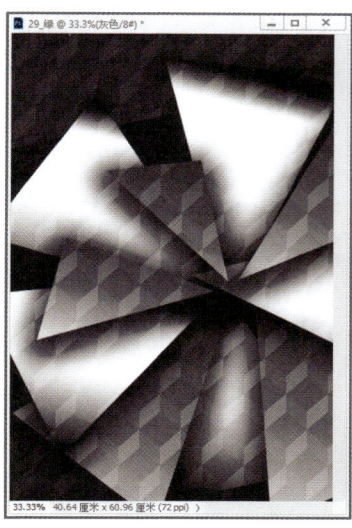

图8-103　红通道　　　　图8-104　绿通道　　　　图8-105　蓝通道

2. 合并通道

合并通道是指将分离后的通道图像重新组合成一个新图像文件。通道的合并类似于简单的通道计算，能同时将两幅或多幅图像经过分离后变为单独的通道灰度图像，再有选择性地进行合并。

在分离后的图像中，任选一张灰度图像，单击"通道"面板中右上角的 ≡ 按钮，在弹出的菜单中选择"合并通道"选项，弹出"合并通道"对话框，如图8-106所示，在该对话框中设置模式后单击"确定"按钮，弹出"合并RGB通道"对话框（图8-107），可分别选择红色、绿色、蓝色通道，单击"确定"按钮即可将选择的通道进行合并。

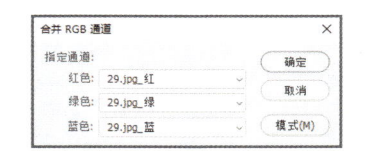

图8-106　"合并通道"对话框　　　　图8-107　"合并RGB通道"对话框

8.6.4　蒙版的分类

蒙版是将不同灰度色值转化为不同的透明度，并作用到它所在的图层，使图层不同部位的透明度产生相应的变化。黑色为完全透明，白色为完全不透明，灰色为半透明。蒙版分为快速蒙版、矢量蒙版、图层蒙版和剪贴蒙版4类。

1. 快速蒙版

快速蒙版是一种临时性的蒙版，是暂时在图像表面生成的一种类似保护膜的保护装置，常用于帮助用户快速得到精确的选区。在快速蒙版模式中工作时，"通道"面板中会出现一个临时快速蒙版通道，但是所有的蒙版编辑是在图像窗口中完成的。

单击工具箱底部的"以快速蒙版模式编辑"按钮或者按Q键，进入快速蒙版编辑状态。选择"画笔工具"，适当调整画笔大小，在图像中需要添加快速蒙版的区域进行涂抹，涂抹后的区域呈半透明红色显示，然后按Q键退出快速蒙版，即可建立选区，如图8-108和图8-109所示。

图8-108　进入快速蒙版　　　　　　　　图8-109　退出快速蒙版

2. 矢量蒙版

矢量蒙版是通过形状控制图像显示区域的，它只能作用于当前图层。其本质为使用路径制作蒙版，遮盖路径覆盖的图像区域，显示无路径覆盖的图像区域。矢量蒙版可以通过形状工具创建，也可以通过路径来创建。

选择"钢笔工具"绘制图像路径，执行"图层"→"矢量蒙版"→"当前路径"命令，保留路径覆盖区域图像，背景区域则隐藏不见，如图8-110和图8-111所示。

图8-110　绘制路径　　　　　　　　图8-111　创建矢量蒙版

选择"自定形状工具"，在选项栏中选择"形状"模式，设置形状样式，在图像中单击并拖动鼠标，绘制形状即可创建矢量蒙版。

3. 图层蒙版

使用图层蒙版可以在不破坏图像的情况下反复修改图层的效果，大大方便了对图像的编辑。选择添加蒙版的图层为当前图层，单击"图层"面板底部的"添加图层蒙版"按钮，设置前景色为黑色，使用画笔工具在图层蒙版上进行涂抹擦除，如图8-112和图8-113所示。

图8-112　置入素材　　　　　　　　　图8-113　添加并调整图层蒙版

按住Alt键的同时单击"添加图层蒙版"按钮可创建黑色的蒙版，设置前景色为白色，使用画笔工具可擦除显示。若图层中有选区时，直接单击面板底部的"添加图层蒙版"按钮，选区内的图像将被保留，而选区外的图像将被隐藏。

4. 剪贴蒙版

剪贴蒙版的作用是使用处于下方图层的形状来限制上方图层的显示状态。剪贴蒙版由两部分组成：一部分为基层，即基础层，用于定义显示图像的范围或形状；另一部分为内容层，用于存放将要表现的图像内容。使用剪贴蒙版能够在不影响原图像的同时有效地完成剪贴制作。蒙版中的基底图层名称带下划线，上层图层的缩览图是缩进的。

创建剪贴蒙版有如下两种方法。

在"图层"面板中按住Alt键的同时将鼠标移至两图层间的分隔线上，当其变为形状时，单击鼠标左键即可，如图8-114和图8-115所示。

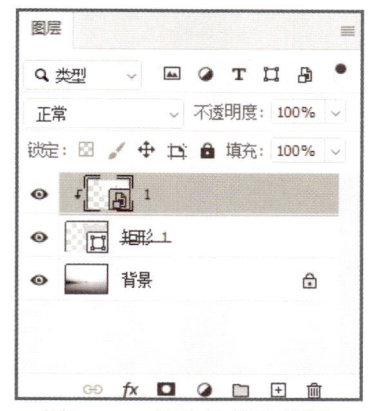

图8-114　创建剪贴蒙版　　　　　　　图8-115　新建的剪贴蒙版

在"图层"面板中选择要进行剪贴的两个图层中的内容层，按Ctrl+Alt+G组合键即可。

在使用剪贴蒙版处理图像时，内容层一定要位于基础层的上方，这样才能对图像进行正确剪贴。创建剪贴蒙版后，再按Ctrl+Alt+G组合键即可释放剪贴蒙版。

8.7 图像色彩的调整

色彩是构成图像的重要元素之一。调整图像的色彩，人们的视觉感受和风格都会随着变化，图像也会呈现出全新的面貌。

8.7.1 色阶

色阶主要用来调整图像的高光、中间调和阴影的强度级别，从而校正图像的色调范围和色彩平衡。执行"图像"→"调整"→"色阶"命令或按Ctrl+L组合键，可弹出"色阶"对话框，如图8-116所示。

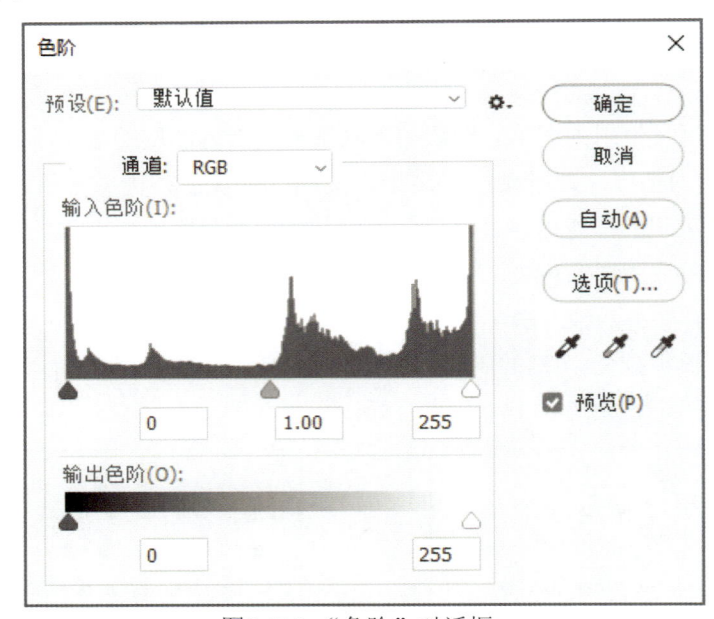

图8-116 "色阶"对话框

该对话框中各主要选项的功能介绍如下。

预设：在其下拉列表框中可选择预设色阶文件对图像进行调整。

通道：在其下拉列表框中可选择调整整体或者单个通道色调的通道。

输入色阶：该选项分别对应上方直方图中的3个滑块，拖动不同滑块即可调整其阴影、高光和中间调。

输出色阶：设置图像亮度范围，其取值范围为0～255，两个数值分别用于调整暗部色调和亮部色调。

自动：单击该按钮，将以0.5的比例对图像进行调整，把最亮的像素调整为白色，把最暗的像素调整为黑色。

选项：单击该按钮，可弹出"自动颜色校正选项"对话框，从中可设置"阴影""高光"所占比例。

从图像中取样以设置黑场：通过点击图像取样，将选定像素调整为纯黑色，同时使亮度相近的像素也变为黑色。

从图像中取样以设置灰场：通过点击图像选取一个点作为灰色基准，调整该点为中性灰，从而平衡图像色调，确保色彩准确，改善整体图像质量。

从图像中取样以设置白场：通过点击图像选择一个点作为白色基准，将该点调整为纯白色，并使亮度相近的像素也变为白色，以校正图像亮度。

8.7.2 曲线

使用曲线不仅可以调整图像的整体色调，还可以精确地控制图像中多个色调区域的明暗度，将一幅整体偏暗且模糊的图像变得清晰、色彩鲜明。执行"图像"→"调整"→"曲线"命令或按Ctrl+M组合键，即可弹出"曲线"对话框，如8-117所示。

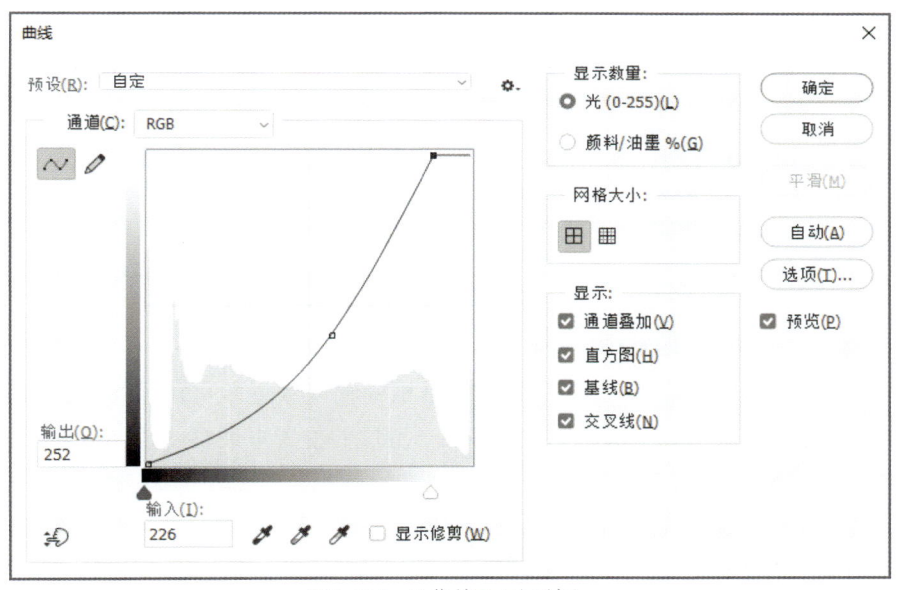

图8-117 "曲线"对话框

该对话框中各主要选项的功能如下所述。

曲线编辑框：曲线的水平轴表示原始图像的亮度，即图像的输入值；垂直轴表示处理后新图像的亮度，即图像的输出值；曲线的斜率表示相应像素点的灰度值。在曲线上单击并拖动可创建控制点调整色调。

编辑点以修改曲线：单击该按钮后，可通过拖动曲线上的控制点来调整图像。

通过绘制来修改曲线：单击该按钮后，将鼠标移到曲线编辑框中，当变为形状时单击并拖动，可绘制需要的曲线来调整图像。

网格大小：用于控制曲线编辑框中曲线的网格数量。

"显示"选项区：包括"通道叠加""直方图""基线""交叉线"4个复选框，只有勾选这些复选框才会在曲线编辑框里显示3个通道叠加以及基线、直方图和交叉线的效果。

8.7.3 色彩平衡

色彩平衡是指调整图像整体色彩平衡，只作用于复合颜色通道，在彩色图像中改变颜色的混合，用于纠正图像中明显的偏色问题。执行该命令可以在图像原色的基础上根据需要来添加其他颜色，或通过增加某种颜色的补色，以减少该颜色的数量，从而改变图像的色调。

执行"图像"→"调整"→"色彩平衡"命令或按Ctrl+B组合键，即可弹出"色彩平衡"对话框，如图8-118所示。

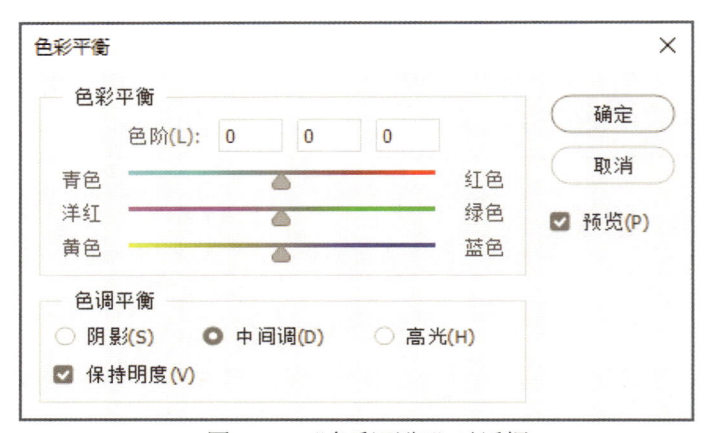

图8-118 "色彩平衡"对话框

该对话框中各主要选项的功能如下所述。

"色彩平衡"选项区：在"色阶"后的文本框中输入数值即可调整组成图像的6个不同原色的比例，也可直接用鼠标拖动文本框下方3个滑块的位置来调整图像的色彩。

"色调平衡"选项区：用于选择需要进行调整的色彩范围，包括阴影、中间调和高光，选中某一个单选按钮，就可对相应色调的像素进行调整。勾选"保持明度"复选框时，调整色彩时将保持图像明度不变。

8.7.4 色相/饱和度

"色相/饱和度"命令主要用于调整图像像素的色相和饱和度，通过对图像的色相、饱和度和明度进行调整，从而达到改变图像色彩的目的，而且还可以通过给像素定义新的色相和饱和度，实现对灰度图像上色的功能，或创作单色调效果。

执行"图像"→"调整"→"色相/饱和度"命令或按Ctrl+U组合键，弹出"色相/饱和度"对话框，如图8-119所示。

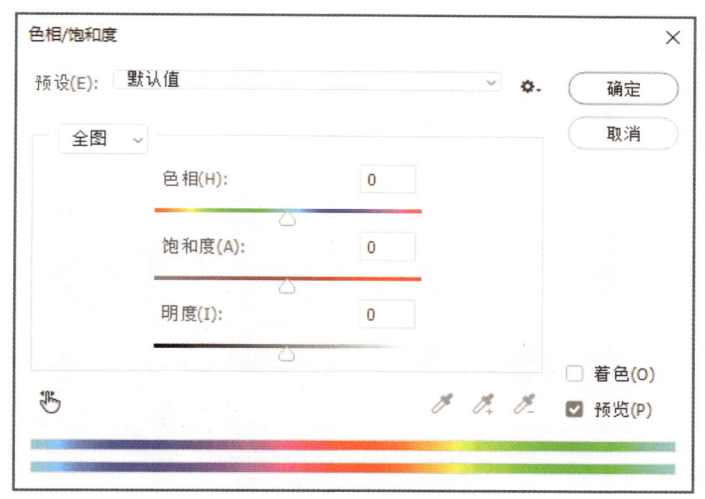

图8-119 "色相/饱和度"对话框

在该对话框中，若选择"全图"选项可一次性调整整幅图像中的所有颜色；若选中"全图"选项之外的选项，则色彩变化只对当前选中的颜色起作用；若勾选"着色"复选框，则通过调整色相/饱和度，能让图像呈现出多种富有质感的单色调效果。

8.7.5 替换颜色

替换颜色主要是针对图像中特定颜色范围内的图像进行调整，用其他颜色替换图像中选中区域的颜色，还能调整其色相、饱和度和明度。"替换颜色"命令相当于"色彩平衡""色相/饱和度"命令的整合。

执行"图像"→"调整"→"替换颜色"命令，即可弹出"替换颜色"对话框，如图8-120所示。

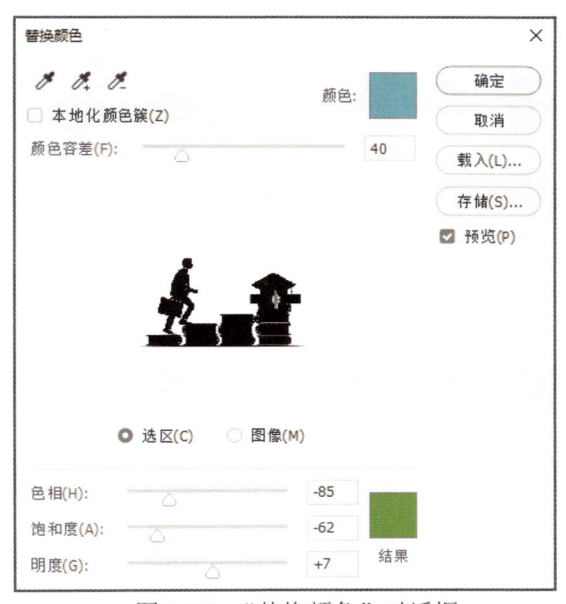

图8-120 "替换颜色"对话框

使用替换颜色工具时，先将鼠标移到图像中需要调整的区域并点击以选取目标颜色，然后设置"颜色容差"，控制要替换的颜色范围的精确度。在对话框中点击"结果"色块可选择新的颜色，并根据需求调整"色相""饱和度""明度"参数来细化效果。图8-121和图8-122所示为替换颜色前后的对比效果。

图8-121　替换颜色前　　　　　　　　图8-122　替换颜色后

8.7.6　去色

去色是指去掉图像的颜色，将图像中所有颜色的饱和度变为0，使图像显示为灰度，每个像素的亮度值不会改变。执行"图像"→"调整"→"去色"命令或按Shift+Ctrl+U组合键即可对图像进行去色。图8-123和图8-124所示为图像去色前后的对比效果。

图8-123　图像去色前　　　　　　　　图8-124　图像去色后

8.8　滤镜

滤镜也称为"滤波器"，是一种特殊的图像效果处理技术。在实际应用中，主要分为软件自带的内置滤镜和外挂滤镜两种。执行"滤镜"命令查看滤镜菜单，其中包括多个滤镜组，在各滤镜组中又有多个滤镜命令，可通过执行一次或多次滤镜命令为图像添加不一样的效果。

8.8.1 独立滤镜组

在Photoshop中，独立滤镜不包含任何滤镜子菜单命令，直接选择即可使用。下面对滤镜库、"液化"滤镜进行详细介绍。

1. 滤镜库

滤镜库是为方便用户快速找到滤镜而诞生的，滤镜库包含风格化、画笔描边、扭曲、素描、纹理和艺术效果等选项，每个选项中又包含多种滤镜效果，用户可以根据需要自行选择想要的图像效果。

执行"滤镜"→"滤镜库"命令，可弹出"滤镜库"对话框，如图8-125所示。

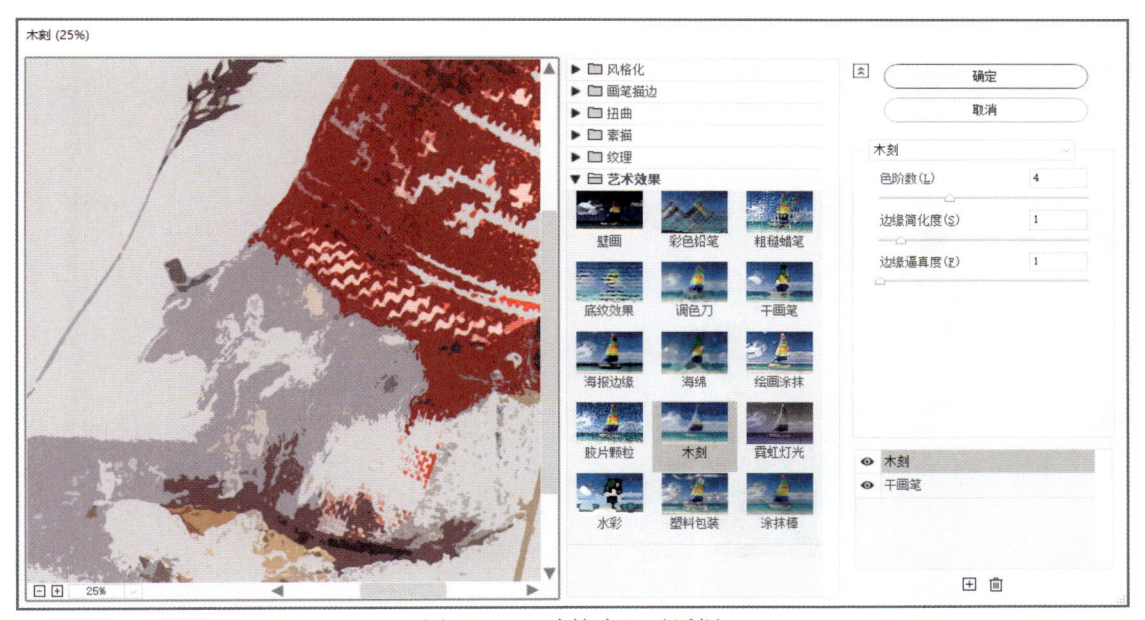

图8-125 "滤镜库"对话框

该对话框中主要选项的功能如下所述。

预览框：可预览图像的变化效果，单击底部的 按钮，可缩小或放大预览框中的图像。

滤镜组：该区域包含了"风格化""画笔描边""扭曲""素描""纹理""艺术效果"6组滤镜，单击每组滤镜前面的三角形图标展开该滤镜组，即可看到该滤镜组中所包含的具体滤镜。

显示/隐藏滤镜缩览图：单击该按钮可隐藏或显示滤镜缩览图。

"滤镜"弹出式菜单与参数设置区：在"滤镜"弹出式菜单中可以选择所需滤镜，在其下方区域中可设置当前应用滤镜的各种参数值和选项。

选择滤镜显示区域：单击某一个滤镜效果图层，将显示选中该滤镜；列表中的其余选项是已应用但未选择的滤镜。

隐藏滤镜：单击效果图层前面的图标，可隐藏滤镜效果；再次单击，将显示被隐藏的效果。

新建效果图层：若要同时使用多个滤镜，可以单击该按钮，新建一个效果图层，从而实现多滤镜的叠加使用。

删除效果图层：选择一个效果图层后，单击该按钮即可将其删除。

2．"液化"滤镜

使用"液化"滤镜能对图像进行收缩、膨胀扭曲、旋转等变形处理，还可以定义扭曲的范围和强度，同时还可以将调整好的变形效果存储起来或载入以前存储的变形效果。

执行"滤镜"→"液化"命令，即可弹出"液化"对话框，如图8-126所示。

图8-126 "液化"对话框

该对话框中主要选项的功能如下所述。

向前变形工具：可以移动图像中的像素，得到变形的效果。

重建工具：在变形的区域中拖动鼠标进行涂抹，可以使变形区域的图像恢复到原始状态。

平滑工具：用来减少图像边缘的锯齿现象，消除锐利或突兀的过渡。

顺时针旋转扭曲工具：在图像中单击或移动鼠标时，图像会顺时针旋转扭曲；当按住Alt键单击鼠标时，图像则会被逆时针旋转扭曲。

褶皱工具：在图像中单击或移动鼠标时，可以使像素向画笔中间区域的中心移动，使图像产生收缩的效果。

膨胀工具：在图像中单击鼠标或移动鼠标时，可以使像素向画笔中心区域以外的方向移动，使图像产生膨胀的效果。

左推工具：可以使图像产生挤压变形的效果。

冻结蒙版工具：在预览窗口中绘制出冻结区域，在调整图像时，冻结区域内的图像不会受到变形工具的影响。

解冻蒙版工具：涂抹冻结区域能够解除冻结功能。

脸部工具：该工具会自动识别人的五官和脸型。当鼠标置于五官的上方时，图像中会出现调整五官脸型的线框，拖动该线框可以改变五官的位置和大小，也可以在右侧"人脸识别液化"中设置参数，调整人物的脸型。

8.8.2 其他滤镜组

其他滤镜组指的是除滤镜库和独立滤镜外，Photoshop提供的一些较为特殊的滤镜，包括风格化滤镜、模糊滤镜、扭曲滤镜、锐化滤镜、像素化滤镜、渲染滤镜和杂色滤镜等，如图8-127所示。在使用过程中可针对不同的情况选择不同的滤镜，能让图像焕发不一样的光彩。

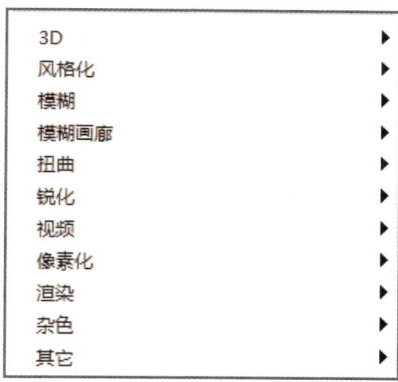

图8-127 "滤镜"菜单

1. 风格化滤镜组

风格化滤镜组通过置换图像像素并增加其对比度，可在选区中产生印象派绘画及其他风格化的效果。执行"滤镜"→"风格化"命令，弹出其子菜单，执行相应的菜单命令即可实现滤镜效果，如图8-128所示。

2. 模糊滤镜组+模糊画廊滤镜组

模糊滤镜组主要用于不同程度地减少相邻像素间颜色的差异，使图像产生柔和、模糊的效果。执行"滤镜"→"模糊/模糊画廊"命令，弹出其子菜单，执行相应的菜单命令即可实现滤镜效果，如图8-129和图8-130所示。其中模糊画廊滤镜组下的滤镜命令都可以在同一个对话框中进行调整。

图8-128 风格化滤镜子菜单　　图8-129 模糊滤镜子菜单　　图8-130 模糊画廊滤镜子菜单

3. 扭曲滤镜组

扭曲滤镜组主要用于对平面图像进行扭曲，使其产生旋转、挤压、水波和三维等变形效果。执行"滤镜"→"扭曲"命令，弹出其子菜单，执行相应的菜单命令即可实现滤镜效果，如图8-131所示。

4. 锐化滤镜组

锐化滤镜组主要是通过增强图像相邻像素间的对比度，使图像轮廓分明、纹理清晰，以减弱图像的模糊程度。执行"滤镜"→"锐化"命令，弹出其子菜单，执行相应的菜单命令即可实现滤镜效果，如图8-132所示。

5. 像素化滤镜组

像素化滤镜组通过将图像中相似颜色值的像素转化成单元格的方法，使图像分块或平面化，将图像分解成肉眼可见的像素颗粒，如方形、不规则多边形和点状等，视觉上看就是图像被转换成由不同色块组成的图像。执行"滤镜"→"像素化"命令，弹出其子菜单，执行相应命令即可实现其滤镜效果，如图8-133所示。

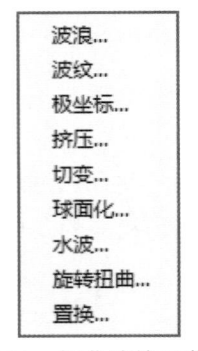

图8-131 扭曲滤镜子菜单　　图8-132 锐化滤镜子菜单　　图8-133 像素化滤镜子菜单

6. 渲染滤镜组

渲染滤镜组能够在图像中产生光线照明的效果，通过渲染滤镜，还可以制作云彩效果。执行"滤镜"→"渲染"命令，弹出其子菜单，执行相应的菜单命令即可实现滤镜效果，如图8-134所示。

7. 杂色滤镜组

杂色滤镜组可给图像添加一些随机产生的干扰颗粒，即噪点；还可创建不同寻常的纹理或去掉图像中有缺陷的区域。执行"滤镜"→"杂色"命令，弹出其子菜单，执行相应的菜单命令即可实现滤镜效果，如图8-135所示。

8. 其他滤镜组

其他滤镜组则可用来创建自定义滤镜，也可修饰图像的某些细节部分。执行"滤镜"→"其它"[①]命令，弹出其子菜单，执行相应的菜单命令即可实现滤镜效果，如图8-136所示。

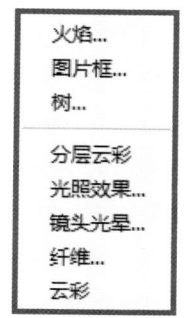

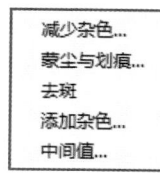

图8-134　渲染滤镜子菜单　　图8-135　杂色滤镜子菜单　　图8-136　其它滤镜子菜单

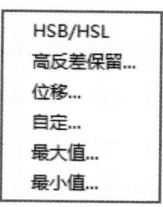

---

① 在Photoshop软件中，使用的是"其它"一词。

9.1 CorelDRAW基本操作

CorelDRAW的基本操作主要包括文档的新建、打开/关闭、保存、导入/导出等。

9.1.1 创建新文档

在CorelDRAW中进行绘图创作时，创建文档是第一步。通过以下两种方式可以创建文档。在欢迎界面中单击"新建"按钮；执行"文件"→"新建"命令（或按Ctrl+N组合键），弹出"创建新文档"对话框，设置"常规""尺度""颜色设置"等参数，如图9-1所示，单击"OK"按钮即可新建文档。

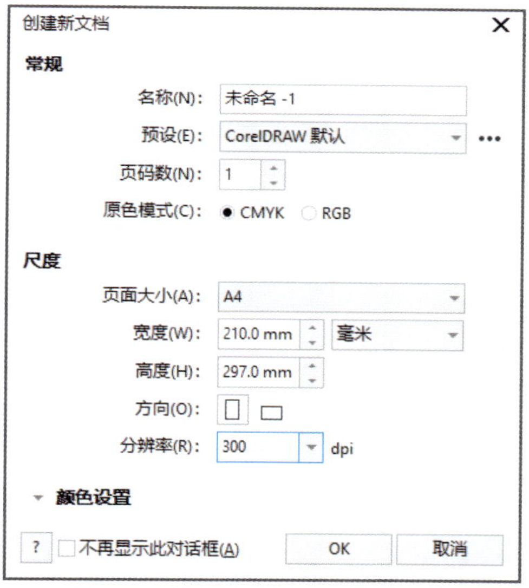

图9-1 "创建新文档"对话框

该对话框中主要选项的功能介绍如下。

名称： 设置当前文档的名称。

预设： 在下拉列表框中选择CorelDRAW内置的预设类型，如Web、默认CMYK、默认RGB、CorelDRAW默认和自定义。单击按钮，在弹出的菜单中可以保存或删除预设。

页码数： 设置新建文档的页数。

原色模式： 设置文档的原色模式为CMYK或RGB。

页面大小： 在下拉列表框中选择常用的尺寸，如A4、A3、名片、网页等。

宽度/高度：设置文档的宽度和高度，在宽度数值框后面的下拉列表中可设置单位。

方向：选择纵向或横向排列。

分辨率：设置在文档中（位图部分）栅格化部分的分辨率，如透明、阴影等。在下拉列表框中包含一些常用的分辨率。

颜色设置：单击三角▼按钮显示卷展栏，可以对RGB预置文件、CMYK预置文件、灰度预置文件和匹配类型进行参数设置。

⚠ **注意事项**：若不想显示"创建新文档"对话框并选择使用最后使用的设置来创建新文档，可勾选"不再显示此对话框"复选框。如需恢复，可执行"工具"→"选项"→"CorelDRAW"命令，在"常规"选项中勾选"显示'新建文档'对话框"复选框即可，如图9-2所示。

图9-2 设置新建文档的显示方式

在CorelDRAW中内置了很多模板，在欢迎屏幕界面中单击"从模板新建"按钮或执行"文件"→"从模板新建"命令，弹出"从模板新建"对话框，从中选择合适的模板，单击"打开"按钮即可。在"所有类别"下拉列表框中可以选择预设模板类型，如图9-3所示。

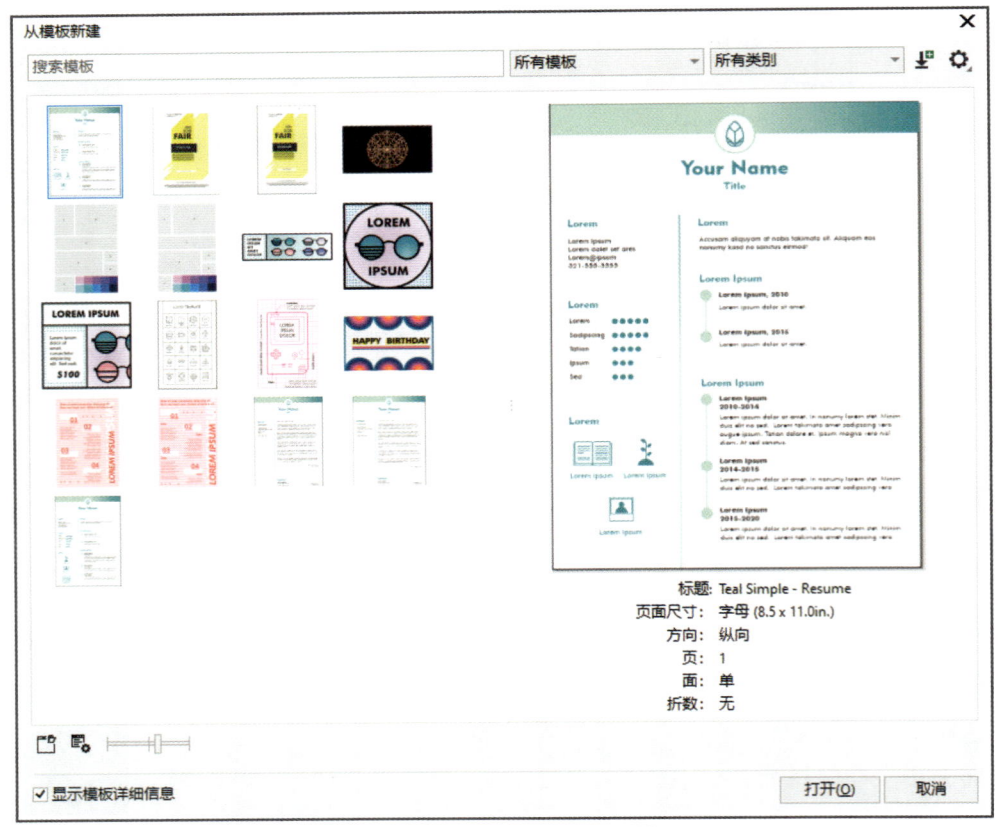

图9-3 "从模板新建"对话框

9.1.2 打开与导入文档

执行"文件"→"打开"命令或按Ctrl+O组合键,弹出"打开绘图"对话框,选择目标文件,单击"打开"按钮即可,如图9-4所示。

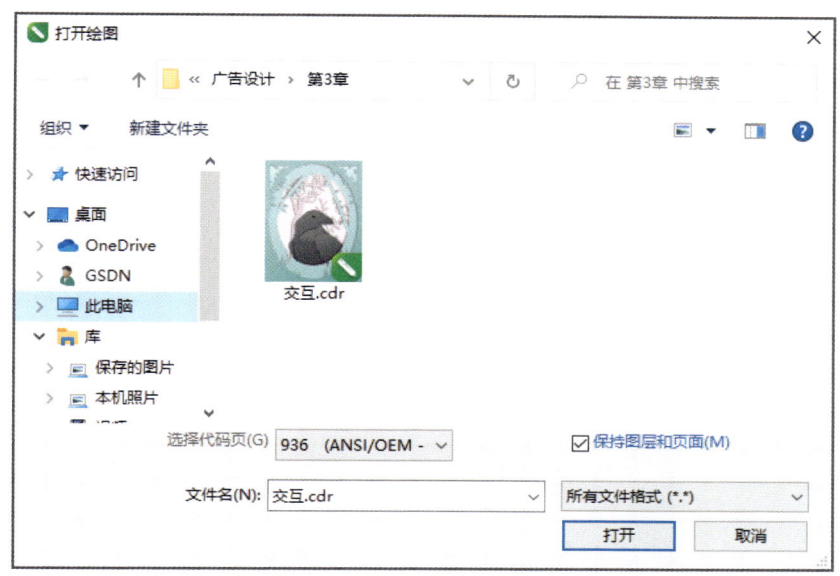

图 9-4 "打开绘图"对话框

创建文档后,若需要导入图像,可以执行"文件"→"导入"命令或按Ctrl+I组合键,在弹出的对话框中选择目标文件并单击"导入"按钮,此时光标转换为导入光标模式。单击鼠标左键将以原大小导入位图,或按住鼠标左键并拖动来绘制一个自定义大小的区域,松开鼠标后,所导入的图像将会按照指定的尺寸填充到该区域,如图9-5和图9-6所示。

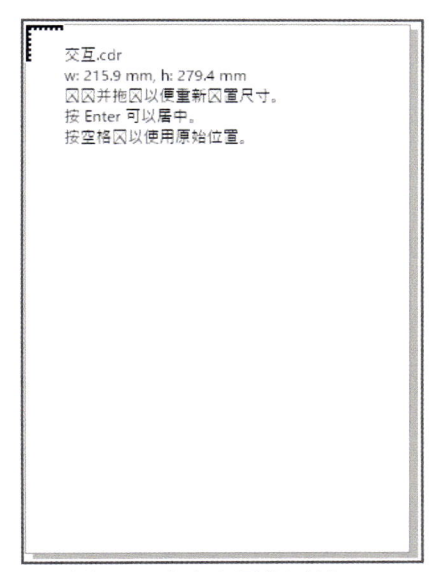

图 9-5 自定义图像区域　　　　图 9-6 填充导入的图像

9.1.3 保存文档

完成文档编辑后，执行"文件"→"保存"命令，弹出的"保存绘图"对话框，选择目标路径并设置参数，完成后单击"保存"按钮即可，如图9-7所示。对于已经保存过的文档，可执行"文件"→"另存为"命令或按Ctrl+Shift+S组合键，在弹出的对话框中重新设置相关选项即可。

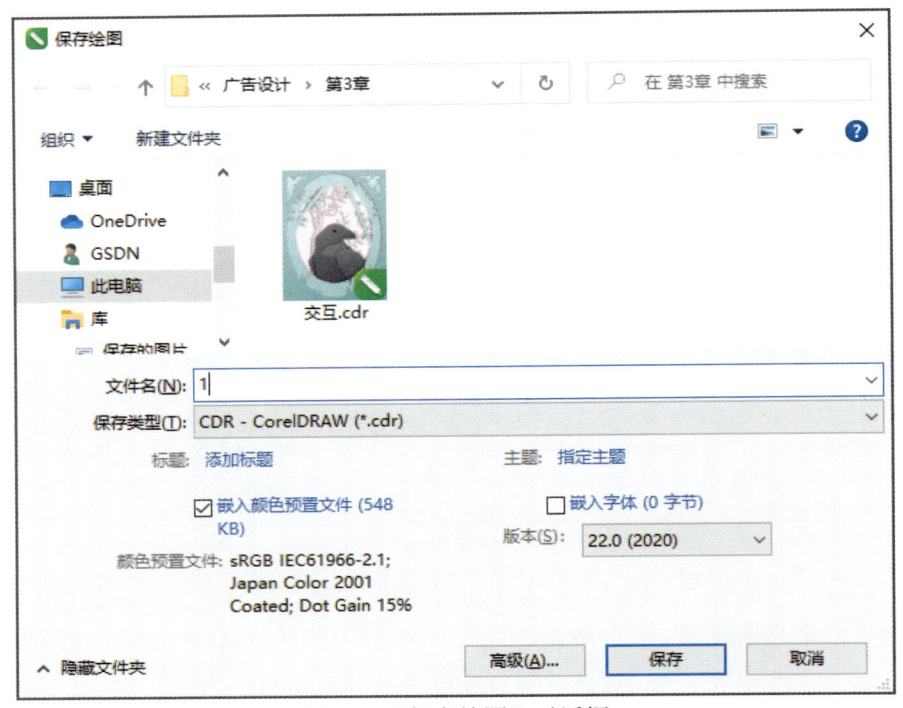

图 9-7 "保存绘图"对话框

🛈 **注意事项**：单击标准工具栏中的 🖫 按钮可保存图像。保存文档时，在"版本"下拉列表框中设置文档版本，如图9-8所示。设置版本时要避免发生低版本软件打不开高版本文件的情况。

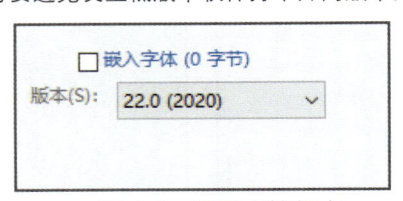

图 9-8 设置文档版本

9.1.4 导出文档

当需要导出经过编辑处理的图像时，可执行"文件"→"导出"命令，在弹出的对话框中选择图像存储的位置并设置文件的保存类型，如PDF、JPEG、PNG、AI等格式。完成设置后单击"导出"按钮即可，如图9-9所示。

模块9　CorelDRAW基础知识

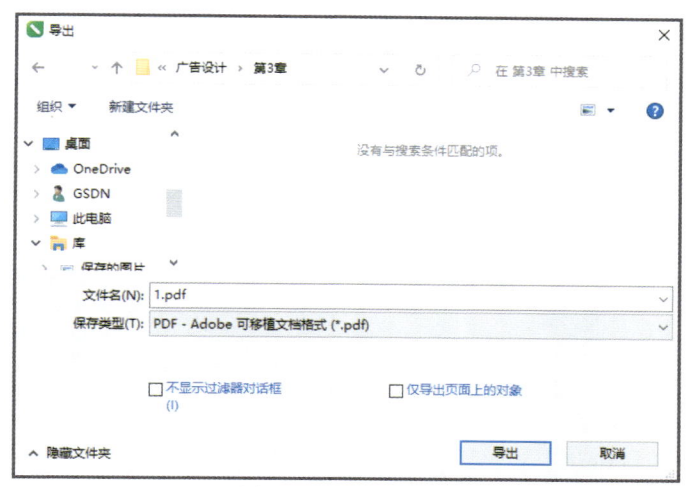

图 9-9　"导出"对话框

单击标题栏右上方的"关闭"❌按钮或按Ctrl+F4组合键，可关闭当前文档窗口，如图9-10所示。直接单击操作界面右上角的"关闭"按钮可退出程序。

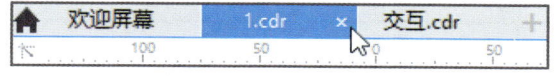

图 9-10　在标题栏关闭文档

9.2　图形的绘制与填充

本节主要讲解图形的绘制和填充，使用不同工具可以绘制直线、曲线和几何图形等。

9.2.1　绘制直线与曲线

绘制线条是绘制图形的基础，主要包括直线的绘制和曲线的绘制。在CorelDRAW中，用于图形绘制的工具有手绘工具、2点线工具、贝塞尔工具、钢笔工具、B样条工具、折线工具、3点曲线工具、艺术笔工具和智能绘图工具等。

1. 手绘工具

使用手绘工具可以绘制直线和曲线。

选择手绘工具 或按F5键，在选项栏中可以设置手绘平滑度的参数 。将鼠标光标移至工作区中，单击并拖动鼠标绘制曲线，释放鼠标后会自动优化所绘曲线，去除不光滑的部分，将其替换为光滑的曲线效果，如图9-11所示。

若要绘制直线，可在起点处单击，当光标变为 形状时，拖至目标点后再次单击即可，如图9-12所示。按住Ctrl键的同时拖动鼠标可绘制水平、垂直及15°倍数的直线。

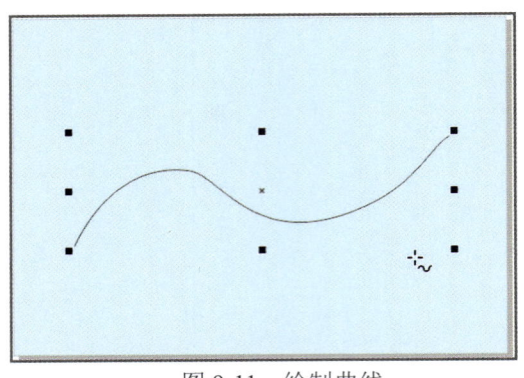

图 9-11　绘制曲线　　　　　　　　　　　图 9-12　绘制直线

2. 2点线工具

使用2点线工具可以快速绘制相切的直线和相互垂直的直线。

长按手绘工具，在弹出的工具列表中选择2点线工具，在其选项栏中包含3种模式，单击相应的按钮即可进行切换，如图9-13所示。

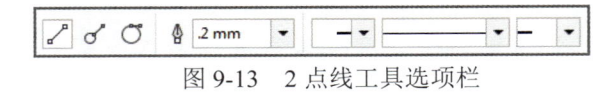

图 9-13　2点线工具选项栏

选择2点线工具，按住鼠标左键拖动绘制，释放鼠标即可绘制水平直线，如图9-14所示。在选项栏中单击"垂直2点线"按钮，按住鼠标左键拖动即可绘制垂直直线，如图9-15所示。

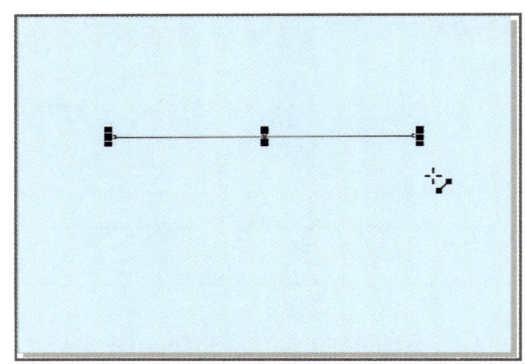

图 9-14　绘制水平直线　　　　　　　　　图 9-15　绘制垂直直线

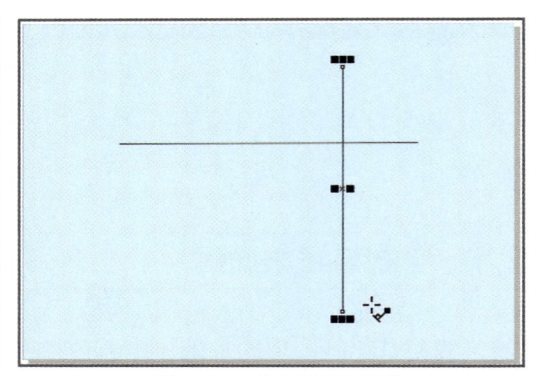

选择椭圆形工具绘制椭圆，如图9-16所示，然后选择2点线工具，在选项栏中单击"相切的2点线"按钮，将光标移到对象边缘处，按住鼠标左键拖动即可绘制出一条与对象相切的线段，如图9-17所示。

扫码解惑
- AI设计导师
- 专题强化
- 精品课程
- 进阶训练

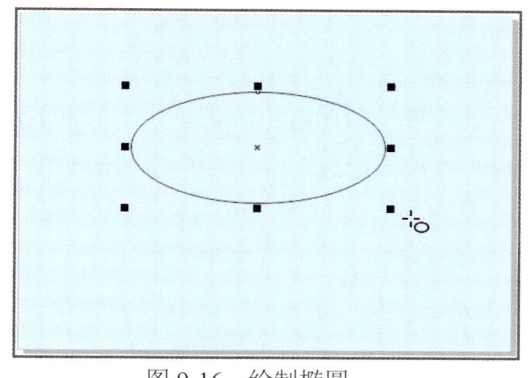

图 9-16 绘制椭圆　　　　　　　　　图 9-17 绘制切线

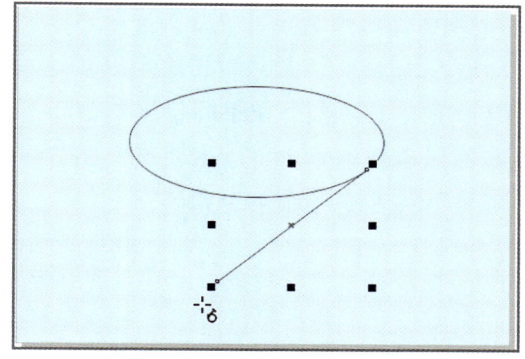

3. 贝塞尔工具

使用贝塞尔工具可以相对精确地绘制直线，同时还能拖动曲线上的节点，实现一边绘制曲线一边调整曲线平滑度的操作。

选择贝塞尔工具 ，在不同位置单击即可绘制直线段，如图9-18所示。若要绘制曲线段，单击确定节点位置后拖动控制手柄调整曲线的弧度，即可绘制圆滑的曲线，如图9-19所示。按住Ctrl键可绘制弧度为15°倍数的曲线，按空格键即可完成绘制。

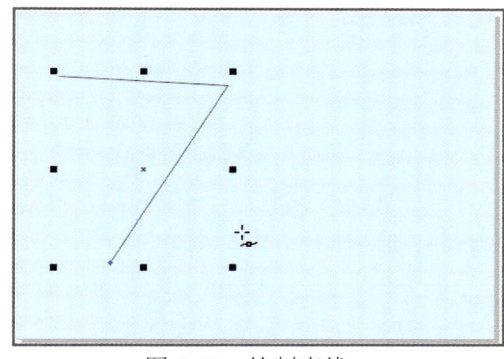

图 9-18 绘制直线　　　　　　　　　图 9-19 绘制曲线

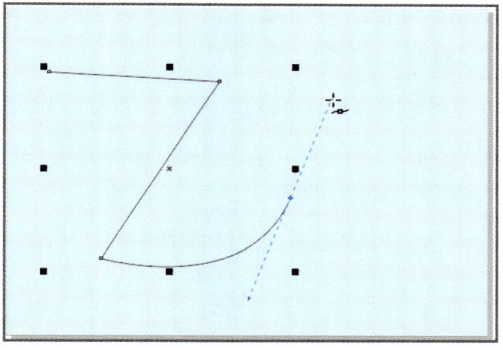

如需在曲线段后面绘制直线段，可在绘制的曲线段后双击对应的末端节点，然后在要结束直线段的位置单击即可，如图9-20和图9-21所示。

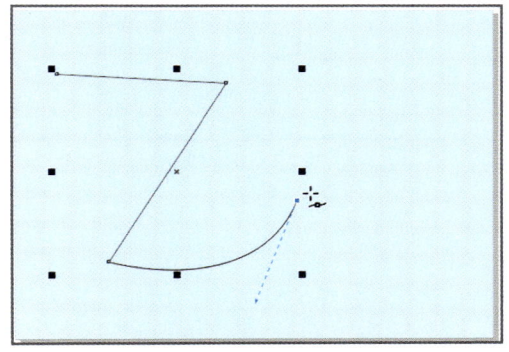

图 9-20 双击末端节点　　　　　　　图 9-21 绘制直线

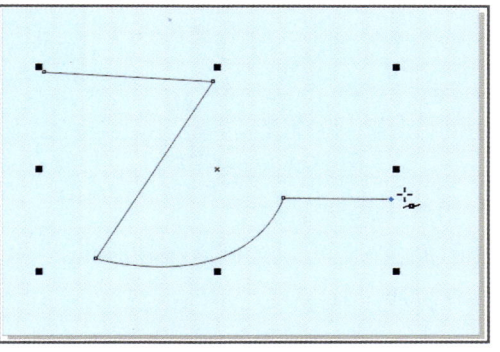

4. 钢笔工具

钢笔工具是一款功能强大的绘图工具，画的每一条线段都可预览。

选择钢笔工具，在不同位置单击即可绘制直线段，如图9-22所示。双击节点完成绘制，在线段中点处单击可添加节点，在节点处单击则可删除该节点。若单击的同时拖动鼠标，则可绘制弧线，如图9-23所示。

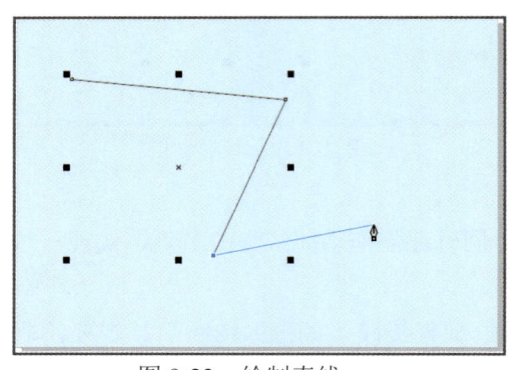

图 9-22　绘制直线　　　　　图 9-23　绘制弧线

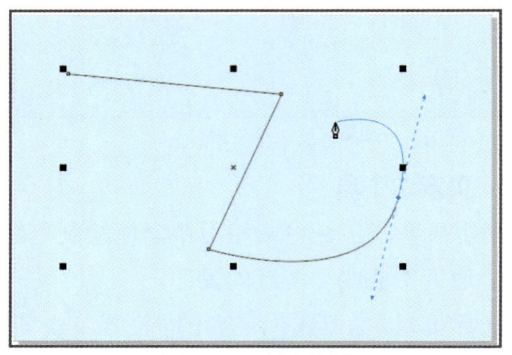

5. B样条工具

使用B样条工具可通过调整控制点的方式绘制曲线路径。控制点和控制点间形成的夹角度数会影响曲线的弧度。

选择B样条工具，在画面上单击，确定起点后继续单击，此时可看到线条外的蓝色控制框对曲线进行了相应限制，如图9-24所示，双击节点结束绘制，蓝色控制框自动隐蔽。

若要更改曲线的形状，可选择形状工具，单击并拖动控制点，调整曲线形状，如图9-25所示。选择线条并双击可添加控制点，双击需要删除的控制点则可删除。

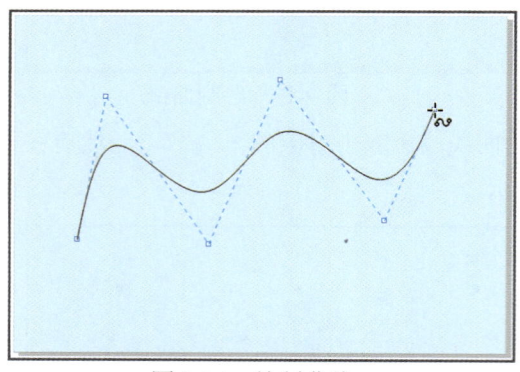

图 9-24　绘制曲线　　　　　图 9-25　调整曲线

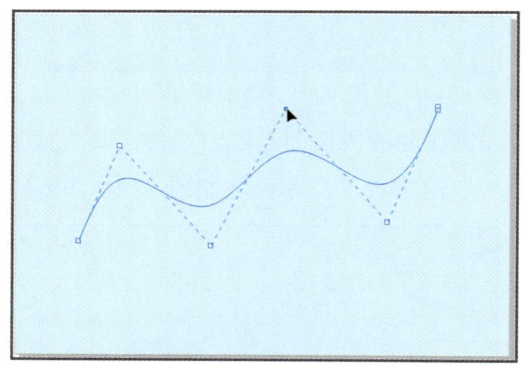

6. 折线工具

使用折线工具可以绘制直线和曲线。

选择折线工具，在不同位置单击即可绘制直线段，如图9-26所示。按住鼠标左键拖动则可绘制曲线，如图9-27所示。双击可结束线条的绘制。

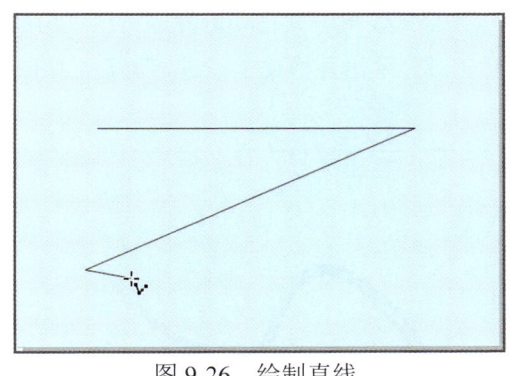

模块9　CorelDRAW基础知识

图 9-26　绘制直线　　　　　　　　　　　图 9-27　绘制曲线

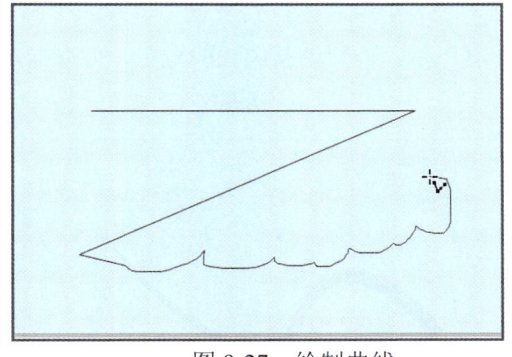

7. 3点曲线工具

使用3点曲线工具在绘制多种弧形或近似圆弧等曲线时，可任意调整曲线的位置和弧度。

选择3点曲线工具，按住鼠标左键拖动，确定曲线的终点后释放鼠标，在任意位置单击定义曲线中点，拖动鼠标调整曲线弧度即可。按住Ctrl键可绘制圆形曲线，如图9-28所示。按住Shift键可绘制对称曲线，如图9-29所示。

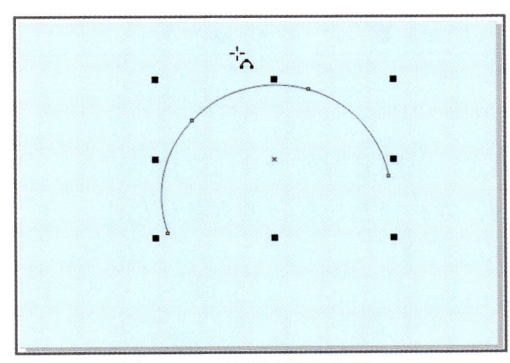

图 9-28　绘制圆形曲线　　　　　　　　　图 9-29　绘制对称曲线

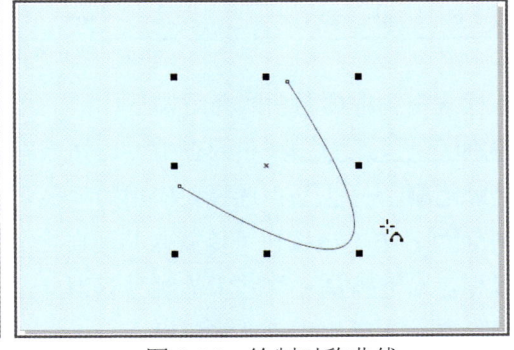

8. 艺术笔工具

使用艺术笔工具可绘制不同笔触效果的线条。

选择艺术笔工具，在选项栏中可以选择"预设"、"笔刷"、"喷涂"、"书法"和"表达式"模式。选择不同的模式，选项设置也会发生相应的变化。

（1）预设

单击"预设"按钮，选择预设的笔触绘制曲线，"艺术笔-预设"选项栏如图9-30所示。

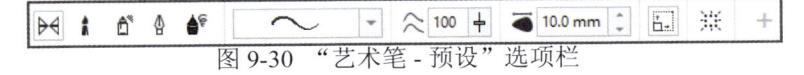

图 9-30　"艺术笔 - 预设"选项栏

该模式中各选项的功能介绍如下。

预设笔触：选择笔触的线条模式。

手绘平滑：调整手绘曲线的平滑程度。

笔触宽度：设置所绘线条的宽度。

211

在"预设笔触"下拉列表框中选择一个画笔预设样式，单击并拖动鼠标即可绘制出线条，如图9-31所示。若想调整曲线的形状，可选择形状工具，单击并拖动节点进行调整，如图9-32所示。

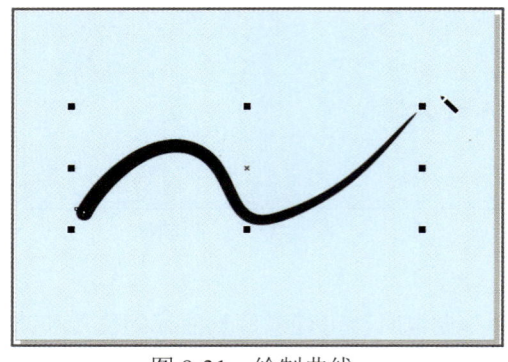

图 9-31　绘制曲线　　　　　　　　　　图 9-32　调整曲线

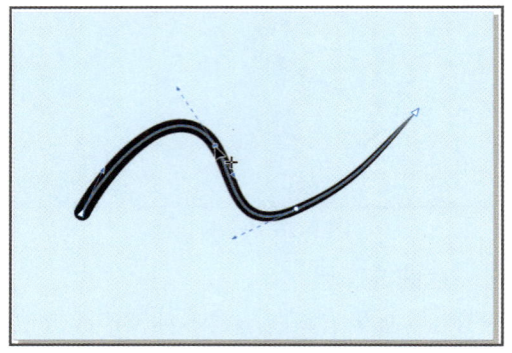

（2）笔刷

单击"笔刷"按钮，选择笔触笔刷绘制曲线，"艺术笔-笔刷"选项栏如图9-33所示。

图 9-33　"艺术笔 - 笔刷"选项栏

该模式中各选项的功能介绍如下。

类别 艺术 ：在列表中可选择笔刷模式，不同笔刷列表的内容也不同。

笔触笔刷 -------- ：选择要应用的笔触笔刷，为路径添加独特的视觉效果。

浏览 ：单击该按钮可以载入其他自定义笔触笔刷。

保存艺术笔触 ：将艺术笔触另存为自定义笔触。

删除 ：删除自定义艺术笔触。

在"类别"下拉列表框中选择笔刷的类别，在"笔触笔刷"下拉列表框中选择笔刷样式，然后单击并拖动鼠标即可绘制线条，如图9-34所示。

图 9-34　应用笔刷绘制曲线

（3）喷涂

单击"喷涂"按钮，选择喷涂样式拖动鼠标即可绘制路径描边，"艺术笔-喷涂"选项栏如图9-35所示。

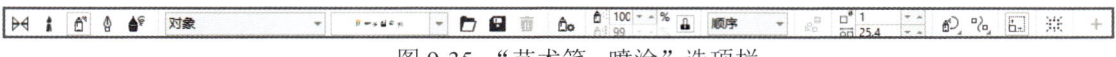

模块9　CorelDRAW基础知识

图9-35　"艺术笔-喷涂"选项栏

该模式中各选项的功能介绍如下。

喷射图样：选择需要应用的喷射图样。

喷涂列表选项：通过添加、移除和重新排列喷射对象的方式来编辑喷涂列表。单击该按钮可打开"创建播放列表"对话框，如图9-36所示。

喷涂对象大小：将喷射对象的大小统一调整为原始大小的某一特定百分比（上方框），也可将每一个喷射对象的大小调整为前面对象大小的某一特定百分比（下方框）。

递增按比例缩放：允许喷射对象在沿笔触移动的过程中放大或缩小。

喷涂顺序：选择喷射对象沿笔触显示的顺序，包括"随机""顺序""按方向"3种。

每个色块中的图像数和图像间距：设置每个色块中的图像数和调整每个笔触长度色块间的间距。

旋转：单击该按钮，打开喷射对象的旋转选项，如图9-37所示。

偏移：单击该按钮，打开喷射对象的偏移选项，如图9-38所示。

图9-36　"创建播放列表"对话框

图9-37　"旋转"面板　　图9-38　"偏移"面板

在"类别"下拉列表框中选择喷涂的类别，在"喷射图样"下拉列表框中选择所需的图样，拖动鼠标即可应用喷涂笔刷，如图9-39所示。

图 9-39　应用喷涂笔刷

（4）书法

单击"书法" 按钮，选择书法笔触绘制曲线，"艺术笔-书法"选项栏如图9-40所示。

图 9-40　"艺术笔 - 书法"选项栏

在该选项栏中可设置手绘平滑、笔触宽度、书法角度等参数，其中，书法角度决定了所绘线条的实际宽度。设置完成后拖动鼠标即可绘制曲线。图9-41和图9-42分别为书法角度为45°和75°的效果。

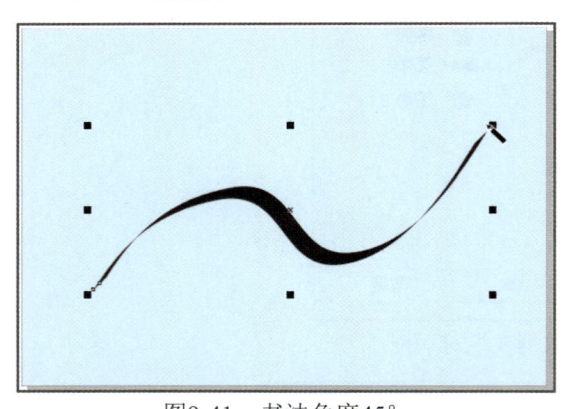

图9-41　书法角度45° 　　　　　　图9-42　书法角度70°

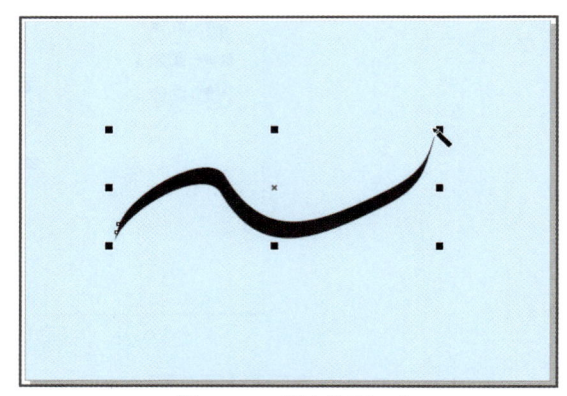

（5）表达式

单击"表达式" 按钮，在绘制时可设置笔触压力、倾斜和方位参数绘制曲线，当前选项栏如图9-43所示。

图9-43　"艺术笔-表达式"选项栏

该模式中各选项的功能介绍如下。

模块9　CorelDRAW基础知识

笔压：使用笔触压力可设置笔尖大小。

笔倾斜：设置笔触倾斜度可改变笔尖的平滑度。

倾斜角：单击"笔倾斜"按钮，在该数值框中输入数值以设置笔尖的平滑度。

笔方位：使用笔触方位来改变笔尖旋转。

方位角：设置固定的笔方位值来决定笔尖旋转。

设置完成后拖动鼠标即可绘制曲线。图9-44和图9-45分别为倾斜角度为90°和45°的效果。

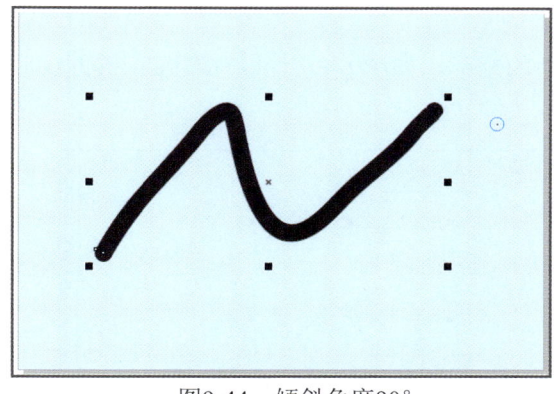

图9-44　倾斜角度90°

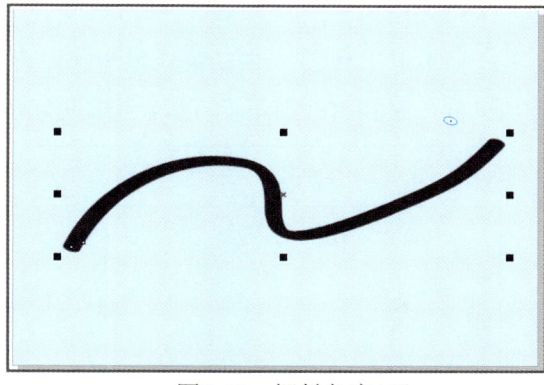

图9-45　倾斜角度45°

9. 智能绘图工具

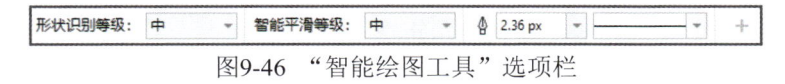

智能绘图工具是一种对绘制的不规则和不准确的线条和图形进行智能调整的工具。

长按艺术笔工具，在弹出的工具列表中选择智能绘图工具，将显示该工具的选项栏，如图9-46所示。

图9-46　"智能绘图工具"选项栏

在该选项栏中可设置形状识别等级、智能平滑等级、轮廓宽度和线条样式。

拖动鼠标绘制线条或图形，释放鼠标后自动将手绘笔触转换为基本形状或平滑曲线，如图9-47和图9-48所示。在绘制时，按住Shift键反方向绘制可擦除线条或图形。

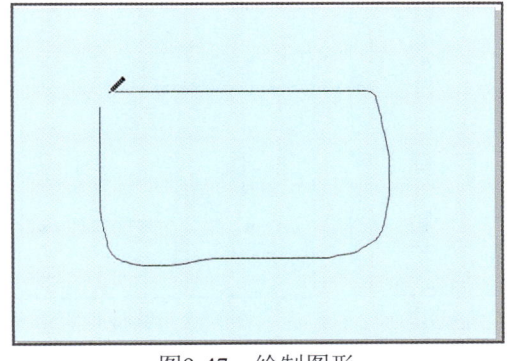

图9-47　绘制图形

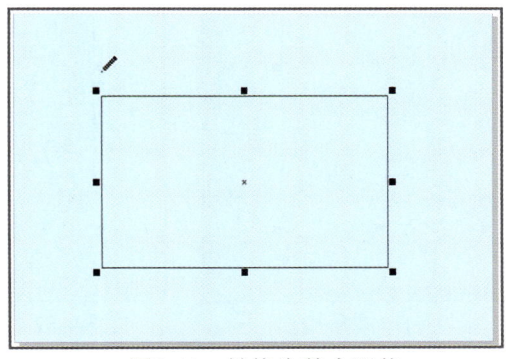

图9-48　转换为基本形状

9.2.2 绘制几何图形

使用矩形工具、椭圆形工具、多边形工具、星形工具、复杂星形工具、图纸工具、螺纹工具、基本形状工具等绘制工具可以绘制各种几何图形。

1. 矩形工具组

矩形工具组包括矩形工具和3点矩形工具两种。使用这两种工具可以绘制出矩形、正方形、圆角矩形和倒菱角矩形。

（1）矩形工具

选择矩形工具▢，拖动鼠标可绘制任意大小的矩形，如图9-49所示。按住Ctrl键的同时拖动鼠标，绘制出的则是正方形，如图9-50所示。

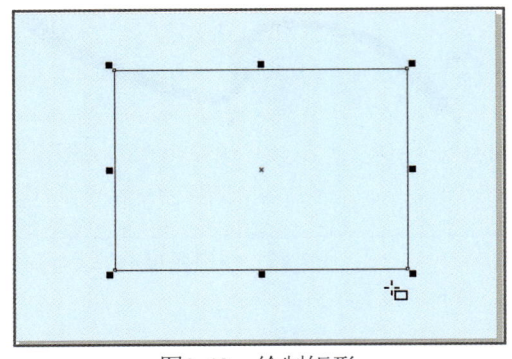

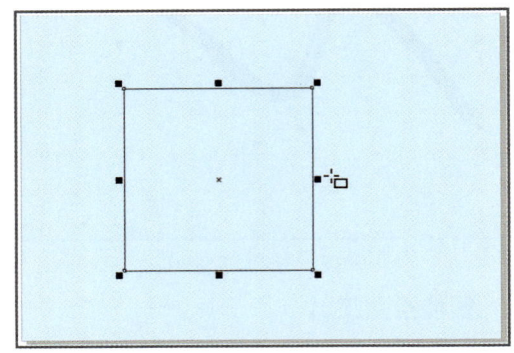

图9-49　绘制矩形　　　　　图9-50　绘制正方形

使用矩形工具绘制矩形后，在选项栏中可以设置转角模式（圆角▢、扇形角▢和倒棱角▢3种），在选项栏中设置圆角半径的值即可改变圆角的半径。图9-51～图9-53分别为20 mm圆角半径的圆角矩形、扇形角矩形和倒棱角矩形。

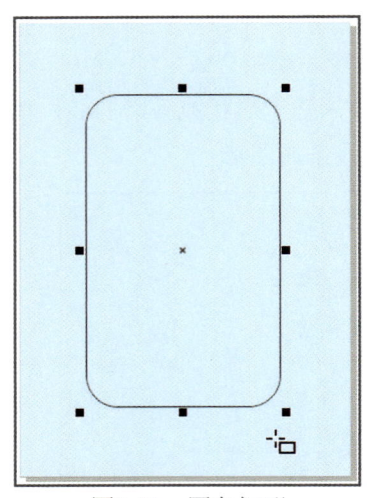

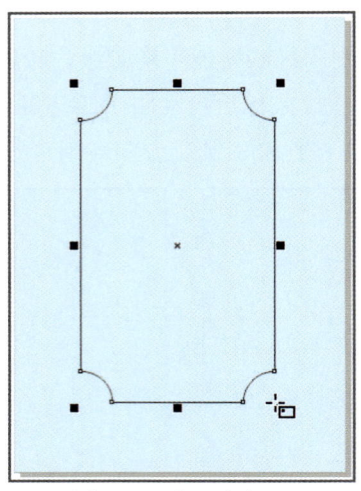

图9-51　圆角矩形　　　　图9-52　扇形角矩形　　　　图9-53　倒棱角矩形

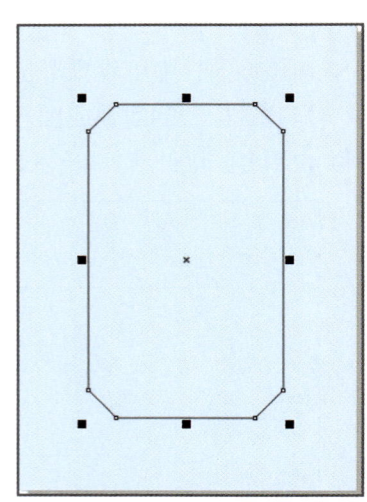

（2）3点矩形工具

长按矩形工具，在弹出的工具列表中选择3点矩形工具◨，在选项栏中设置转角模式和圆角半径。拖动绘制宽度，如图9-54所示，按住Ctrl键基线角度可15°倍增。上下拖动绘制高度，如图9-55所示，释放鼠标生成矩形，数值默认为选项栏设置的参数，生成的20 mm的圆角矩形如图9-56所示。

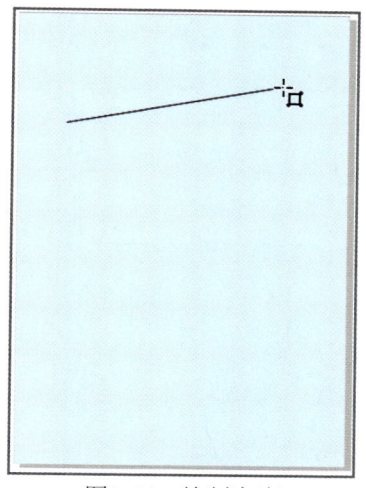

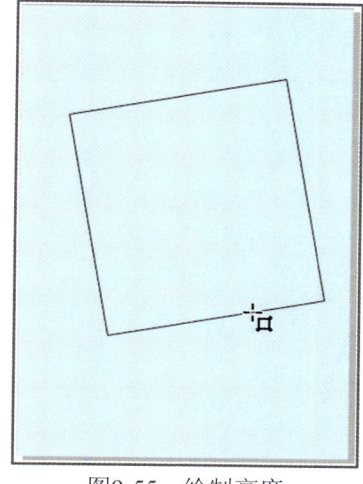

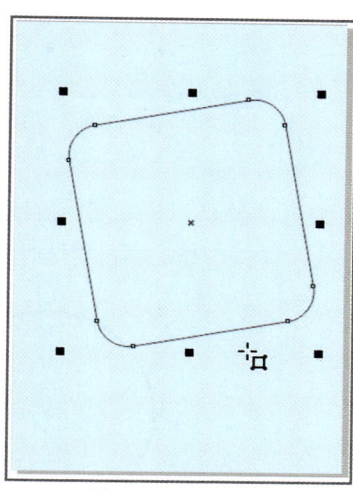

图9-54　绘制宽度　　　　图9-55　绘制高度　　　　图9-56　圆角矩形

2. 椭圆形工具组

椭圆形工具组包括椭圆形工具和3点椭圆形工具两种。使用这两种工具可以绘制出椭圆形、正圆形、饼形和弧形。

（1）椭圆形工具

选择椭圆形工具◯，单击并拖动鼠标可绘制任意大小的椭圆形，如图9-57所示。按住Shift键可从中心进行绘制。按住Ctrl键可绘制正圆形，如图9-58所示。

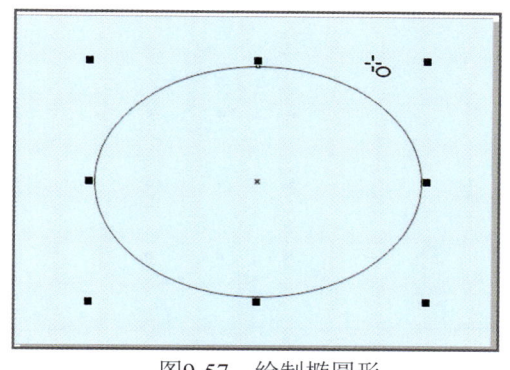

图9-57　绘制椭圆形　　　　　　　图9-58　绘制正圆形

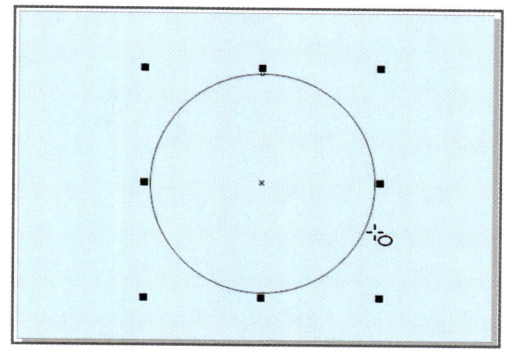

使用椭圆形工具绘制椭圆形后，在选项栏中单击"饼形"◔按钮，正圆形将变成饼形，如图9-59所示。单击"更改方向"◑按钮，将变成如图9-60所示的图形。

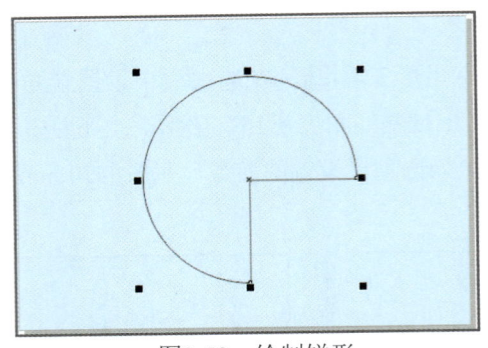

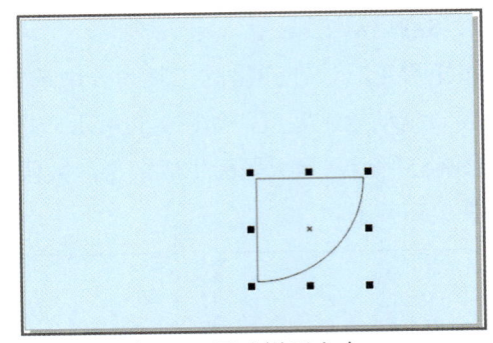

图9-59　绘制饼形　　　　　　　　　图9-60　更改饼形方向

单击"弧形" 按钮，正圆形将变成弧形，在"轮廓宽度" 25.0 px 下拉列表框中更改参数可调整显示，如图9-61所示。单击"更改方向" 按钮，效果如图9-62所示。

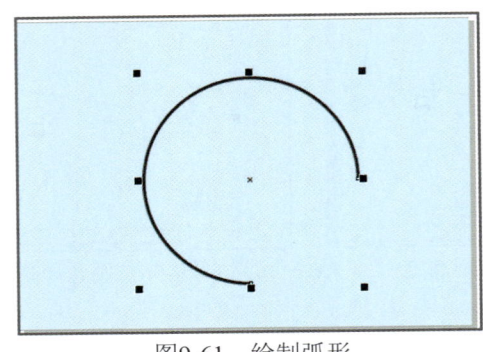

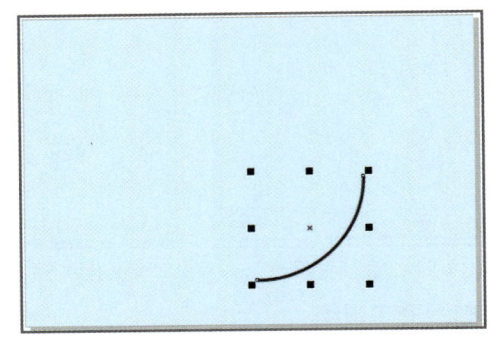

图9-61　绘制弧形　　　　　　　　　图9-62　更改弧形方向

（2）3点椭圆形工具

长按椭圆形工具，在弹出的工具列表中选择3点椭圆形工具 ，在选项栏中单击"弧形" 按钮，拖动绘制宽度，如图9-63所示。上下拖动绘制高度，释放鼠标生成弧形，如图9-64所示。

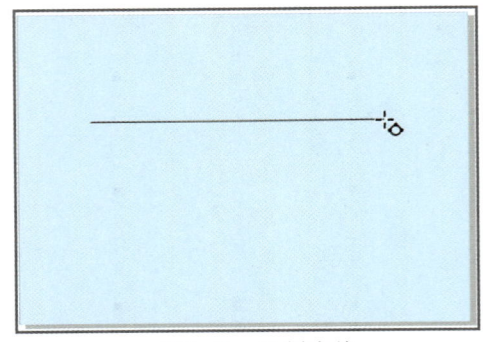

图9-63　绘制直线　　　　　　　　　图9-64　绘制弧形

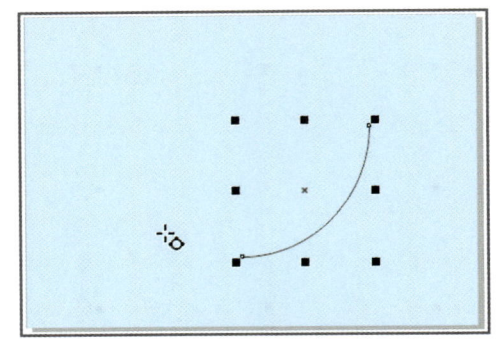

3. 多边形工具

使用多边形工具可以绘制3条边数及以上不同边数的多边形。

选择多边形工具，在选项栏中的"点数或边数"数值框和"轮廓宽度"下拉列表框中输入相应的数值或选择相应的选项，拖动鼠标可绘制出相应边数和宽度的多边形。图9-65和

图9-66分别为轮廓宽度为12 px的五边形和十二边形。

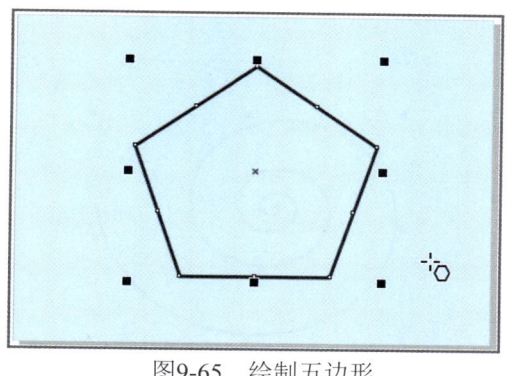

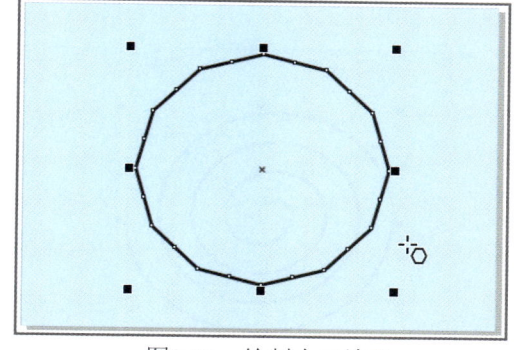

图9-65　绘制五边形

图9-66　绘制十二边形

4. 星形工具

使用星形工具可以快速绘制出星形和复杂星形效果。

选择星形工具☆，在其选项栏的"点数或边数""锐度"数值框中可设置星形的边数和角度，单击并拖动可绘制星形，如图9-67和图9-68所示。按住Ctrl键可绘制等边星形。

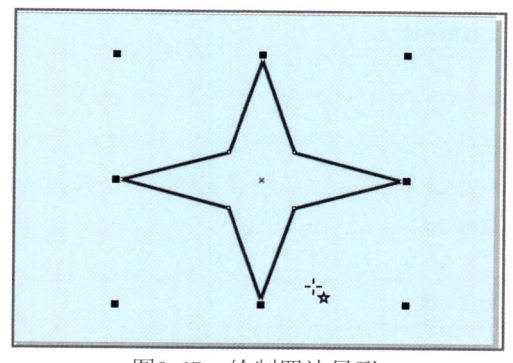

图9-67　绘制四边星形

图9-68　绘制七边星形

复杂星形工具是星形工具的升级应用。选择复杂星形工具☆，在选项栏中设置相关参数，拖动鼠标可绘制复杂星形，如图9-69和图9-70所示。

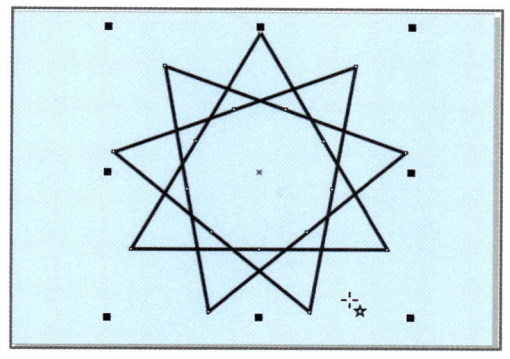

图9-69　绘制九边复杂星形

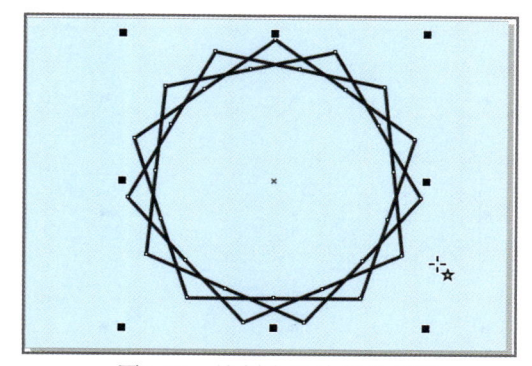

图9-70　绘制十五边复杂星形

5. 螺纹工具

使用螺纹工具可以绘制螺旋线。

选择螺纹工具，在选项栏的"螺纹回圈"数值框中调整螺纹圈数，按住鼠标左键拖动，释放鼠标即可完成绘制。图9-71和图9-72分别为对称式螺纹和对数式螺纹。

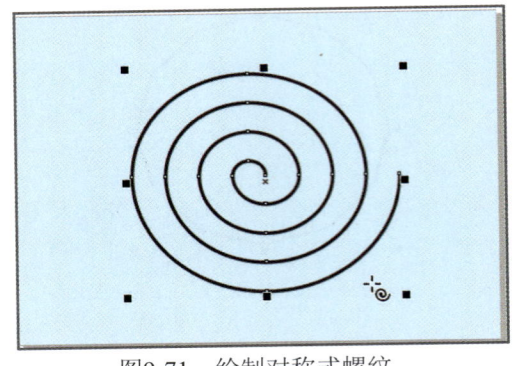

图9-71　绘制对称式螺纹

图9-72　绘制对数式螺纹

6. 常见的形状工具

选择常见的形状工具，可以在"基本形状""箭头形状""流程图形状""条幅形状""标注形状"面板中选择形状，如图9-73所示。

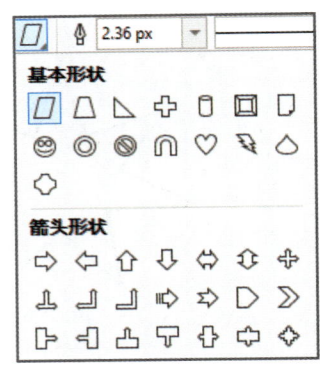

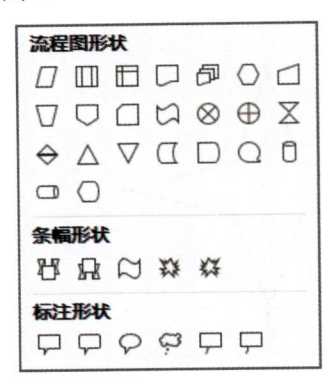

图9-73　常用形状挑选器

在常用形状挑选器中选择一个形状，拖动鼠标进行绘制，效果如图9-74所示。按住红色轮廓沟槽可调整形状，如图9-75所示。

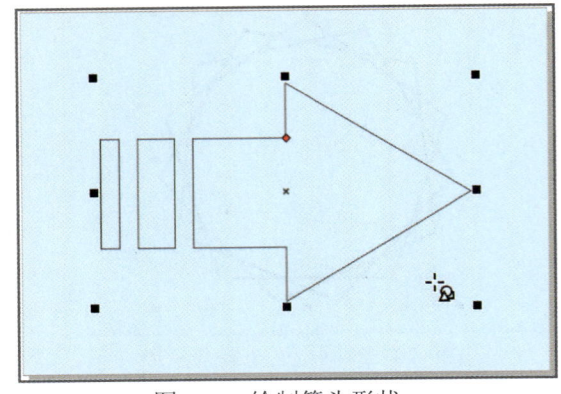

图9-74　绘制箭头形状

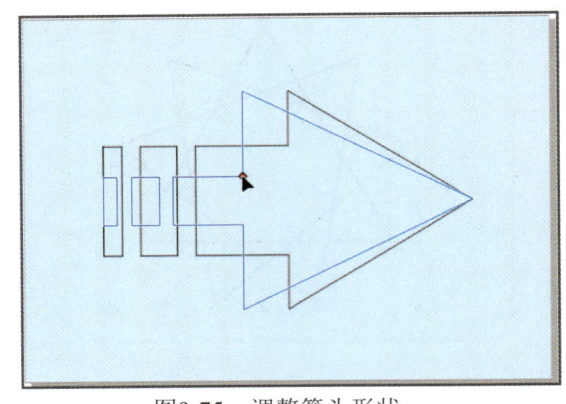

图9-75　调整箭头形状

模块9　CorelDRAW基础知识

7. 冲击效果工具

选择冲击效果工具，在选项栏中可设置效果样式、内外边界、旋转角度、线宽、行间距、线条样式等参数。

在效果样式列表框中选择径向或平行，拖动绘制。径向效果用于添加透视或聚焦设计元素，如图9-76所示。平行效果用于增添活力或表示动态，若要更改其大小，沿蓝色节点拖动调整即可，如图9-77所示。

图9-76　径向效果　　　　　图9-77　平行效果

8. 图纸工具

使用图纸工具可以绘制出不同行/列数的网格对象。

选择图纸工具，在选项栏的"列数和行数"数值框中设置参数，在绘图区单击并拖动鼠标即可绘制网格，如图9-78所示。

拖动鼠标绘制网格图纸后，按Ctrl+U组合键可取消组合对象，使网格中的每个格子成为一个独立的图形。选择任意一个格子，在选项栏中可以设置转角模式和圆角半径，在调色板中单击即可填充颜色，如图9-79所示。

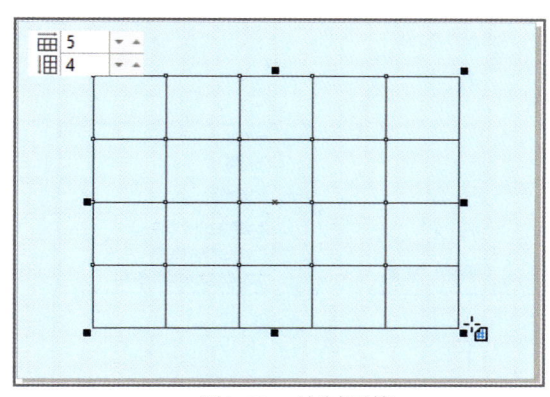

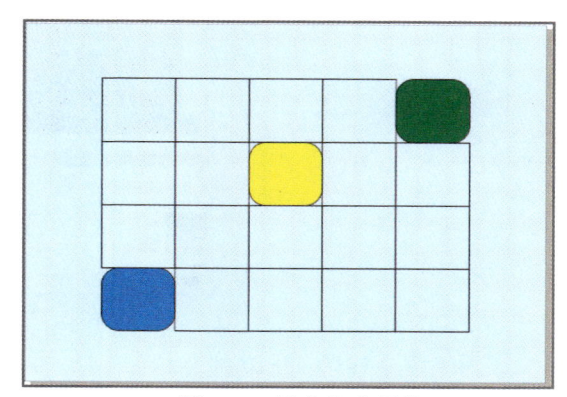

图9-78　绘制网格　　　　　图9-79　填充部分网格

使用选择工具可以调整格子的位置，如图9-80所示。

UI视觉设计

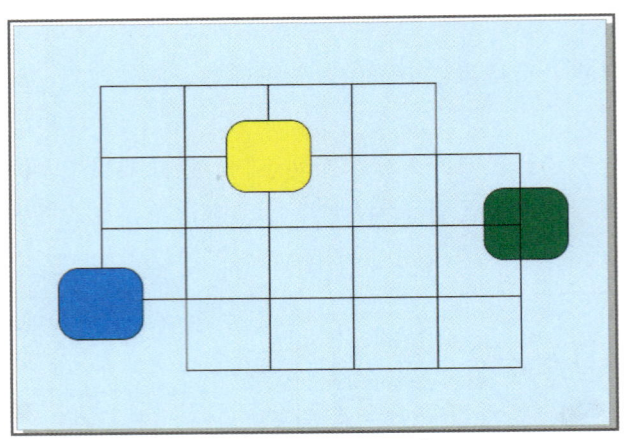

图9-80 移动部分网格

9.2.3 填充和轮廓线

图形颜色的设置包括两部分，即填充对象与填充对象轮廓。填充对象又可分为基本填充对象颜色和交互式填充对象颜色。

1. 基本填充对象颜色

（1）颜色泊坞窗

执行"窗口"→"泊坞窗"→"颜色"命令，弹出"Color"泊坞窗，如图9-81所示。

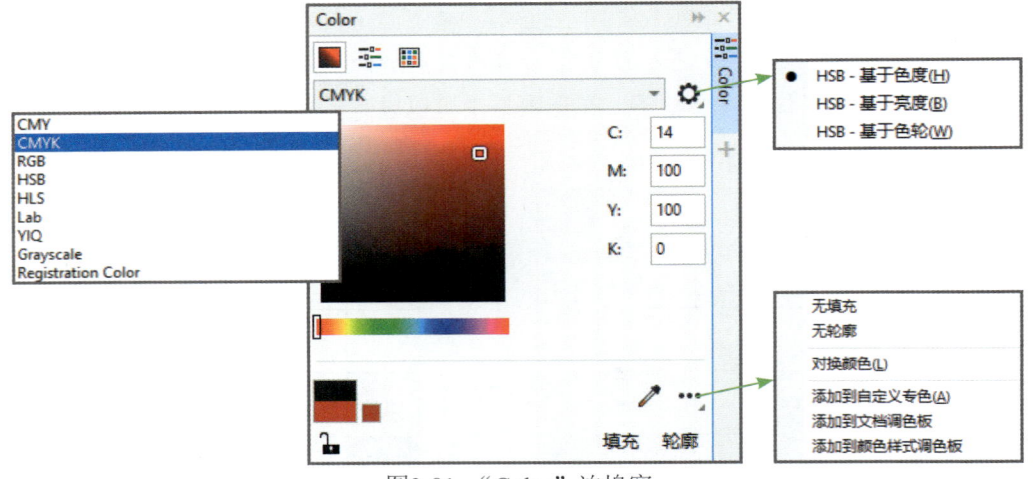

图9-81 "Color"泊坞窗

该泊坞窗中各选项的功能介绍如下。

显示按钮组：该组按钮从左到右依次为"显示颜色查看器"按钮、"显示颜色滑块"按钮和"显示调色板"按钮。

颜色模式：在默认情况下显示CMYK模式。在该下拉列表框中收录了CorelDRAW的9种颜色模式，按需选择即可显示颜色模式的滑块图像。

滑块组：拖动滑块或在文本框中输入数值即可调整颜色。

参考颜色和新颜色■：显示参考颜色（上）和新选定的颜色（下）。

颜色滴管▱：对屏幕上（软件内外都可以）的颜色进行取样。

更多选项⋯：选择其他颜色选项。

自动应用颜色🔓：该按钮默认为🔓状态，表示未激活自动应用颜色工具。单击该按钮后将变为🔒状态，若在页面中绘制图形，拖动滑块即可调整图形的填充颜色。

（2）颜色滴管工具

使用颜色滴管工具可以从对象上吸取颜色。

选择颜色滴管工具▱，在该选项栏中设置取样范围（包括1×1▱、2×2▱和5×5按钮▱）。单击"从桌面选择"按钮，吸取桌面任意位置的颜色，单击确认取样颜色，此时"从桌面选择"按钮变暗，鼠标变为🪣状态时，在图形上单击填充，如图9-82所示。单击选择颜色▱按钮，可以重新对颜色进行取样，使用相同的方法可以对图形的轮廓进行填充，如图9-83所示。

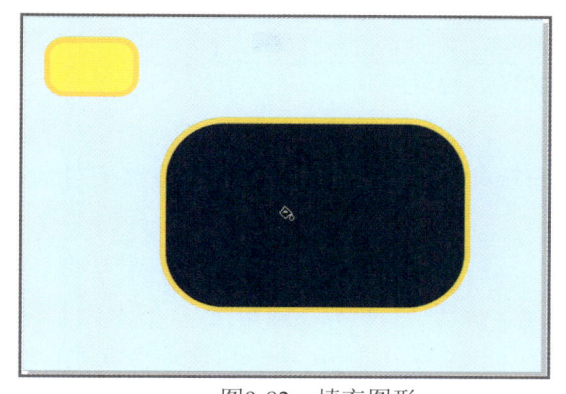

图9-82　填充图形　　　　　图9-83　填充轮廓

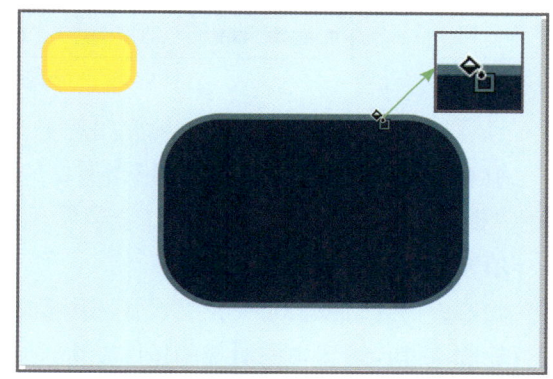

（3）属性滴管工具

使用属性滴管工具可以对对象的属性（如轮廓、填充、变换和效果等）进行取样。

选择属性滴管工具▱，将会显示出该工具的选项栏，在"属性""变换""效果"展开菜单中可选取想要取样的属性复选框，如图9-84～图9-86所示。取样并填充属性的效果如图9-87所示。

图9-84　展开"属性"菜单　　　　　图9-85　展开"变换"菜单

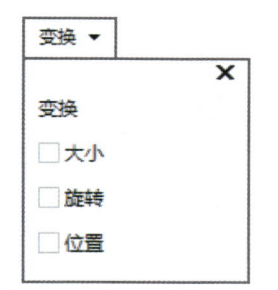

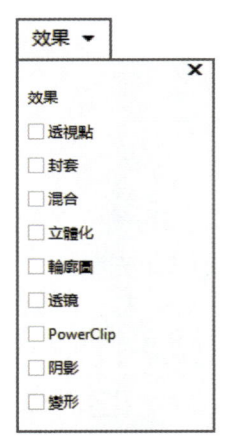

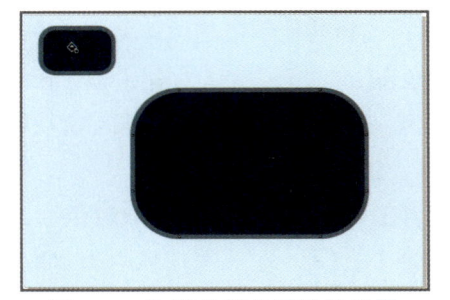

图9-86　展开"效果"菜单　　　　图9-87　取样并填充属性的效果

（4）智能填充工具

使用智能填充工具可对任意闭合的区域创建对象并对其进行填充。

选择智能填充工具，会显示该工具的选项栏，如图9-88所示。

图9-88　"智能填充工具"选项栏

该选项栏中各主要选项的功能介绍如下。

填充选项：将默认或自定义填充属性应用到新对象，在该下拉列表框中有"使用默认值""指定""无填充"3个选项。

填充色：设置填充的颜色。

轮廓：将默认或自定义轮廓设置应用到新对象，该选项与填充选项相同。

轮廓宽度：设置填充对象的轮廓宽度。

轮廓色：设置填充对象的轮廓颜色。

在选项栏中设置参数后，将光标移动到要填充的区域单击填充，如图9-89所示。如果被填充的区域是作为独立图形存在，使用选择工具拖动即可移动，如图9-90所示。单击背景可填充全部。

图9-89　填充图形　　　　图9-90　移动图形

（5）网状填充工具

使用网状填充工具可以创建复杂多变的网状填充颜色，同时还可以将每一个网点填充上不同的颜色并定义颜色的扭曲方向。

绘制图形后，选择网状填充工具▦，在选项栏中设置网格数量和图形上显示的网状结构，如图9-91所示。设置选取模式（矩形或者手绘），在网状结构上选择网格节点，在调色板中单击或者将颜色拖至该网格中即可填充应用，如图9-92所示。

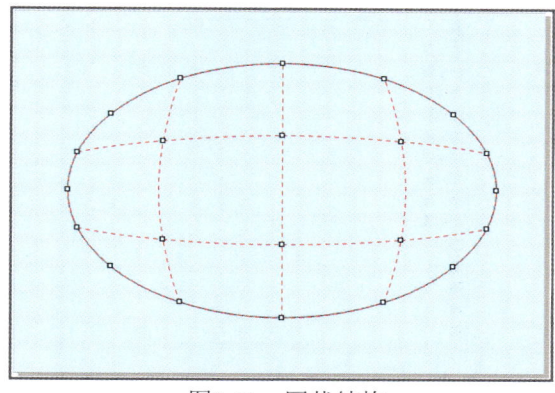

图9-91　网状结构　　　　　　　　图9-92　填充颜色

移动到节点上拖动可实时调整显示状态。在任意位置双击可增加节点，使用相同的方法可填充颜色，如图9-93所示。再次双击或选中节点，按Delete键可删除节点，相应的填充也被删除，如图9-94所示。

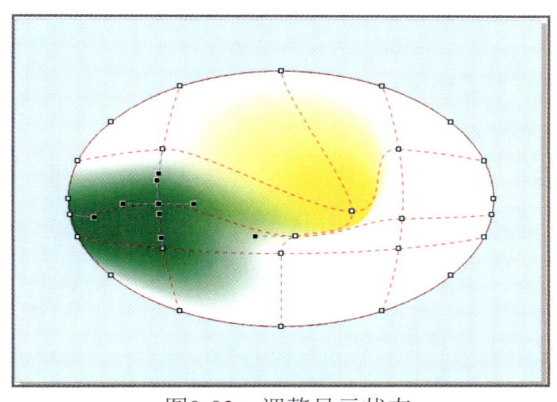

图9-93　调整显示状态　　　　　　图9-94　删除节点

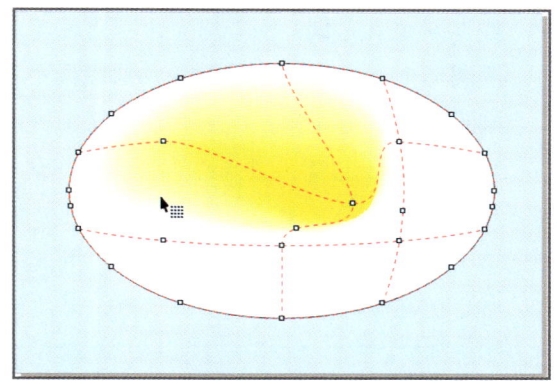

2. 交互式填充对象颜色

使用交互式填充工具可以填充任意角度的纯色、渐变、图案等多种形式的填充。

（1）均匀填充

均匀填充是使用颜色模型和调色板来选择或创建出所需的纯色。

选中要填充的图形，选择交互式填充工具◳，在选项栏中单击"均匀填充"■按钮，单击"填充色"下拉按钮即可选择填充色。

在选项栏中单击"编辑填充"按钮，或直接双击状态栏中的填充色块，在弹出的"编辑填充"对话框中可以自定义颜色，也可以在"名称"下拉列表框中选择预设颜色，如图9-95所示。

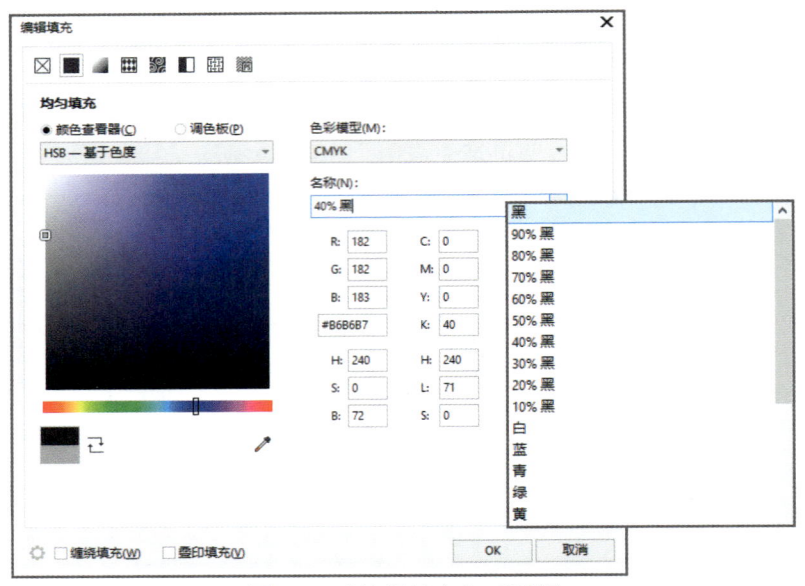

图9-95 "编辑填充"对话框

（2）渐变填充

渐变填充是两种或两种以上颜色过渡的效果，可以在填充渐变的任意位置定位这些颜色。主要包含以下4种类型。

线性渐变填充：沿着对象进行直线流动。

椭圆形渐变填充：从对象中心以同心椭圆的方式向外扩散。

圆锥形渐变填充：产生光线落在圆锥上的效果。

矩形渐变填充：以同心矩形的形式从对象中心向外扩散。

选中要填充的对象，在选项栏中单击"渐变填充"按钮，默认应用线性渐变填充。单击起点和终点色块设置颜色，按住色块拖动则调整渐变角度，拖动中间的滑块可调整渐变过程，如图9-96所示。若要添加中间色，可从状态栏中将颜色拖至填充路径，如图9-97所示。

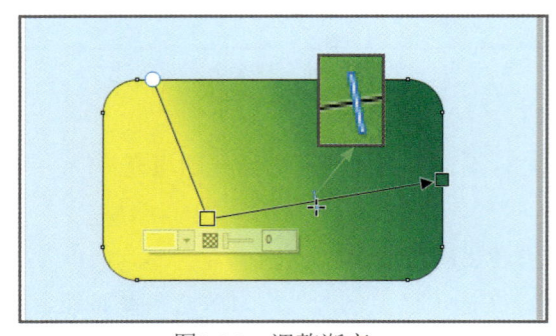

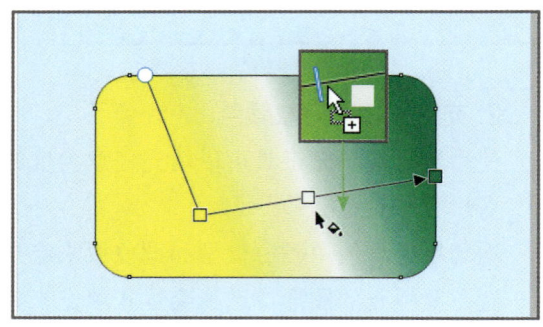

图9-96 调整渐变　　　　　　　　图9-97 添加中间色

模块9　CorelDRAW基础知识

(3) 向量图样填充

向量图样填充是将大量重复的图案以拼贴的方式填充到对象中。

选中要填充的对象,在选项栏中单击"向量图样填充"按钮,在"填充挑选器"下拉列表中选择合适的图样进行填充,拖动光标可调整填充显示,如图9-98所示。在选项栏中单击"水平镜像平铺"按钮或"垂直镜像平铺"按钮,可以使图样平铺在水平或垂直方向相互反射。图9-99为垂直镜像平铺效果。

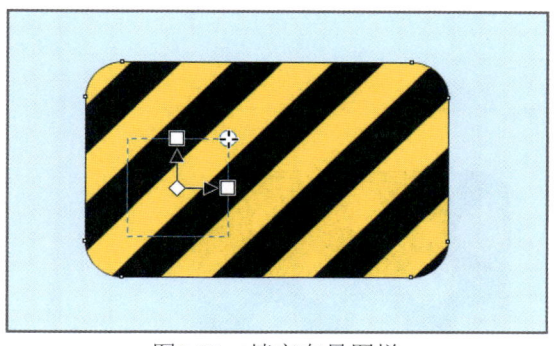

图9-98　填充向量图样　　　　　图9-99　垂直镜像平铺效果

(4) 位图图样填充

位图图样填充是将位图对象作为图样填充在矢量图形中。

选中要填充的对象,在选项栏中单击"位图图样填充"按钮,在"填充挑选器"下拉列表中选择合适的图样进行填充,拖动光标可调整填充显示,如图9-100所示。在"调和过渡"下拉菜单中设置混合类型和调整图样平铺颜色的边缘过渡参数。图9-101为径向调和的效果。

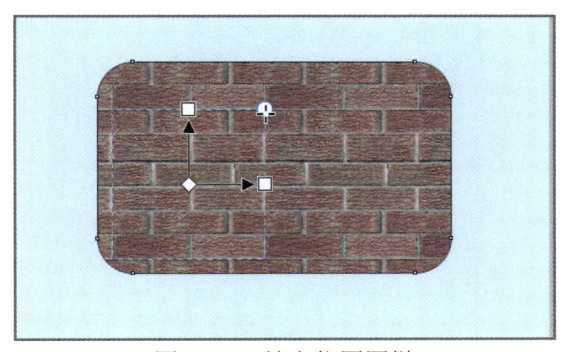

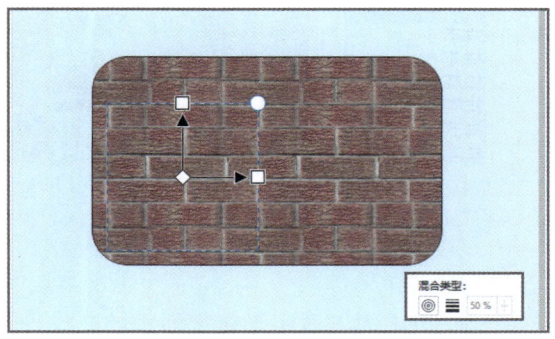

图9-100　填充位图图样　　　　　图9-101　径向调和的效果

(5) 双色图样填充

双色图样填充是在预设列表中选择一种黑白双色图样,然后通过设置前景色和背景色区域的颜色来改变图样效果。

选中要填充的对象,在选项栏中单击"双色图样填充"按钮,在"第一种填充色或图样"下拉列表中选择合适的图样,如图9-102所示,设置前景色和背景色,拖动光标即可调整填充显示,如图9-103所示。

（6）底纹填充

底纹填充的功能是应用预设底纹（图9-104）填充，创建各种自然界中的纹理效果。

选中要填充的对象，在选项栏中单击"底纹填充"按钮，在"填充挑选器"下拉列表中选择填充底纹并对底纹进行调整，如图9-105和图9-106所示。

图9-102　选择双色图样　　　　　图9-103　调整双色图样

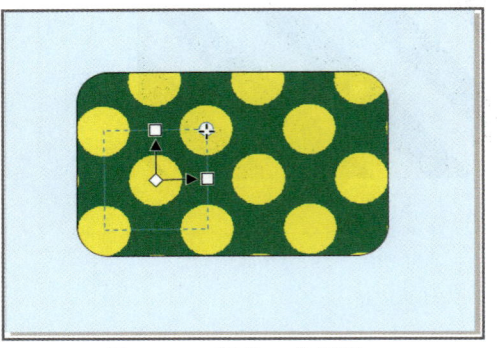

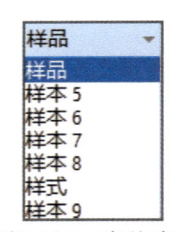

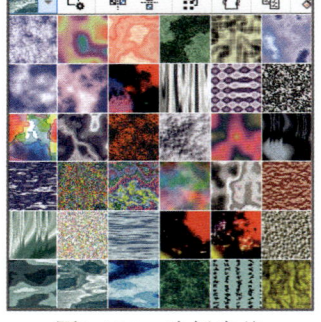

图9-104　底纹库　　图9-105　选择底纹　　　　图9-106　调整底纹

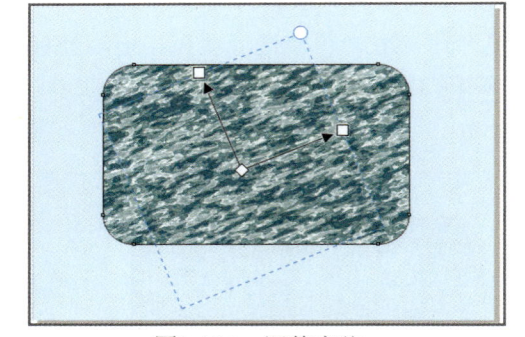

（7）PostScript填充

PostScript填充的功能是一种由PostScript语言计算出来的花纹填充。这种填充纹路细腻，占用空间也不大，适用于较大面积的花纹设计。

选中要填充的对象，在选项栏中单击"PostScript填充"按钮，在"PostScript填充底纹"下拉列表中选择填充底纹并将其应用，如图9-107和图9-108所示。

模块9 CorelDRAW基础知识

图9-107 选择填充底纹　　图9-108 应用填充底纹

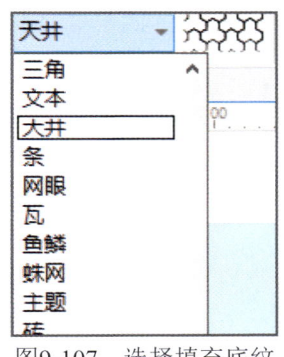

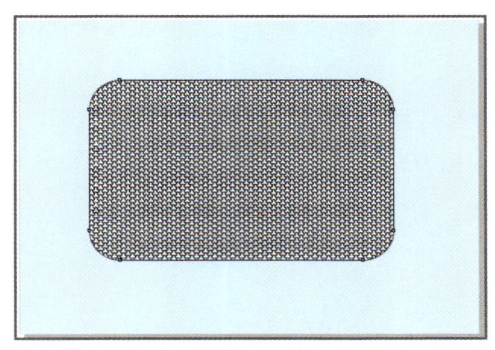

3. 填充对象轮廓线

设置轮廓笔工具的相关参数，可对图形的轮廓线进行填充和编辑，丰富图形对象的轮廓效果。绘制图形时轮廓参数默认为2.36 px的黑色线条。

轮廓笔工具主要用于调整图形对象的轮廓宽度、颜色和风格等属性。按F12键或者在状态栏中双击"轮廓笔" 按钮，弹出"轮廓笔"对话框，如图9-109所示。

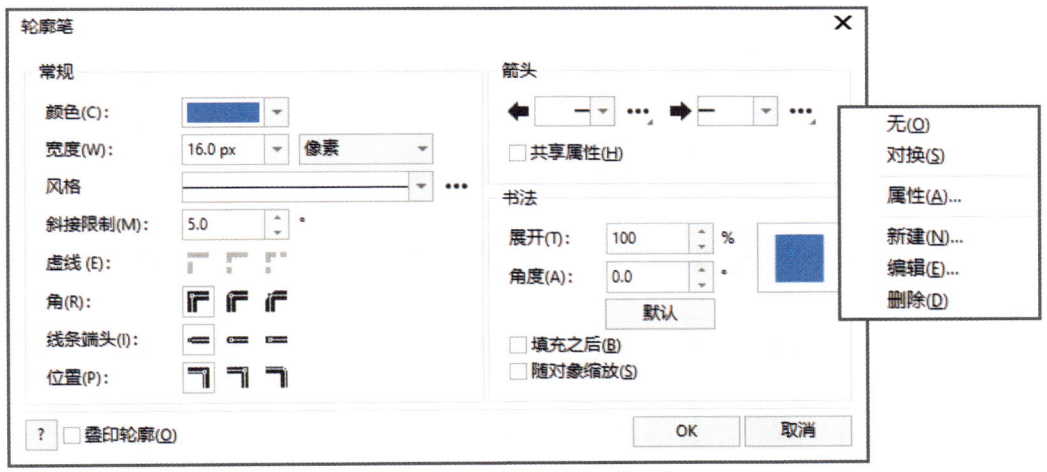

图9-109 "轮廓笔"对话框

该对话框中的选项功能介绍如下。

颜色： 在默认情况下，轮廓线颜色为黑色。单击该下拉按钮，在打开的颜色面板中可设置对象的轮廓色。

宽度： 设置轮廓线的宽度和单位。

风格： 选择线条或轮廓样式。单击 按钮可设置线条样式。

斜接限制： 设置锐角形状从斜接（尖角）变为斜切的角度。

虚线： 在"风格"选项中选择虚线激活该组按钮，分别为默认虚线、对齐虚线和固定虚线。

角： 设置对象轮廓线拐角处的显示样式，有斜接角、圆角和斜角三种选项。

229

线条端头：设置对象轮廓线端头处的显示样式，有方形端头、圆形端头和延伸方形端头3种选项。

位置：设置描边路径的相对位置，有外部轮廓、居中的轮廓和内部轮廓3种选项。

箭头：分别设置闭合曲线线条的起点和终点处的箭头样式。激活后单击 按钮可设置箭头属性等参数。勾选"共享属性"复选框可同步起点和终点箭头属性参数。

书法：在"展开""角度"数值框中可设置轮廓线笔尖的宽度和倾斜角度。

填充之后：勾选该选项，轮廓线的显示方式调整到当前对象的后面显示。

随对象缩放：勾选该选项，轮廓线会随着图形大小的改变而改变。

图9-110和图9-111为更改轮廓颜色、宽度、风格等参数的前后对比效果。

图9-110　更改轮廓参数前的效果　　　图9-111　更改轮廓参数后的效果

轮廓线不仅针对图形对象而存在，同时也针对绘制的曲线线条。在绘制有指向性的曲线线条时，有时需要对其添加合适的箭头样式。

选择绘制工具，绘制未闭合的曲线线段，如图9-112所示。按F12键，在"轮廓笔"对话框中分别设置起点和终点以及箭头样式，勾选"共享属性"复选框，单击 按钮，在弹出的菜单中选择属性选项，设置箭头的长度和宽度，效果如图9-113所示。

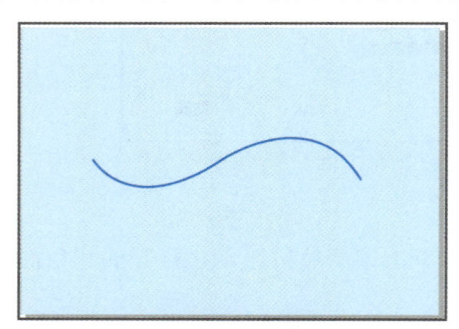

图9-112　绘制曲线　　　图9-113　箭头效果

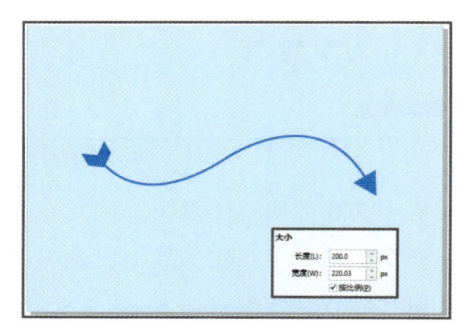

9.2.4　编辑对象

对对象的编辑可以从选择、变换、管理、造型和编辑5个方面进行操作。

1. 选择对象

使用选择工具▶可以选择对象，按住Alt键可选择对象后面的对象，如图9-114所示。按住Ctrl键可选择群组中的一个对象。按住Shift键可同时选择多个对象，或者拖动鼠标在对象周围形成一个选取框。在工具箱中双击选择工具可以选择文档中的所有对象，如图9-115所示。

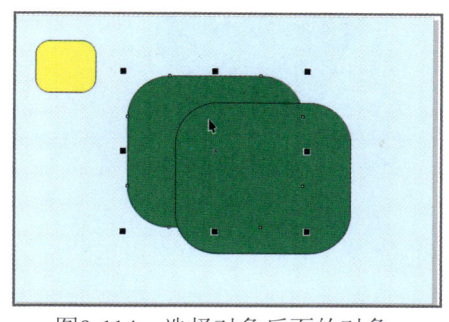

图9-114 选择对象后面的对象　　　　图9-115 选择全部对象

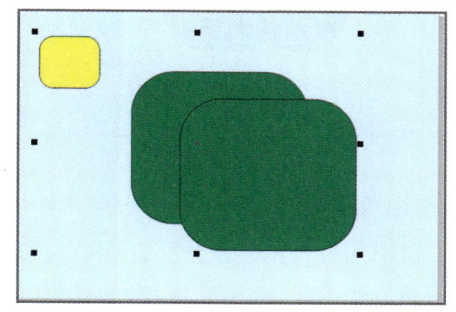

2. 变换对象

图形对象的变换有两种方法，第一种方法是直接旋转变换图形对象。选中图形对象，在选项栏的"旋转角度"数值框中输入相应的数值，按Enter键即可旋转变换。将光标放在4个角上，拖动鼠标可进行缩放↗，放在四周的中间位置↔可上下左右拉伸，拖动鼠标时按住Shift键可从中心进行缩放。再次单击，将光标放在4个角↻拖动可进行旋转操作，放在四周的中间位置↕可倾斜调整；按住Ctrl键，倾斜度可15°倍增，如图9-116和图9-117所示。

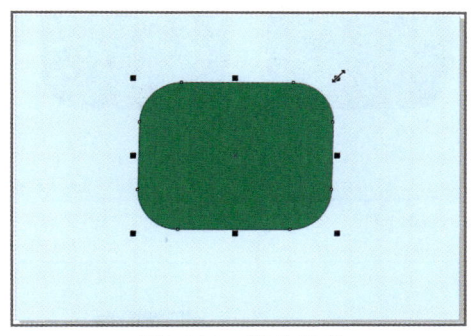

图9-116 缩放对象　　　　图9-117 旋转对象

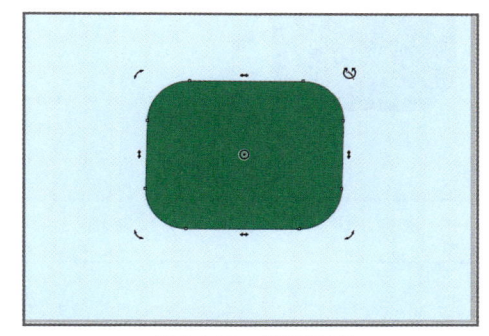

第二种方法是使用自由变换工具⊞。在选项栏中选择自由旋转、自由角度反射、自由缩放、自由倾斜模式进行变换调整。

（1）自由旋转

选择"自由旋转"↻模式，通过确定轴的位置，拖动旋转柄可旋转对象，如图9-118和图9-119所示。在"旋转角度" ↻ 23.199 数值框中可直接填写旋转角度，默认为中心圆点旋转。单击"对象圆点"⊞可设置对象参考点。

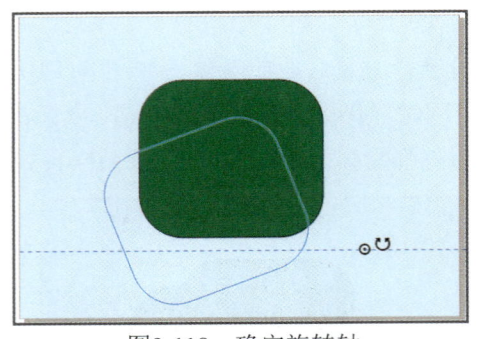

图9-118　确定旋转轴 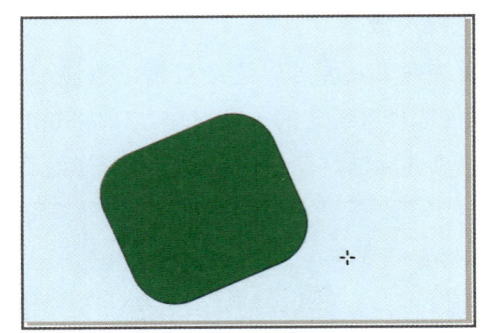　　　　　　　　　图9-119　应用旋转

(2) 自由角度反射

选择"自由角度反射"模式，确定反射轴的位置，拖动轴可做圆周运动反射对象。搭配"应用到再制"，对图形执行旋转等相关操作的同时会自动生成一个新的图形，这个图形即为变换后的图形，而原图形保持不变，如图9-120和图9-121所示。

(3) 自由缩放

选择"自由缩放"模式，通过放置缩放中心点和拖动光标可更改对象大小，如图9-122和图9-123所示。

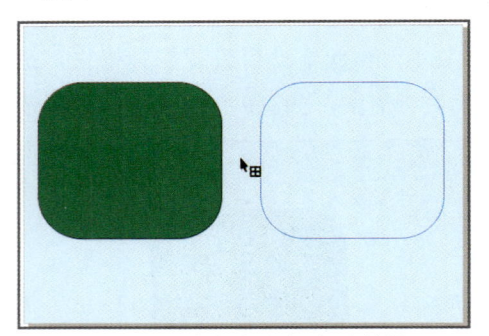

图9-120　确定自由角度反射轴 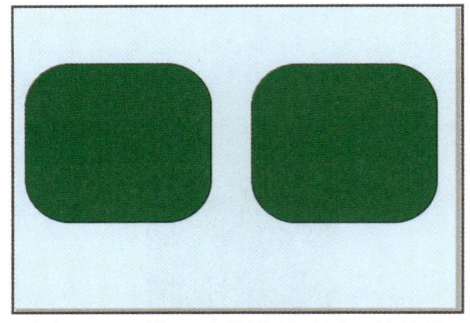　　　　　图9-121　搭配"应用到再制"的效果

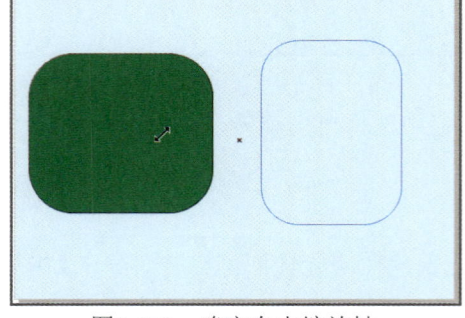

图9-122　确定自由缩放轴 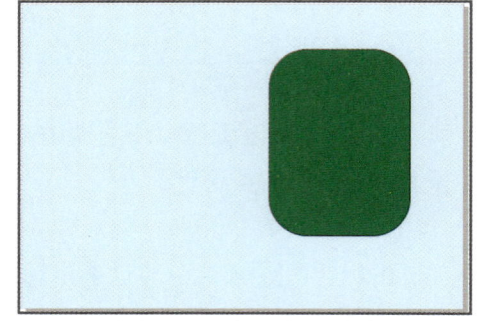　　　　　　　图9-123　应用自由缩放

(4) 自由倾斜

选择"自由倾斜"模式，通过确定倾斜轴位置，拖动倾斜轴可倾斜对象，如图9-124和图9-125所示。

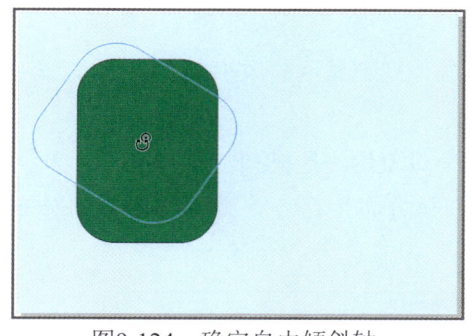

图9-124　确定自由倾斜轴　　　　　　　图9-125　应用自由倾斜

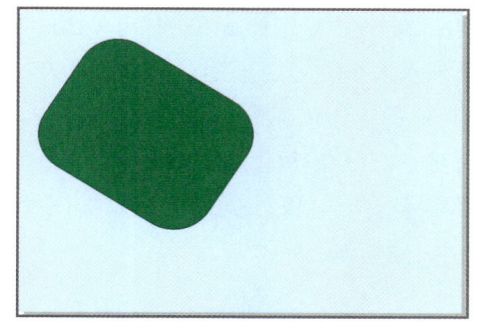

3. 管理对象

管理对象可以让绘图过程更加顺畅，为后期修改提供便利。管理对象包括调整对象顺序、对象管理器、对齐与分布、合并与拆分等。

（1）调整对象顺序

当文档存在多个对象时，对象的上下顺序影响着画面的最终呈现效果。执行"对象"→"顺序"命令，或右击鼠标，在弹出的子菜单中选择相应的命令即可调整对象顺序，如图9-126所示。

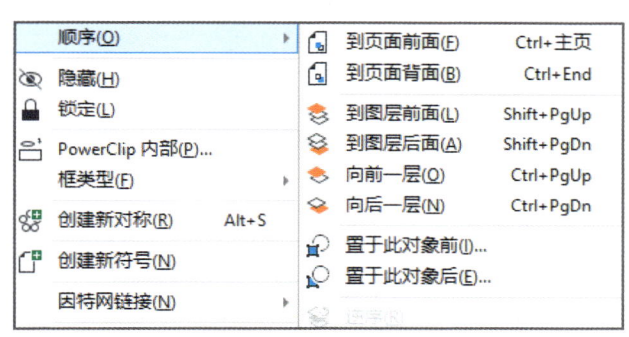

图9-126　"顺序"菜单

（2）对象管理器

"对象"泊坞窗主要是用来管理和控制图形对象。执行"窗口"→"泊坞窗"→"对象"命令，弹出"对象"泊坞窗，如图9-127所示。泊坞窗里主要有页面1和主页面。其中，主页面中包含了应用文档中所有的虚拟信息。在默认情况下有三个图层：辅助线、桌面和文档网格，主页面上的内容将会出现在每一个页面中，常用于添加页眉、页脚和背景等。

该泊坞窗中的主要选项功能介绍如下。

页面1和主页面：该组中各图标的含义分别是：显示◉、隐藏◉、启用打印和导出🖨、锁定🔒、解锁🔓。

辅助线：包含用于文档中所有页面的辅助线。

桌面：包含绘图页面边框外部的对象。

文档网格：包含文档中所有页面的网格。网格始终位于最底层图层中。

新建图层组：新建图层组包括新建图层、新建主图层（所有页）、新建主图层

（奇数页）🖹和新建主图层（偶数页）🖹。

调整列表大小▭：拖动蓝色方块可调整列表显示的大小。

（3）对齐与分布

使用对齐与分布功能可以将两个及以上的多个对象均匀地排列。

选择多个图形对象，执行"对象"→"对齐与分布"命令，弹出"对齐与分布"泊坞窗，如图9-128所示。

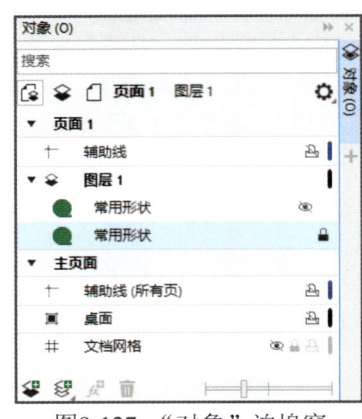

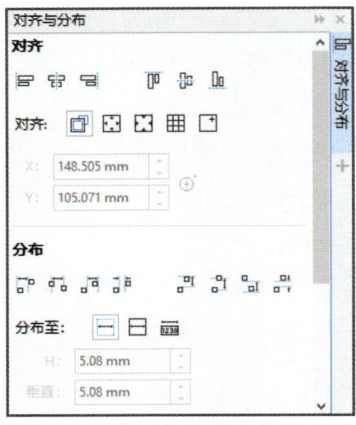

图9-127 "对象"泊坞窗　　图9-128 "对齐与分布"泊坞窗

该泊坞窗中的部分选项功能介绍如下。

对齐：该组按钮依次是左对齐🔲、水平居中对齐🔲、右对齐🔲、顶端对齐🔲、垂直居中对齐🔲和底端对齐🔲。

对齐-选定对象🔲：与上一个选定的对象对齐。

对齐-页面边缘🔲：与页面边缘对齐。

对齐-页面中心🔲：与页面中心对齐。

对齐-网格🔲：与网格对齐。

对齐-指定点🔲：与指定参考点对齐。单击该按钮，可手动拖动调整，也可直接设置指定参考点的X、Y值。

分布：该组按钮依次是左分散排列🔲、水平分散排列中心🔲、右分散排列🔲、水平分散排列间距🔲、顶部分散排列🔲、垂直分散排列中心🔲、底部分散排列🔲和垂直分散排列间距🔲。

分布至-选定对象🔲：将对象分布排列在包围这些对象的边框内。

分布至-页面边缘🔲：将对象分布排列在整个页面上。

分布至-对象间距🔲：按指定间距值排列对象。

（4）合并与拆分

使用合并命令可以将两个或多个对象合成一个新的具有其中一个对象属性的整体。

选择两个图形对象，单击选项栏中的"合并"🔲按钮，合并后的对象具有相同的轮廓和填充属性,如图9-129和图9-130所示。

图9-129 合并对象前　　图9-130 合并对象后

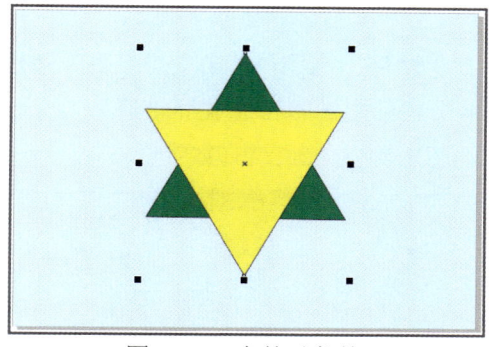

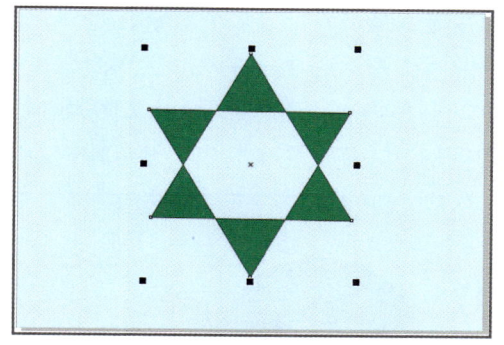

使用拆分命令可以将合并的图形拆分为多个对象和路径。

在选项栏中单击"拆分"按钮或按Ctrl+K组合键,图形将被拆分为一个个单独的个体,如图9-131所示。

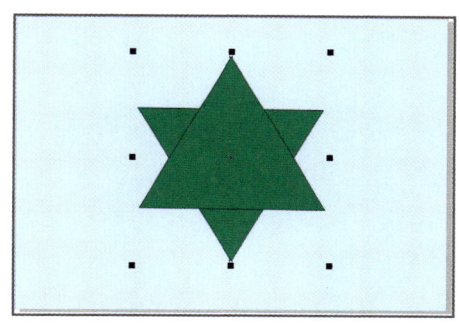

图9-131 拆分对象

4. 对象造型

使用对象的造型功能可以将多个图形进行融合、交叉或改造,从而生成新的图形。选择两个及其以上的对象,在选项栏中单击所需的造型按钮即可,如图9-132所示。

执行"窗口"→"泊坞窗"→"形状"命令,在打开的"形状"泊坞窗的下拉列表框中提供了焊接、修剪、相交、简化、移除后面对象、移除前面对象和边界七种造型选项,在其下面的窗口中可预览造型效果,如图9-133所示。

图9-132 造型按钮　　图9-133 "形状"泊坞窗

下面讲解几个以"形状"泊坞窗操作为主的造型。

（1）焊接

焊接造型是将两个或多个对象合为一个对象。

选中两个图形对象，在"形状"泊坞窗中选择"焊接"选项，单击"焊接到"按钮，当光标移动到图形上出现图标时（图9-134），单击鼠标左键即可完成焊接造型。光标放在不同的图形上，最后呈现的效果颜色默认为选择的图形颜色，如图9-135所示。

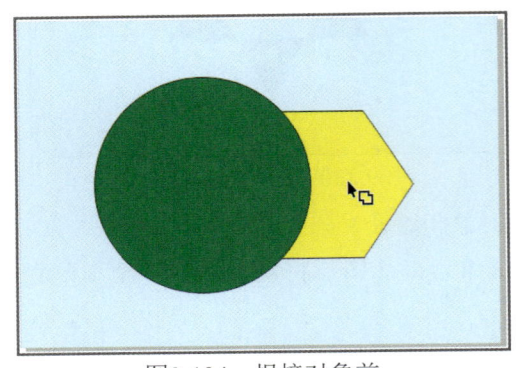

图9-134　焊接对象前　　　　　　图9-135　焊接对象后

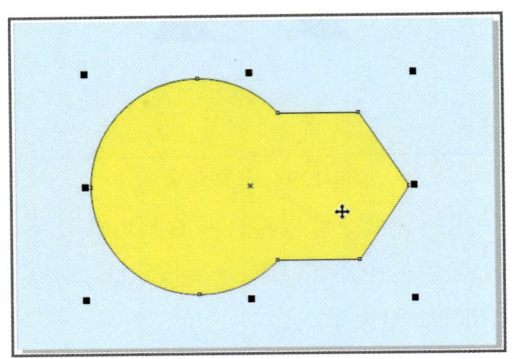

（2）修剪

修剪造型是使用一个对象的形状去修剪另一个对象的形状，在修剪过程中仅删除两个对象重叠的部分，但不改变对象的填充和轮廓属性。

选中两个图形对象，在"形状"泊坞窗中选择"修剪"选项，如图9-136所示。单击"修剪"按钮，当光标移动到图形上出现形状时，单击鼠标左键即可完成修剪造型。光标放在不同的图形上，会有不同的效果。图9-137为修剪对象效果。

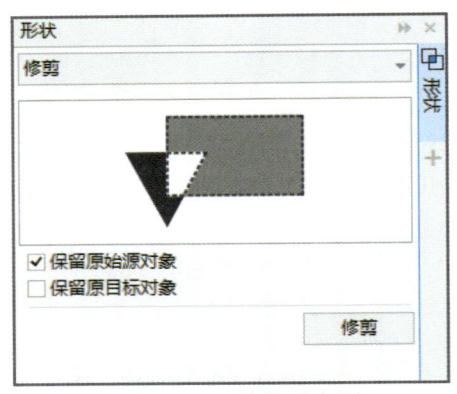

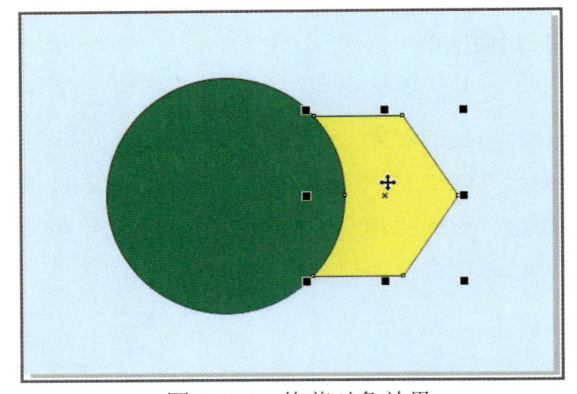

图9-136　修剪示意图　　　　　　图9-137　修剪对象效果

（3）相交

相交造型是通过两个对象的重叠相交区域创建对象。

选中两个图形对象，在"形状"泊坞窗中选择"相交"选项，如图9-138所示。单击"相交对象"按钮，当光标移动到图形上出现形状时，单击鼠标左键即可完成相交造型。图9-139为相交对象效果。

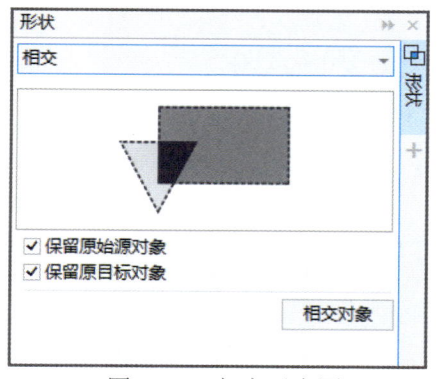

模块9 CorelDRAW基础知识

图9-138 相交示意图 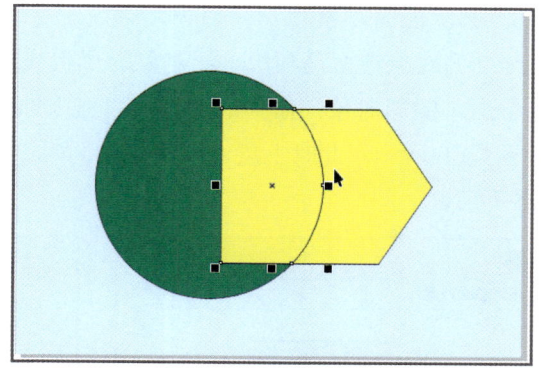　　图9-139 相交对象效果

（4）简化

简化造型是对两个对象中的重叠区域进行修剪。

选中两个图形对象，在"形状"泊坞窗中选择"简化"选项，单击"应用"按钮，如图9-140所示。使用选择工具移动图形，可看到简化后的图形效果，如图9-141所示。

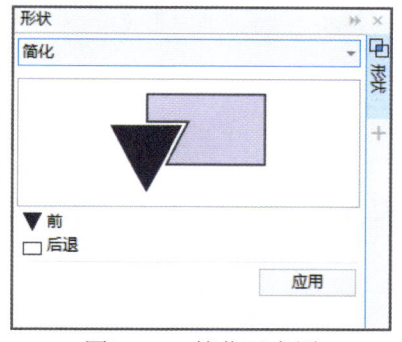

图9-140 简化示意图 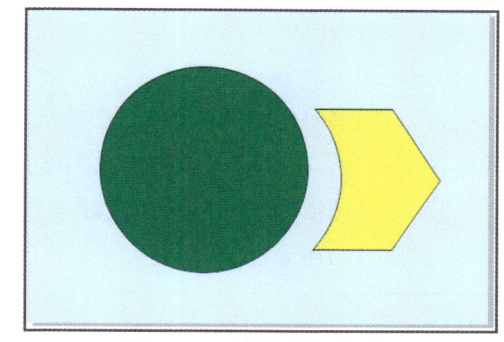　　图9-141 简化对象效果

（5）移除后面对象

移除后面对象造型是利用下层对象的形状减去上层对象中的部分。

选中两个图形对象，在"形状"泊坞窗中选择"移除后面对象"选项，单击"应用"按钮，如图9-142所示。此时下层对象消失，同时上层对象与下层对象相交的部分也被删除，如图9-143所示。

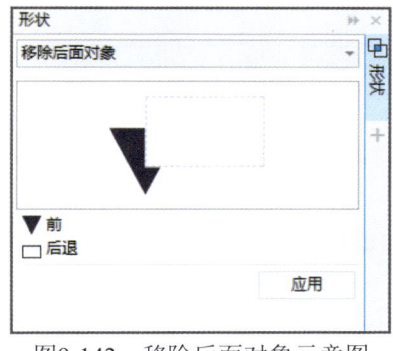

图9-142 移除后面对象示意图 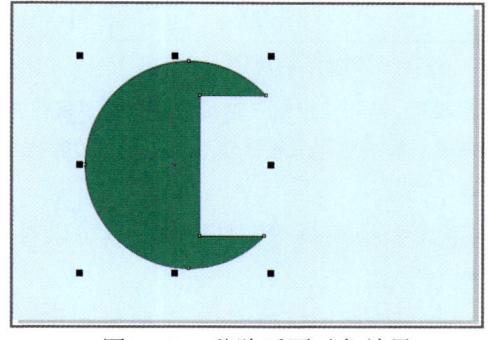　　图9-143 移除后面对象效果

（6）移除前面对象

移除前面对象造型是利用上层对象的形状减去下层对象中的部分。

选中两个图形对象，在"形状"泊坞窗中选择"移除前面对象"选项，单击"应用"按钮，如图9-144所示。此时上层对象消失，同时下层对象与上层对象相交的部分也被删除，如图9-145所示。

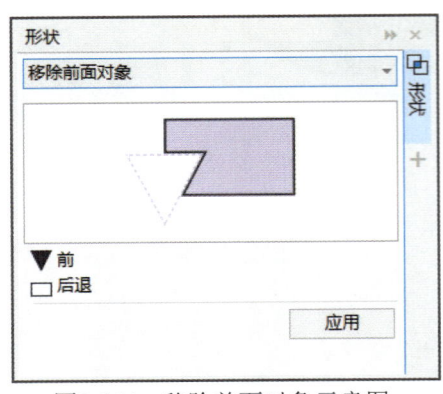

图9-144　移除前面对象示意图　　　　图9-145　移除前面对象效果

（7）边界

边界造型可以快速将图形对象转换为闭合的形状路径。

选中两个图形对象，在"形状"泊坞窗中选择"边界"选项，单击"应用"按钮，如图9-146所示。图形对象转换为形状路径，此时边界只有节点，在选项栏中可通过"轮廓笔"参数设置描边，如图9-147所示。

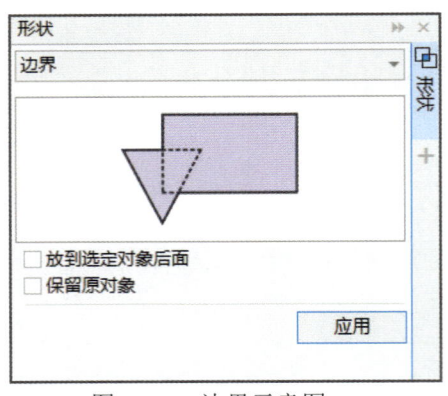

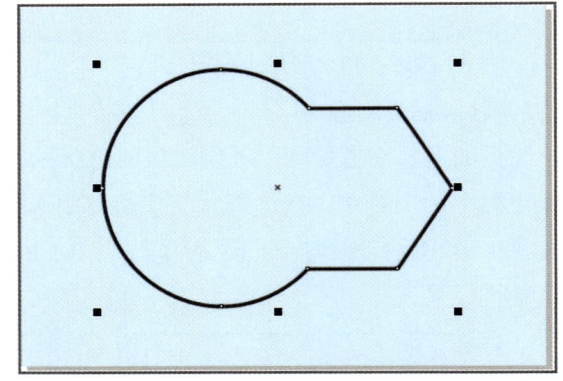

图9-146　边界示意图　　　　图9-147　调整对象轮廓参数

⚠ **注意事项**：若在"形状"泊坞窗中勾选"保留原对象"复选框，则是在原有图形的基础上生成一个相同的形状路径，使用选择工具移动图形，即可让形状路径单独显示。

5. 编辑

使用形状工具组和裁剪工具组的工具可以对对象的形态进行编辑操作。

（1）形状工具

使用形状工具可以通过控制节点编辑曲线对象或文本字符。

选中图形对象，左击鼠标，在弹出的菜单中选择"转换为曲线"选项，选择"形状工具"，将显示该工具的选项栏，部分选项的功能介绍如下。

添加节点：单击该按钮，可在对象原有的节点上添加新的节点。

删除节点：单击该按钮，可删除对象上多余或不需要的节点。

连接两个节点：选中两个断开的节点，单击该按钮，即可连接节点，使其成为一条闭合的曲线，如图9-148和图9-149所示。

断开曲线：单击该按钮，可将闭合曲线上的节点断开，形成两个节点，拖动节点可调整填充状态。

反转方向：单击该按钮，可反转开始节点和结束节点的位置。

提取子路径：单击该按钮，可从对象中提取所选的子路径。

闭合曲线：单击该按钮，当按钮变成时，曲线将自动闭合。

选择所有节点：单击该按钮，可选择所有节点。

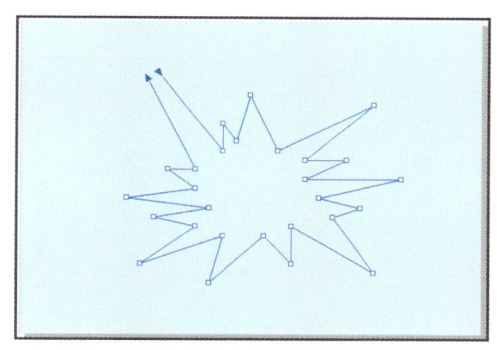

图9-148　不闭合曲线　　　　　图9-149　闭合曲线

（2）平滑工具

沿对象轮廓拖动平滑工具，可使对象变得平滑。

长按形状工具，在其子工具列表中选择"平滑工具"，将显示该工具的选项栏，如图9-150所示。

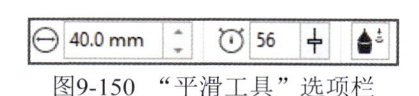

图9-150　"平滑工具"选项栏

在该选项栏中部分选项的功能介绍如下。

笔尖半径：设置笔尖大小。

速度：设置应用效果的速度。

笔压：绘图时，运用数字笔或写字板的压力控制效果。

在选项栏中设置参数，按住鼠标在图形边缘处进行涂抹，会使图形变得平滑，平滑对象前后的效果如图9-151和图9-152所示。

图9-151　平滑对象前　　　　　　　　图9-152　平滑对象后

（3）涂抹工具

沿对象轮廓拖动涂抹工具可改变其边缘。

选择"涂抹工具"，在选项栏中设置笔尖大小和涂抹压力，单击"平滑涂抹"按钮，使用平滑的曲线涂抹，如图9-153所示；单击"尖状涂抹"按钮，使用尖角的曲线涂抹，如图9-154所示。

图9-153　平滑涂抹对象　　　　　　　图9-154　尖状涂抹对象

（4）转动工具

沿对象轮廓拖动转动工具可添加转动效果。

选择"转动工具"，在选项栏中设置笔尖半径和速度，单击"顺时针转动"按钮，单击对象边缘并按住鼠标，图形发生转动，按住鼠标的时间越长，变形效果越强烈，释放鼠标则结束变形，如图9-155所示。单击"逆时针转动"按钮，操作效果如图9-156所示。

图9-155　顺时针转动对象　　　　　　图9-156　逆时针转动对象

模块9　CorelDRAW基础知识

（5）吸引工具和排斥工具

使用吸引工具和排斥工具可以通过吸引或推开节点来调整图形形状。

在选项栏中选择"吸引工具"，设置笔尖半径和速度，在图形内部或外部靠近边缘处按住鼠标左键并拖动，调整边缘形状，如图9-157所示。选择"排斥工具"，调整图形，效果如图9-158所示（左上图为等比例缩小原图）。

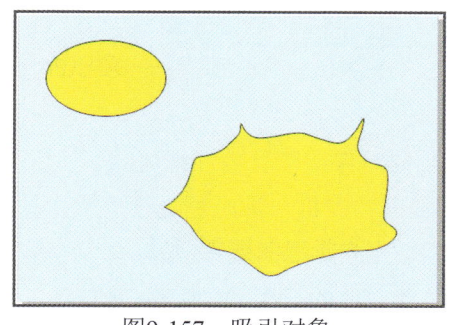

图9-157　吸引对象　　　　图9-158　排斥对象

（6）弄脏工具

沿对象轮廓拖动弄脏工具可改变对象的形状。

选择"弄脏工具"，在选项栏中设置参数，按住鼠标左键在图形边缘处拖动并调整图形形状。在图形边缘往外拖动则增加图形区域，如图9-159所示。向内拖动则减少图形区域，如图9-160所示。

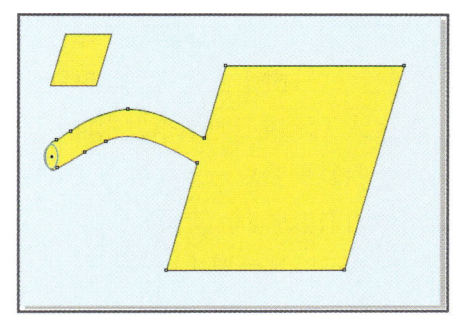

图9-159　增加图形区域　　　　图9-160　减少图形区域

（7）粗糙工具

沿对象轮廓拖动粗糙工具，可改变对象的形状。

选择"粗糙工具"，在选项栏中设置参数，按住鼠标左键在图形边缘处单击并拖动，使轮廓变形。图9-161和图9-162分别为尖突频率1和尖突频率3的效果。

图9-161 尖突频率1的效果 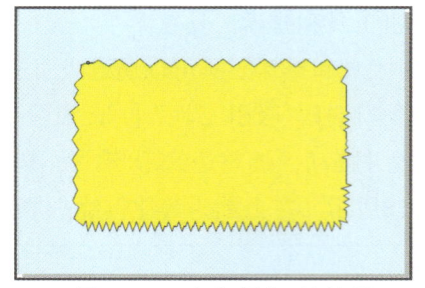　　　　图9-162 尖突频率3的效果

(8) 裁剪工具

使用裁剪工具可以删除图片中不需要的部分，同时保留需要的图像区域。

选择"裁剪工具"，在图形中单击并拖动裁剪控制框，此时框选部分为保留区域，颜色正常显示，框外的部分为裁剪掉的区域，颜色呈反色，单击裁剪框可自定义旋转，如图9-163所示。单击 裁剪 按钮或按Enter键完成裁剪，裁剪后的效果如图9-164所示。

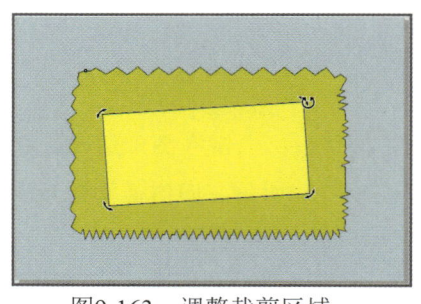

图9-163 调整裁剪区域 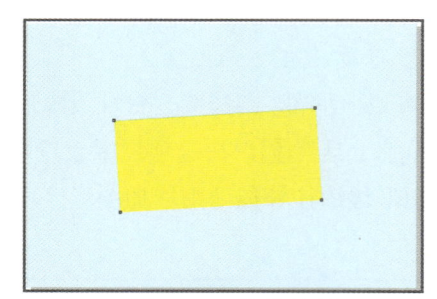　　　　图9-164 裁剪效果

(9) 刻刀工具

使用刻刀工具可以将图形对象拆分为多个独立对象。选择"刻刀工具"，将会显示该工具的选项栏，如图9-165所示。

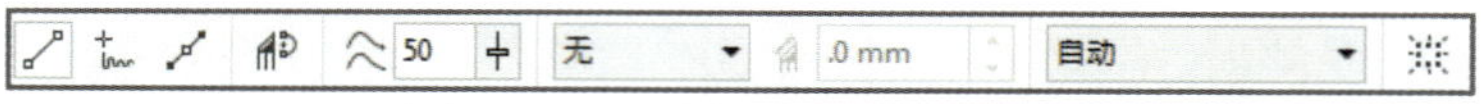

图9-165 "刻刀工具"选项栏

在该选项栏中部分选项的功能介绍如下。

2点线模式：沿直线切割对象。

手绘模式：沿手绘曲线切割对象。

贝塞尔模式：沿贝塞尔曲线切割对象。

剪切时自动闭合：闭合切割对象形成的路径。

在图形的边缘位置单击并拖动鼠标至图形的另一个边缘位置，如图9-166所示。释放鼠标即可将图形分为两部分，使用选择工具可移动图形，如图9-167所示。

图9-166 切割对象　　　　　　　　　图9-167 移动对象

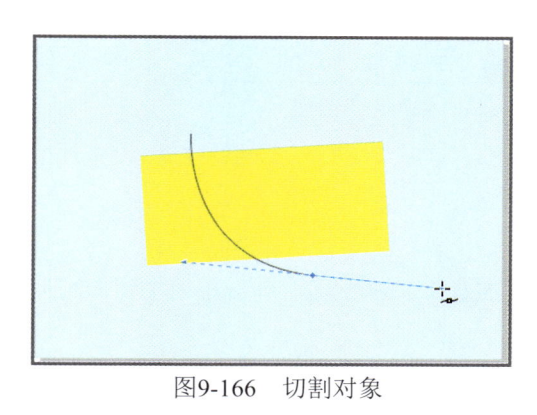

（10）橡皮擦工具

使用橡皮擦工具可以快速移除绘图中不需要的区域。

选择"橡皮擦工具"，在选项栏中设置橡皮擦形状（圆形或方形）。在"橡皮擦厚度"数值框中调整数值可调整橡皮擦擦头的大小。在图形中需要擦除的部分上单击并拖动鼠标，图9-168和图9-169分别展示了直径为10 mm的圆形和方形的擦除效果，释放鼠标即可擦除相应的区域。擦除部分的路径会自动闭合生成子路径，自动转换为曲线对象。

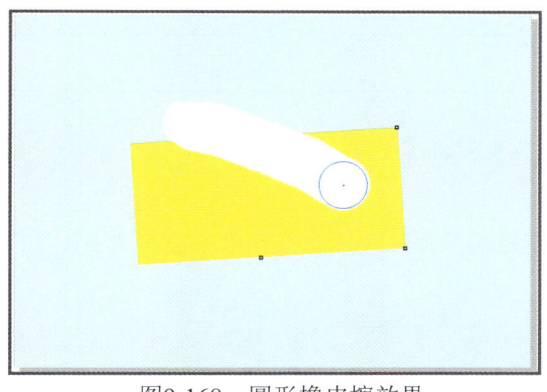

图9-168 圆形橡皮擦效果　　　　　　图9-169 方形橡皮擦效果

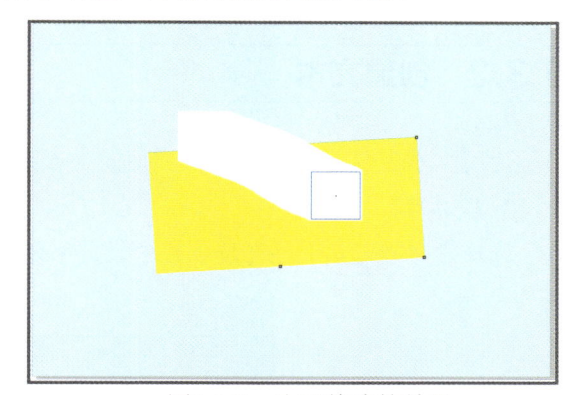

9.3　文本的创建与编辑

本节将对文本工具的相关操作进行讲解，包括认识文本工具、创建文本和编辑文本格式等。

9.3.1　认识文本工具

在绘制或编辑图形时，使用文本工具添加文字可以增加图像的层次，使图像内容更丰富。选择"文本工具"，即显示出该工具的选项栏，如图9-170所示。

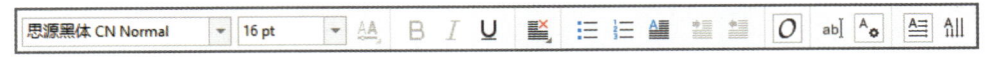

图9-170 "文本工具"选项栏

在该选项栏中部分选项的功能介绍如下。

字体列表：为新文本或所选文本选择一种字体。

字体大小：指定字体大小。

字体效果按钮：从左至右依次为粗体B、斜体I和下划线U，单击相应按钮即可应用，再次单击则取消应用。

文本对齐：设置水平文本的对齐方式，包括无、左、中、右、全部调整和强制调整。

项目符号列表：在段落文本中添加或删除带项目符号的列表格式。

编号列表：在段落文本中添加或删除带数字的列表格式。

首字下沉：在段落文本中添加或移除首字下沉。

编辑文本：使用文本编辑器编辑文本。

文本属性：在"文本"泊坞窗中编辑段落和艺术文本属性。

文本方向按钮组：单击按钮将文本更改为水平方向，单击将文本更改为垂直方向。

9.3.2 创建文本

使用文本工具可以创建两种类型的文本：美术字和段落文本。

1. 美术字

选择"文本工具"，在选项栏中设置字体、字号等参数，在任意位置单击输入文字，如图9-171所示。

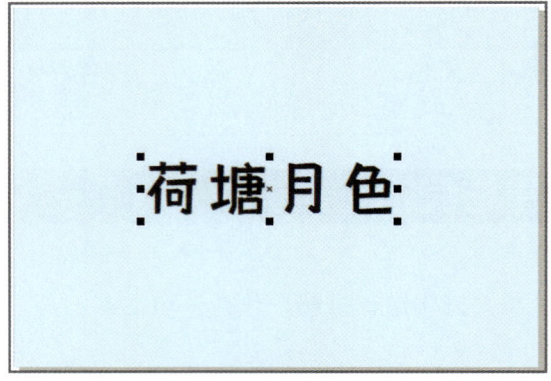

图9-171 创建美术字

2. 段落文本

段落文本又称块文本，适用于在文字量较多的情况下对文本进行编辑。

选择"文本工具"，在页面中单击并拖拽出一个文本框，如图9-172所示。直接输入或粘贴文字，按Ctrl+A组合键全选，在选项栏中设置参数即可，如图9-173所示。

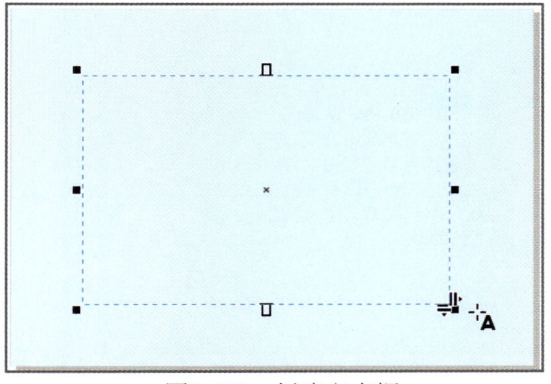

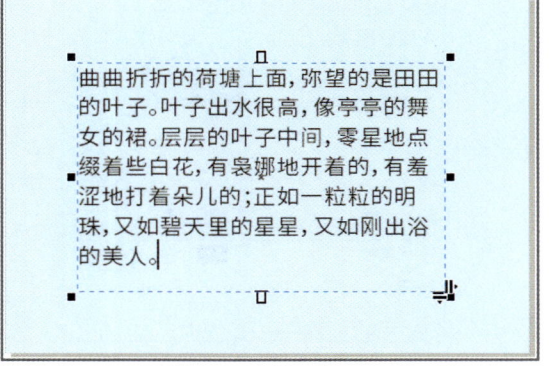

图9-172　创建文本框　　　　　　　　图9-173　创建段落文本

若要从对象创建文本框，可以使用绘图工具绘制闭合形状，执行"文本"→"段落文本框"→"创建空文本框"命令，如图9-174所示，选择文本工具输入文本，全选文本后设置参数即可，如图9-175所示。

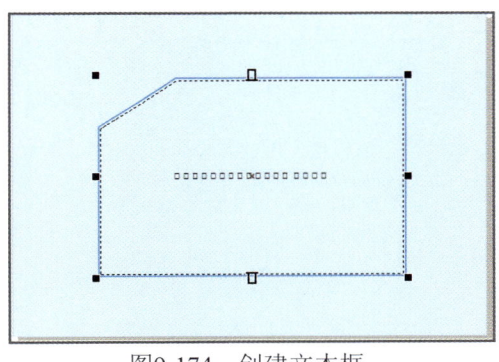

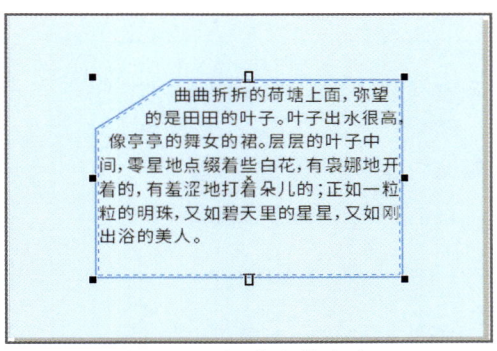

图9-174　创建文本框　　　　　　　　图9-175　创建段落文本

9.3.3　编辑文本格式

创建文本后，可以在选项栏中简单调整文本属性，也可以在"文本"或"属性"泊坞窗中对字符、段落和图文框进行设置。下面对常见的参数设置进行讲解。

1. 设置字符

选中文本后，在选项栏中单击"文本属性"，弹出"文本"泊坞窗，在"字符"属性中，可以设置基础字体样式、大小、字间距、文本颜色、文本背景颜色、轮廓色等，如图9-176所示。段落效果如图9-177所示。

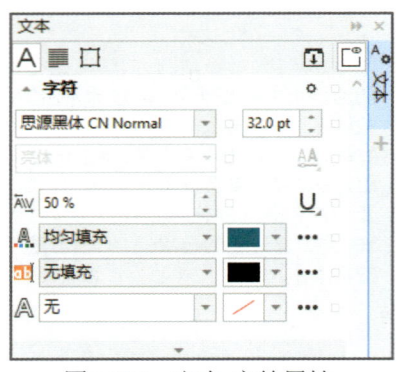

图9-176　文本-字符属性

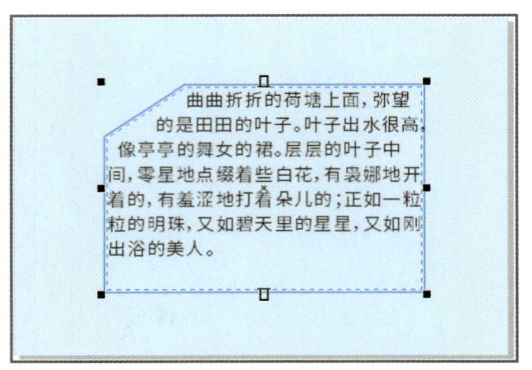

图9-177　设置文本效果

2. 设置段落

选中文本后,在"文本"泊坞窗中单击"段落"属性,可以设置基础文本的对齐方式、行间距、首行缩进、左右缩进和段前段后间距等,如图9-178所示。段落效果如图9-179所示。

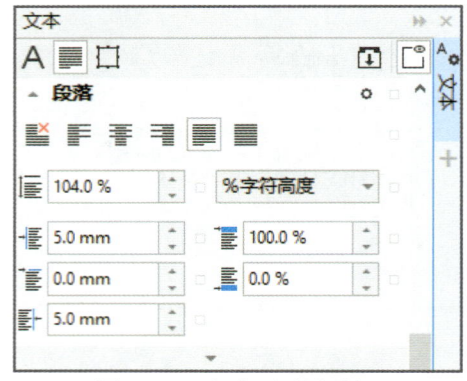

图9-178　文本-段落属性

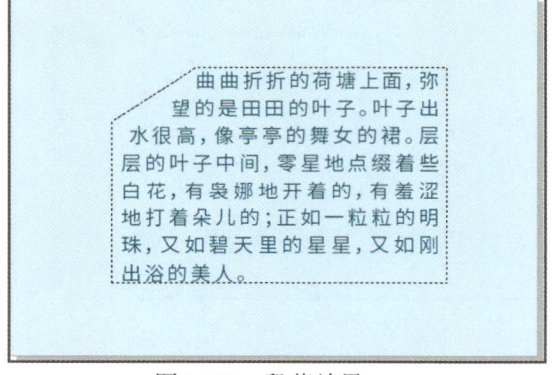

图9-179　段落效果

若要设置首字下沉效果,选中文本后,执行"文本"→"首字下沉"命令,在弹出的"首字下沉"对话框中勾选"使用首字下沉"复选框,然后设置参数即可,如图9-180所示。调整文本框,首字下沉效果如图9-181所示。在选项栏中单击"首字下沉"则可取消应用。

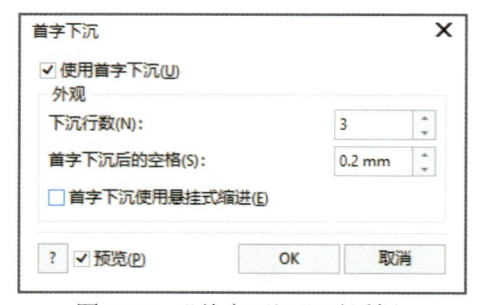

图9-180　"首字下沉"对话框

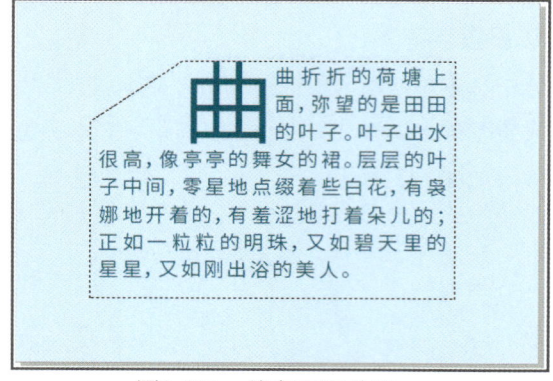

图9-181　首字下沉效果

3. 设置图文框

选中文本后，在"文本"泊坞窗中单击"图文框"属性，可以设置文本框的背景颜色、与基线网格对齐、栏数，单击按钮可设置栏宽度、高度等参数，如图9-182所示。图文框效果如图9-183所示。

图9-182　文本-图文框属性

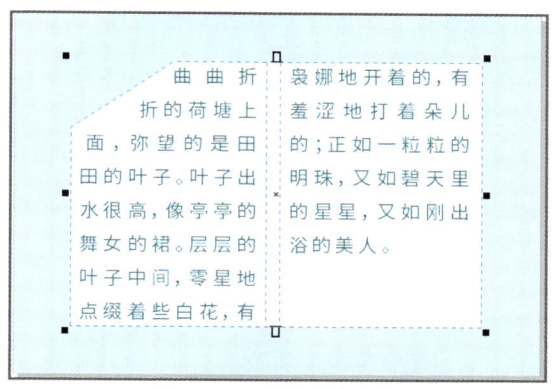

图9-183　图文框效果

9.4　交互式特效工具

在绘制图形的过程中，可结合交互式特效工具为图形对象添加特效。

9.4.1　阴影工具

使用阴影工具即可以手动拖动来调整阴影的位置和大小，也可直接选择预设样式为对象添加阴影和内阴影效果。选择"阴影工具"，显示出该工具的选项栏，如图9-184所示。

图9-184　"阴影工具"选项栏

在该选项栏中部分选项的功能介绍如下。

预设：选择预设选项，如平面右上、透视右下、小型辉光等。

添加/删除预设：单击将当前对象设置另存为预设，单击将已保存的预设从列表中删除。

阴影工具：在对象后面或下面应用阴影。

内阴影工具：在对象内部应用阴影。

阴影颜色：选择阴影颜色。

合并模式：选择阴影颜色与下层对象颜色的调和方式。

阴影的不透明度：调整阴影的透明度。

阴影羽化：锐化或柔化阴影边缘。

羽化方向：朝着阴影内部、阴影外部或两个方向柔化阴影的边缘。默认为高斯式模糊。

羽化边缘：选择羽化类型，不可用于高斯式模糊。

阴影偏移：更改阴影和对象边缘之间的距离。

内阴影宽度：设置不偏移内阴影的宽度。

清除阴影：移除对象中的阴影。

使用"阴影工具"从对象中心拖动，以定位阴影，如图9-185所示。使用"内阴影工具"从对象中心开始拖动，直到内阴影达到所需大小。拖动结束手柄距边缘越近，内阴影变得越窄，如图9-186所示。若拖动到对象的边框以外则为偏移阴影。

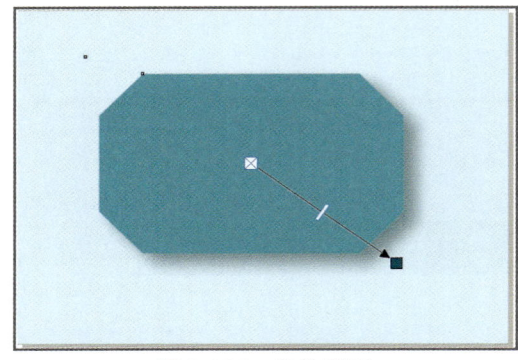

图 9-185　定位阴影 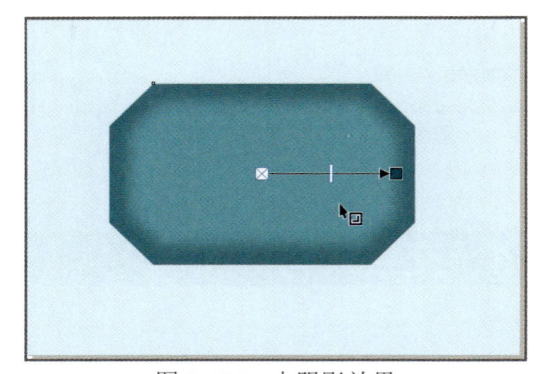　　　　　图 9-186　内阴影效果

9.4.2　轮廓图工具

使用轮廓图工具可以应用一系列向对象内部或外部辐射的同心形状。选择"轮廓图工具"，显示出该工具的选项栏，如图9-187所示。

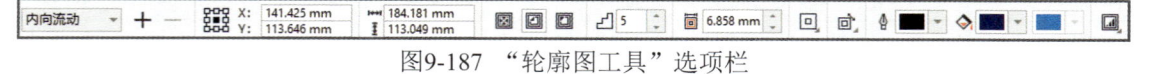

图9-187　"轮廓图工具"选项栏

在该选项栏中部分选项的功能介绍如下。

轮廓偏移方向：单击"到中心"按钮，将轮廓线应用到对象中心；单击"内部轮廓"按钮，将轮廓线应用到对象内部；单击"外部轮廓"按钮，将轮廓线应用到对象外部。

轮廓图步长：调整对象中轮廓图步长的数量。

轮廓图偏移：调整对象中轮廓间的间距。

轮廓圆角：设置轮廓图的角类型，包括斜接角、圆角和斜切角。

轮廓色：设置轮廓色的渐变顺序，包括线性轮廓色、顺时针轮廓色和逆时针轮廓色。

对象和颜色加速：调整轮廓中的对象大小和颜色变化的速率。

选择"轮廓图工具",在选项栏中单击"内部轮廓"按钮,设置"轮廓图步长"为4,如图9-188所示。在图形中拖动中间的滑块可以快速调整轮廓图步长和偏移程度。选择方形手柄,在状态栏中单击颜色可快速调整轮廓图的填充色,如图9-189所示。

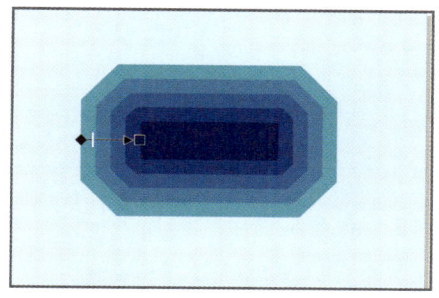

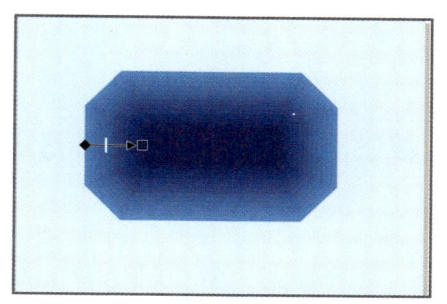

图9-188　轮廓图步长效果　　　　　图9-189　调整轮廓图参数的效果

9.4.3 透明度工具

使用透明度工具可快速赋予对象透明效果。选择"透明度工具",显示出该工具的选项栏,如图9-190所示。

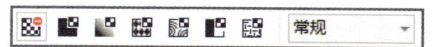

图9-190　"透明度工具"选项栏

在该选项栏中部分选项的功能介绍如下。

无透明度：移除透明度。

均匀透明度：等量改变对象或可编辑区域的所有像素的透明度值。

渐变透明度：使对象从一种透明度值渐渐变为另一个值。渐变透明度的类型可以选择线性、椭圆形、锥形或矩形渐变透明度,图9-191为锥形渐变透明度。

图样透明度：图样透明度包括向量图样透明度、位图图样透明度和双色图样透明度。单击不同的透明度按钮可在选项栏中设置合并模式、透明度类别、前/背景透明度、水平/垂直镜像平铺等参数。图9-192为向量图样透明度。

底纹透明度：使用底纹创建透明度效果,其选项栏的设置和图样透明度类似。

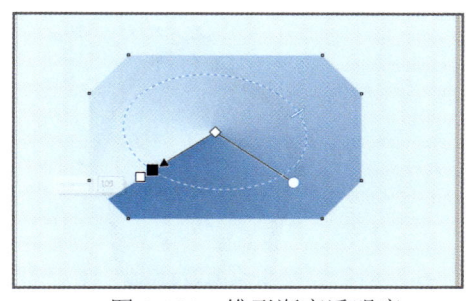

图 9-191　锥形渐变透明度　　　　　图 9-192　向量图样透明度

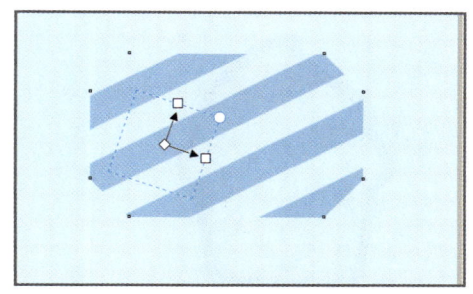

9.5 矢量图形与位图图像的转换

将矢量图形转换为位图图像后，可以将特殊效果应用到对象上。将位图图像转换为矢量图形，可以选择位图图像的颜色模式。

9.5.1 将矢量图形转换为位图图像

选中矢量图形，执行"位图"→"转换为位图"命令，弹出"转换为位图"对话框，如图9-193所示，在该对话框中可以设置位图的"分辨率""颜色模式"等参数。

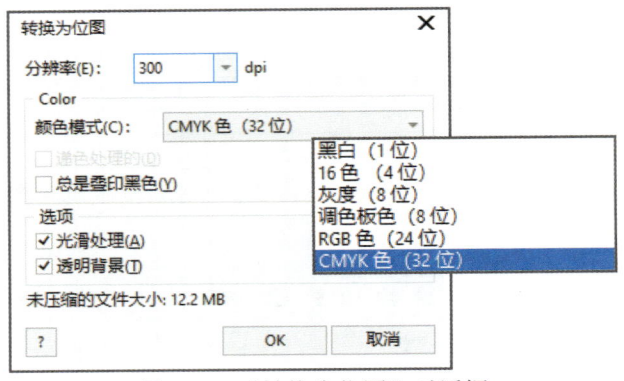

图9-193 "转换为位图"对话框

在该选项栏中部分复选框选项的功能介绍如下。

递色处理的：模拟比可用颜色的数量更多的颜色。

总是叠印黑色：当黑色为顶部颜色时叠印黑色。

光滑处理：平滑位图的边缘。

透明背景：使位图的背景透明。

在该对话框中设置颜色模式为"灰度（8位）"，单击"OK"按钮，设置灰度模式的效果如图9-194和图9-195所示。

图 9-194　RGB 模式

图 9-195　灰度模式

9.5.2 将位图图像描摹为矢量图形

导入位图图像后，在选项栏中单击"描摹位图"按钮，在弹出的菜单中可以选择合适的描绘类型和图像类型。快速描摹可以直接对图像进行描摹，中心线描摹和轮廓描摹类型则需要在"PowerTRACE"对话框中设置参数。

1. 快速描摹

导入位图图像"1.png"，如图9-196所示。选择"快速描摹"自动执行转换，转换完成后右击鼠标，在弹出的菜单中选择"取消群组"，可以将图像元素分解为独立的部分。图9-197为删除了背景的效果。

图 9-196　导入位图

图 9-197　删除背景的效果

2. 中心线描摹

中心线描摹包含技术图解和线条画两种预设样式。

技术图解：使用很细、很淡的线条描摹黑白图解，如图9-198所示。

线条画：使用很粗、很突出的线条描摹黑白草图，如图9-199所示。

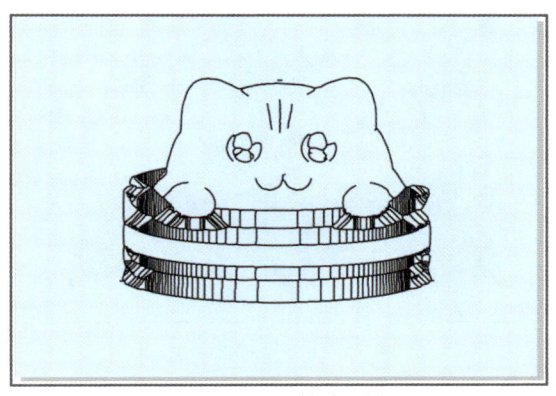

图 9-198　技术图解

图 9-199　线条画

3. 轮廓描摹

轮廓描摹提供了六种预设样式。

线条图：描摹黑白草图和图解。

徽标 ⊡：描摹细节和颜色都较少的简单徽标。

徽标细节 ⊡：描摹包含细节和许多颜色的徽标。

剪贴画 ⊡：描摹细节量和颜色数不同而成的图形。

低质量图像 ⊡：描摹细节不足（或包括要忽略的精细细节）的相片。

高质量图像 ⊡：描摹高质量、超精细的相片。

9.5.3　为位图图像添加效果

位图图像的效果基于像素。可以将位图效果同时应用于向量和位图。对象导入位图后，可在"效果"菜单中选择并应用。位图效果分为以下几个类别。

1. 三维效果

使用三维效果组中的子命令可以为图像创建纵深感。各子命令的功能介绍如下。

三维旋转：通过调整交互式三维模型来旋转图像。

柱面：沿着圆柱体的表面贴上图像，创建出三维贴图效果。

浮雕：通过勾画图像的轮廓和降低周围色值，进而产生视觉上的凹陷或凸出效果，形成浮雕感。

卷页：使图像中某个角卷起。可以指定某个角并设置卷起方向、透明度、大小、颜色等参数，如图9-200所示。

挤远/挤近：使图像相对于中心点，通过弯曲挤压图像，从而产生向外或向内凹陷的变形效果。

球面：在图像中形成平面凸起，模拟出类似球面的效果，如图9-201所示。

图 9-200　卷页效果　　　　　　　图 9-201　球面效果

2. 调整

使用调整组中的子命令可以调整位图的颜色和色调。各子命令的功能介绍如下。

自动调整：根据图像的对比度和亮度进行自动匹配，如图9-202所示。

图像调整实验室：可快速调整图像的颜色和色调，如图9-203所示。

图 9-202　自动调整效果　　　　　　　　　图 9-203　图像调整实验室效果

高反差：在保留阴影和高亮度显示细节的同时调整位图的色调、颜色和对比度。

局部平和：提高边缘附近的对比度，以显示明亮区域和暗色区域中的细节。

取样/目标平衡：使用从图像中选取的色样来调整位图中的颜色值。图9-204为取样背景颜色后调整绿色通道的中间范围效果。

调合曲线：控制单个像素值精确地调整图像中的阴影、中间值和高光的颜色，从而快速调整图像的明暗关系。

亮度/对比度/强度：调整所有颜色的亮度以及明亮区域与暗色区域之间的差异。

颜色平衡：可在图像原色的基础上，根据需要添加其他颜色，或通过增加某种颜色的补色，以减少该颜色的数量，从而改变图像的色调，如图9-205所示。

伽马值：用于展现低对比度图像中的细节，而不会严重影响阴影或高光。

色度/饱和度/亮度：更改图像中的颜色倾向、色彩的鲜艳程度和亮度，如图9-206所示。

所选颜色：通过更改位图图像中青、品红、黄、黑色像素的百分比来调整颜色。

取消饱和：将彩色的图像变为黑白效果，如图9-207所示。

通道混合器：将图像中某个通道中的颜色与其他通道的颜色进行混合，使图像产生混合叠加的合成效果，从而起到调整图像色彩的作用。

图 9-204　取样/目标平衡效果　　　　　　　图 9-205　颜色平衡效果

图 9-206　色度/饱和度/亮度效果　　　　　　　图 9-207　取消饱和效果

3. 艺术笔触

使用艺术笔触组中的子命令可以对图像进行艺术加工，赋予图像不同的手工绘画效果。各子命令的功能介绍如下。

炭画笔：使图像看起来像黑白炭笔画。

单色蜡笔画/蜡笔画/彩色蜡笔画：这3种笔触能快速将图像中的像素分散，模拟出蜡笔画的效果。图9-208为单色蜡笔画效果。

立体派：将类似颜色的像素分为正方形，以生成类似于立体派绘画的图像。

印象派：可以将图像转换为小块的纯色，创建类似印象派作品的效果，如图9-209所示。

调色刀：可以使图像中相近的颜色相互融合，减少细节以产生写意效果。

钢笔画：为图像创建钢笔素描绘图的效果，如图9-210所示。

点彩派：分析图像的主色，并将其转换为小点。可以指定点的大小和图像中的光源量，如图9-211所示。

图 9-208　单色蜡笔画效果　　　　　　　图 9-209　印象派效果

图 9-210　钢笔画效果　　　　　　　　　　　图 9-211　点彩派效果

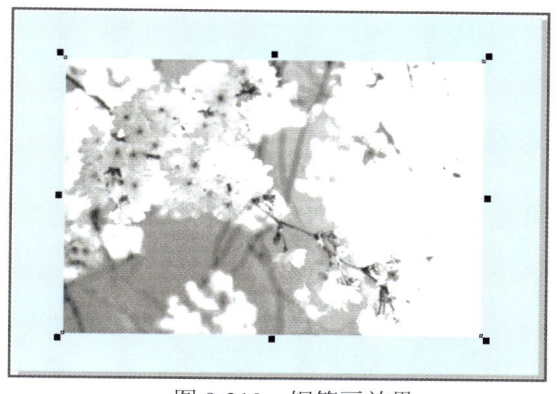

木版画：通过刮除黑色表面以显示白色或其他颜色，使图像产生类似由粗糙剪切的彩纸组成的效果。

素描：使图像看起来像铅笔素描，如图9-212所示。

水彩画：可以描绘出图像中的景物形状，同时对图像进行简化、混合、渗透，进而使其产生彩画的效果。

水印画：使图像看起来像使用水印创作的抽象草图。

波纹纸画：使图像看起来像在底纹波形纸上创作的绘画。可以创建黑白画，也可以保留图像的原始颜色，如图9-213所示。

图 9-212　素描效果　　　　　　　　　　　图 9-213　波纹纸画效果

参考文献

[1] 静电. Figma UI设计技法与思维全解析[M]. 北京：清华大学出版社，2021.

[2] 刘伦，王璞. 移动UI交互设计与动效制作[M]. 北京：人民邮电出版社，2023.

[3] 吕云翔. UI交互设计与开发实战[M]. 北京：机械工业出版社，2020.

[4] 孙鹏，李丽华，高丹. UI界面设计[M]. 北京：北京工业大学出版社，2022.

[5] 王铎. 新印象：解构UI设计[M]. 2版. 北京：人民邮电出版社，2022.

[6] 郑昊. UI设计与认知心理学[M]. 北京：电子工业出版社，2019.

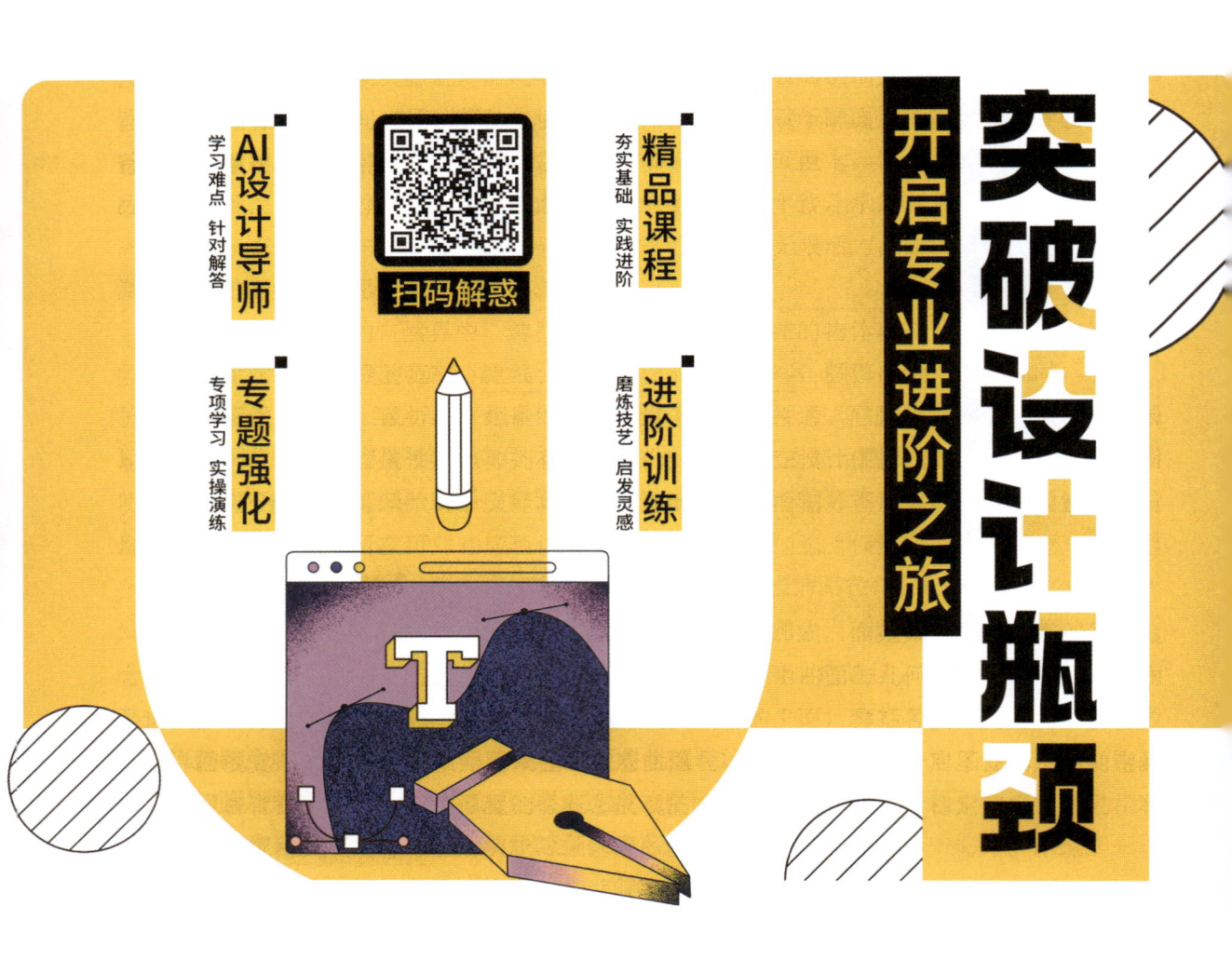